甘蔗和糖的那些事

闞友雄 等 著

A MAGIC JOURNEY FROM SUGARCANE TO CANE SUGAR

前言

3 000年前，釋迦牟尼佛在講《楞嚴經》時，曾對他的弟子阿難說：「一切眾生食甘故生，食毒故死。」顧名思義，世間一切眾生，只要吃了甘香甜美的食物，生命就能夠延長，而一旦吃了有毒的東西，就會走向死亡。因此眾生皆喜甜，而甘蔗含糖量高，漿汁香醇甜美，又稱「糖水倉庫」，不僅能夠給食用者帶來甜蜜的味蕾享受，還可以給人體提供充足的熱量和營養，是芸芸眾生平凡生活的一劑良藥。甘蔗脆甜、多節、易分蘗，在中國閩南等地區的婚禮和除夕夜，常被用作頂門桿，寓意甜甜蜜蜜、節節高升、多子多孫……提及甘蔗，大家最常想到的是市面上常見的黑皮果蔗，皮薄，汁多，纖維短，清甜，脆嫩爽口，潤津止渴，是理想的生吃佳品。殊不知，甘蔗按用途可分為果蔗和糖蔗，其中果蔗作為果品，用於鮮食，而糖蔗含糖量高，皮硬纖維粗，多作為工業原料，用於製糖，如紅糖和白糖。紅糖和白糖這一對雙胞胎姐妹只是製作工藝不同，紅糖是甘蔗的粗製品，卻比白糖營養成分豐富，其中保留著諸多有益微生物和微量元素，如鐵、鋅、錳、鉻等，深受廣大養生愛好者的青睞；而白糖則是精製糖，沒有額外的營養成分，但添了一份惹人喜愛的潔白。甘蔗通體能用，渾身是寶，將其「吃乾榨盡」毫不為過。除用於榨糖和鮮食外，甘蔗的副產品應用廣泛，大有可為，比如蔗梢、蔗葉、蔗根、蔗渣、濾泥和糖蜜等均可用於工業生產或二次加工成具有更高附加值的產品。

糧棉油糖，糖是國家戰略性物資之一，而蔗糖占中國食糖總產量的85%左右。隱藏在甘蔗背後的文化底蘊是什麼？甘蔗該如何科學種植？甘蔗有哪些廣泛的用途？蔗糖有什麼益處？人們該如何選用甘蔗和蔗糖？糖尿病患者能吃甘蔗或蔗糖麼？甘蔗和蔗糖該如何健康食用？甘蔗產業的發展前景在哪裡？本書從大眾關注和專業上重要的甘蔗和糖業問題入手，以系列科普為藍本，每篇文章一個主題，便於選擇性閱讀，同時又提供全面了解的機會。

本書是首次由甘蔗專業科學研究團隊領銜開展的對甘蔗和糖業領域的系統性全面科普，內容兼顧科普性和專業性。我們堅信，本書的出版，將有力推動行業外人士更加輕鬆地了解甘蔗和糖業，碰到謠言不盲從，碰到誤會易解開；對行業內的科學研究工作者尤其是博碩士研究生和任何有志於從事甘蔗和糖業研究的人而言，也能夠從科普文章中對甘蔗糖業有更為全面的認知，能夠激發研究的興趣，有助於選擇個人的研究領域和範疇。本書主要面向對甘蔗和蔗糖有興趣的人，以及有志於甘蔗和蔗糖事業的科技工作者，同時也希望靠各位讀者之手傳播給仍不了解這個行業的廣大社會群眾。我們相信，廣大讀者群體能夠從本書中較為全面地獲取關於甘蔗和蔗糖的既專業又通俗且易懂的知識。我們瀏覽了市面上已出版的大多科普書籍，但鮮少見到有相關農業的科普書籍，預計本書的出版，還可能帶動農學領域專業人士一同出版科普圖書，讓社會大眾更加深刻了解我們引以為豪的專業。

鑑於團隊整體知識和寫作水準以及時間和精力，本書偏頗或者不足之處在所難免，懇請各位讀者多多包涵，各位專家不吝賜教。

著　者

甘蔗和糖的那些事 .... 目錄

前言

漫畫1 喜迎新春

漫畫2 美味蔗饈

漫畫3 蔗些妙用

漫畫4 育種之路

漫畫5 蔗根學問

漫畫6　蔗最愛吃

漫畫7　病菌來襲

漫畫8　妙手回春

漫畫9　有緣再見

漫畫 1 喜迎新春
甘蔗和糖的那些事
春
蔗寶，春節到了還在忙什麼呢？
我在搬甘蔗做頂門桿。你知道嗎？在中國閩南等地區的婚禮和除夕夜，甘蔗常被用作頂門桿，有甜甜蜜蜜、節節高升、多子多孫的美好寓意。
原來是這樣！
鴻運當頭
福
我還給你帶了紅糖茶哦，可好喝了！
謝謝你。

甜蜜的甘蔗 幸福的頂門

過年了，我要買根甘蔗頂門……

甘蔗脆甜、多節、易分櫱，在中國閩南等地區的婚禮和除夕夜，常被用作頂門桿，寓意甜甜蜜蜜、節節高升、多子多孫……

「吉祥」蔗

果蔗和糖蔗是孿生兩兄弟。提及甘蔗，大家最常想到的是市面上常見的黑皮果蔗，皮薄，汁多，纖維短，清甜，脆嫩爽口，潤津止渴，是理想的生吃佳品。殊不知，甘蔗按用途可分為果蔗和糖蔗，其中果蔗作為果品，用於鮮食，而糖蔗含糖量高，皮硬纖維粗，多作為工業原料，用於製糖，如紅糖和白糖。

孿生甘蔗「兄弟」

紅糖和白糖是雙胞胎姐妹。甘蔗可以加工成紅糖和白糖，只不過是製作工藝不同。甘蔗榨汁後，加火熬製，濃縮而成的褐色固體糖糕為紅糖。當甘蔗汁經過蔗糖溶解、水分蒸發、雜質去除和化學結晶後獲得的白色結晶，即為白糖，多次溶解和結晶煉製則可以進一步生產冰糖。紅糖比白糖營養成分豐富，其中還保留許多有益微生物和微量元素，如鐵、鋅、錳、鉻等，深受消費者的青睞。

甘蔗通體能用，渾身是寶。對每一根甘蔗而言，「吃乾榨盡」毫不為過。除用於榨糖和鮮食外，甘蔗的副產品應用廣泛，大有可為，比如蔗梢、蔗葉、

雙胞糖品「姐妹」

蔗根、蔗渣、濾泥和糖蜜等均可進行綜合利用。其中:

(1) 蔗梢留種栽培已成為蔗農增產增收的有效途徑之一。另外,蔗梢還可用來生產飼料、有機肥、甘蔗筍蔬菜、蔗梢汁飲品等。

(2) 蔗葉既能粉碎後還田以改良土壤的理化性質和提高作物的產量,還可作為飼料、生產食品添加劑、製作建築建材、生產沼氣、進行生物發電和製備活性炭等。

(3) 蔗根性涼,煮水有清熱解毒、潤肺止咳、滋陰潤燥以及促進新陳代謝、改善睡眠等功效,除脾胃虛寒、胃腹寒疼者,一般人群均可食用。

(4) 蔗渣能製漿造紙、造板、發電、做飼料和栽培基質等。

(5) 濾泥可製蔗蠟、水泥、飼料添加劑、食用菌培養料、土壤改良劑等。

(6) 糖蜜可製酒精、酵母、無機溶劑、甘酸、甘油、飼料添加劑等。

蔗梢

蔗葉

蔗根

蔗渣

濾泥

糖蜜

甘蔗副產品

甘蔗產業優勢明顯、前景廣闊、未來可期。甜蜜的甘蔗,渾身是寶,不僅能夠幸福地頂門,還能生產紅糖和白糖……吃乾榨盡,甜甜蜜蜜到永遠。

撰稿人:蘇亞春　吳期濱　尤垂淮　郭晉隆　高世武　李大妹　許莉萍　闕友雄

味蕾糖專家　甘蔗大文化

3 000年前，釋迦牟尼佛在講《楞嚴經》時，曾對他的弟子阿難說:「一切眾生食甘故生，食毒故死。」顧名思義，世間一切眾生，只要吃了甘香甜美的食物，生命就能夠延長，而一旦吃了有毒的東西，就會走向死亡。

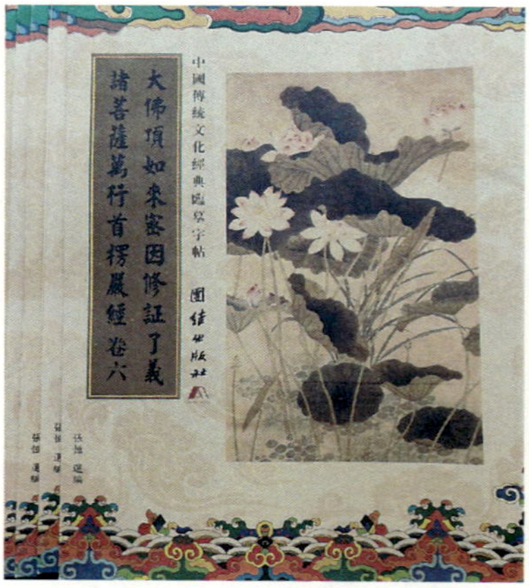

一切眾生食甘故生，食毒故死。

《大佛頂如來密因修證了義諸菩薩萬行首楞嚴經》

味蕾是最大的「糖」專家，人類自出生之日起，便對甜味有著特殊的情感。在你還是小孩子時，每當吃到味道甜美的東西，就會油然產生一種身心愉悅的感覺，這會使你牢牢記住甜的滋味，變得更加喜歡更加依戀吃甜的東西，而且這種情感將依伴終身，此生不渝。研究表明，甜味食品還能夠有效緩解心情的低落，激揚興奮的情緒。對於人體自身來說，糖能夠最直接最有效地補充人體所需能量，或者換句話說糖是最富含熱量的物質，可以快速補充人體所需要的能量/熱量。因此，隨著人類遺傳學上愛甜、依甜和戀甜的基因不斷傳承和演化，人們在吃糖的時候，總會有一種心情愉悅、舒適安全和精神振奮的感覺。

兒時的甜味（一）

甘蔗雖好，食用還需有度，並且切記不要食用發霉的甘蔗。眾所周知，甘蔗主要可以分為兩大類。其中一類是像竹子高大粗壯的果蔗。市面上水果商店所售賣的就是果蔗，其蔗莖粗大、水分含量高、纖維含量相對較低、皮薄易剝落、糖分含量較低、口感細膩，主要作為水果食用，並且不太適合用於製糖。另外一類甘蔗的莖稈相比於果蔗而言就顯得纖細些，其纖維含量高，抗風吹、抗倒伏能力較強，糖分比果蔗高出許多，適於榨糖，這一類也就是用於製糖的糖蔗了。那種表面帶「死色」的甘蔗，其斷面呈現黃色或豬肝色，散發著黴味，咬一口帶酸味、發酵酒糟味，通常是感染了節菱孢黴菌。該菌常產生一種以3-硝基丙酸為主要成分的神經毒素，一定不能食用，否則容易引起黴菌性中毒和神經中毒，輕則出現噁心、嘔吐、腹瀉等症狀；重則迅速出現昏迷、抽搐甚至是死亡危險。

兒時的甜味（二）

果蔗選購時應以汁甜肉厚、蔗皮光滑、色深紫、節間較長者為佳。對於人體的健康而言，甘蔗大有裨益。甘蔗所含營養物質豐富，果蔗中鈣、磷、鐵等無機元素多，尤其是鐵的含量特別豐富，享有「補血果」的美稱。甘蔗中還含有一種名為乙醇酸的天然物質，該物質具有明顯的美容作用。其對粗細皺紋、小疤痕、皮膚色素退化等皮膚問題都有明顯的改善作用。動物實驗表明，甘蔗葉所含的多醣類對小鼠艾氏癌具有抑制作用。發霉變質的甘蔗，從外觀上看，光澤不好、有黴斑，尖端和切斷面有白色絮狀或絨毛狀菌絲，剖面呈淡紅色、淡黃色或棕褐色，有酸黴味，在購買時一定要格外留心。《本草彙言》記載「多食久食，善發痰火，為痰、脹、嘔、嗽之疾」，以及《本草經疏》言「胃寒嘔吐、中滿滑泄者忌之」。因此，脾胃溼寒的人不宜多吃甘蔗。

果蔗（左）和糖蔗（右）

甘蔗是如何一步一步地被製作成紅糖的呢？首先，從甘蔗的種植開始介紹。傳統的甘蔗種植時節為每年的秋末冬初，將甘蔗砍伐收割後，除去梢和根，並埋藏在平坦且沒有積水的土地之下，待到來年雨水節氣的前五六天，天氣晴朗的時候就可以搬出來，除去蔗葉，整根甘蔗或者切成雙芽莖段後進行種植，覆蓋的土層不能太厚。對於種植甘蔗的土壤也以沙壤土為佳，種植的地理位置則需要避開深山以及河流的上游，否則可能會導致榨出的糖有焦苦味。甘蔗的整個生長週期可以分為萌芽期、幼苗期、分櫱期、伸長期和成熟期五個階段。待到甘蔗成熟，將其收割下來切碎、碾壓，去除汁液中的雜質，以小火熬煮數小時，透過蒸發作用去除其中的絕大部分水分，此時就形成了含糖量95%左右的紅糖。其中最具代表性的製糖工藝當屬以甘蔗為原料，採用傳統方法生產糖的海南古法製糖，至今已有600多年的歷史，已被列入中國非物質文化遺產。古法製糖在生產過程中，沒有任何監測設備，僅僅依靠製糖師傅的肉眼觀察及心得經驗完成，製糖師傅的手藝體現在每一個環節的火候中，製成的方塊土糖，顏色為紅褐色，含在嘴裡有濃濃的香甜味。

紅糖泡茶

紅糖又是如何進一步製作成白糖和冰糖的呢？人們為了追求純度更高、味道更純的蔗糖，還會對紅糖採取進一步的提純、脫色，從而生產出晶瑩剔透且精細易溶的白糖。宋應星《天工開物》中記錄了古人用黃泥水提純蔗糖的方法，如今人們發現採用活性炭可以達到更為理想的效果，其提純的蔗糖純度可以達到99.8%以上，這也就是人們日常所熟悉的白砂糖。白砂糖的純度已經非常高，但若將其「進一步純化」，可以將白砂糖變成冰糖。因此，「掛線結晶養大法」便孕育而生了，人們將熱的精煉飽和蔗糖溶液，緩緩地倒入掛有細棉線的桶中，讓蔗糖分子在結晶室中，經過長達一週以上的時間，緩慢冷卻結晶，從而形成大塊的冰糖結晶。此時，冰糖的純度極高，雜質很少，且口感冰涼甜

白砂糖和冰糖

美，含一顆入化嘴中，可以生津止渴、潤喉去燥，使人清爽舒適、心滿意足。在醫治傷風感冒中，冰糖甚至還可以作為中藥的一味藥引子，這和薑紅糖或可樂紅糖的祛風散寒、發汗解表、溫胃止吐、補脾益肝和補心安神的功效，有異曲同工之妙。

我們可以穿越時間的隧道去窺探古人的智慧，體會甘蔗文化的博大精深。說到甘蔗，相信大家都不陌生。它是中國的主要糖料作物，在所有醣類產品中，蔗糖所占的比例最大。從近些年的世界糖產量來看，蔗糖的比例大約為全球總產量的65%。關於甘蔗的文字記載，最早可以追溯到戰國時期。相傳甘蔗原產於印度，大約在周宣王時期傳入中國南方。早在戰國時期，楚國詩人屈原在《楚辭·招魂》中曾有甘蔗汁的描述：「胹鱉炮羔，有柘漿些。」詩中所寫的「柘漿」就是甘蔗汁。

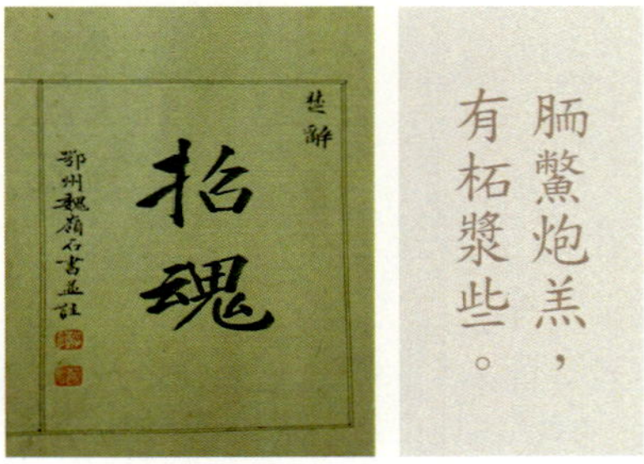

《楚辭·招魂》

東漢班固也在《漢書》中記載了古人是如何把甘蔗製作成糖漿的——榨汁曝數日成飴。西晉時期，關於甘蔗品種在古中國的傳播，已有文字記載。世界上第一位植物學家嵇含（263—306），在其所著《南方草木狀·諸蔗》中有云：「諸蔗一曰甘蔗，交趾所生者，圍數寸，長丈餘，頗似竹。斷而食之，甚甘。榨取其汁，曝數日成飴，入口消釋，彼人偈之石密。」由此可知，交趾（今越南）的甘蔗品種已經在古代中國種植，極大地豐富並改善了中國當時的甘蔗種質資源。

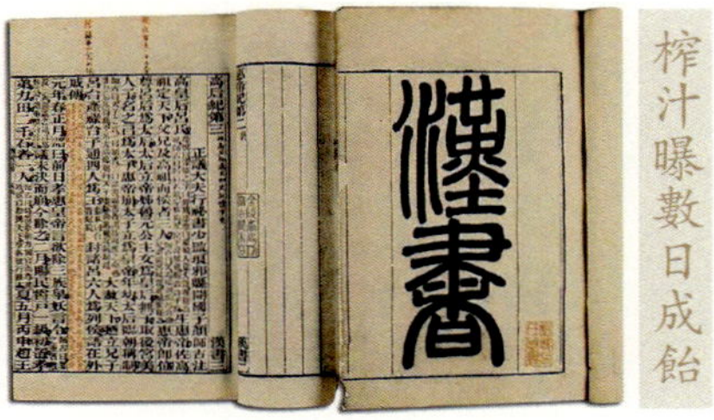

《漢書》中教授製糖術

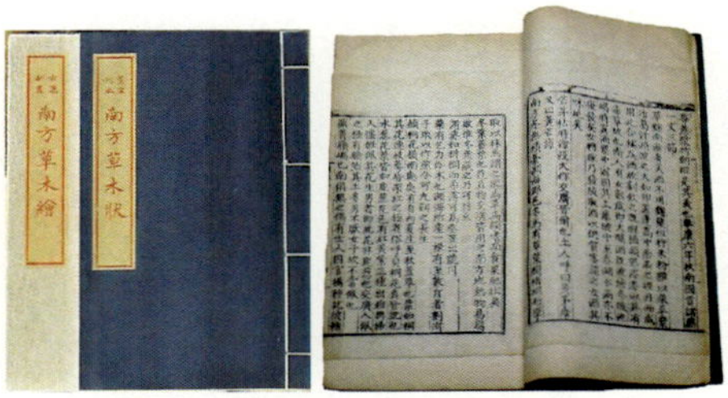

《南方草木狀》

宋代著名的科學家王灼（1081—1160）撰寫了中國最早的製糖專著《糖霜譜》。《糖霜譜》是世界上第一部最為完備的介紹糖霜生產和製作工藝的科技專著，書中詳細記載了古代中國甘蔗的栽種分佈範圍、種植方法以及各種蔗糖的製作方法。書中記載：「糖霜一名糖冰，福田、四明、番禺、廣漢、遂寧有之，獨遂寧為冠。」這說明當時甘蔗已經在中國南方地區大規模種植；並且書中還提及，早在唐代就已經可以製作我們如今日常生活中的白糖和冰糖了。

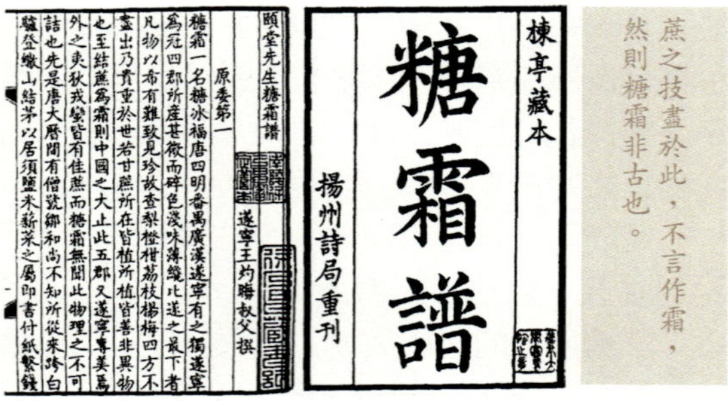
楝亭藏本
糖霜譜
揚州詩局重刊

頤堂先生糖霜譜
遂寧王灼晦叔父撰
原委第一
糖霜一名糖冰福唐四明番禺廣漢遂寧有之獨遂寧
為冠四郡所產甚微而碎色淺味薄纔比遂之最下者
凡物以希有難致見珍故查梨橙柑荔枝楊梅四方不
盡出乃貴重於世若甘蔗所在皆植所植皆善非異物
也至結蔗為霜則中國之大止此五郡又遂寧專美焉
外之夷狄戎蠻皆有佳蔗而糖霜無聞此物理之不可
詰也先是唐大曆間有僧號鄒和尚不知所從來跨白
驢登繖山結茅以居須鹽米薪菜之屬即書付紙繫錢

《糖霜譜》

明末清初時期，宋應星在《天工開物》中有單獨的一卷「甘嗜」。該書系統地介紹了甘蔗的種植方法、收割時間、榨汁器械、提純方法，並有熔煉冰糖的整個流程的詳細記錄。所以，如果今天按照《天工開物》中記載的方法，就能夠製作出宋應星所描述的「古法冰糖」。古人的偉大智慧，超乎你想像。

《天工開物》中的製糖工藝

唐宋八大家之一的蘇軾有詩云：「老境於吾漸不佳，一生拗性舊秋崖。笑人煮積何時熟，生啖青青竹一排。」清代一首佚名詩詞《詠甘蔗》中讚道：「綠陣連煙埌，風雨化精節。玉露含青紫，沁徹哲人心。」筆者團隊眞誠地祝福每一個喜歡吃甘蔗的人，都有一口好牙，能夠嘗遍天下甘蔗，品嘗一生，一生品嘗，歸來仍是少年。

撰稿人：趙振南　葉文彬　蘇亞春　吳期濱　李大妹　許莉萍　闕友雄

漫畫 2 美味蔗餚
甘蔗和糖的那些事
開飯啦！
厲害吧！這些都是甘蔗佳餚哦！
看起來真不錯啊！
大晚上還吃甜的？還是養生吧……
其實吃甜食與糖尿病和肥胖症沒有必然連繫，合理飲食加上鍛鍊身體才是養生之道！

嘗人間蔗味 左右都對胃

說起甜甜的作物，第一個湧入你腦海的是誰呢？要我說，還得是甘蔗。一口咬下去，甜甜的汁水從嘴裡迸發，甜味逐漸消失後，將蔗渣吐掉，像口香糖似的，好吃又好玩。冬天到了，天氣轉涼，小攤販上甚至賣起了「烤甘蔗」，經過烈火烘烤的甘蔗，汁水變得溫熱，味道更加平和、溫潤、芳香，降低了甜度殺口的不暢，越嚼越有一種耐人尋味的奇妙感覺，甚至有人發出了「冬日甘蔗賽過參」的感嘆。

令人垂涎欲滴的烤甘蔗

甘蔗渾身都是寶，能吃能喝還能用。作為甘蔗種植大國，中國甘蔗種植區域分佈在廣西、雲南、海南、廣東、福建、浙江、湖南、湖北、貴州、四川等眾多地區。近10年來，中國甘蔗種植面積基本穩定在135萬～140萬公頃，年度總產量維持在10 000萬噸以上。甘蔗屬於農作物中的經濟作物，在中國主要進行再加工，主產物蔗莖榨汁後可製成如蔗糖汁、白糖、紅糖等；副產物蔗渣可造紙、生產環保餐具製品等；廢糖蜜可以生產高活性乾酵母、焦糖、色素，其黑糖泥可以製成生物肥。此外，甘蔗葉還可以用於生物發電，蔗梢可

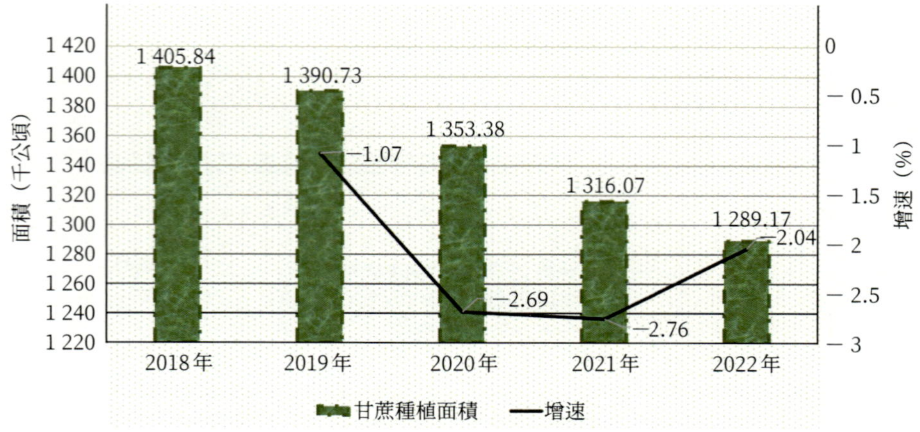

2018—2022中國甘蔗種植面積及增速統計
（資料來源：中國國家統計局）

作為青飼料等。但是，甘蔗因其汁水豐富、鮮甜，人們常常將其當作「水果」(與適合榨糖的糖蔗相比，適合作為水果品嘗的果蔗皮脆、汁多、甜度適中，且纖維短，易咀嚼不傷嘴)，不僅直接食用，還將其搬上餐桌，以輔料形式增添食物的風味。水果上餐桌早已不是新鮮事，但是關於甘蔗的餐桌美食，仍不如鳳梨、芒果那樣出名。有意思的是，添加了甘蔗糖製品的美味佳餚卻不少，甚至很多你意想不到的美食，也隱藏著它的身影。

食糖造佳餚，道道鮮香美。想必大家對烹飪時加入食糖已經見怪不怪了，那你知道我們的食糖是從何而來嗎？這還得從我們的製糖史說起，現在常用的糖主要是由甘蔗和甜菜製成，而甘蔗作為原材料所製得的食糖總產量在世界上約占65%，在中國則高達85%以上。據《詩經》記載，中國12世紀之前就已經進行甘蔗的栽培和利用，而明確指出用甘蔗製糖的文學記載，是戰國時期的《楚辭·招魂》「胹鱉炮羔，有柘漿些」，其中的「柘」就是甘蔗。根據用途，甘蔗可分為果蔗和糖蔗，糖蔗雖然皮硬、纖維粗，口感不如果蔗，但其含糖量較高，常被用作製糖的原料。

扶南甘蔗甜如蜜，
雜以荔枝龍州橘。

唐·李頎
《送劉四赴夏縣》

世間多變幻，萬物本無常，糖也不例外。糖蔗可被加工為白糖和紅糖，你知道兩者的區別嗎？從應用範圍上看，白糖可謂是家家戶戶必備的調味品，不僅能激發食物的本味，還能起到殺菌的作用；紅糖雖可作為甜味劑，但更多的還是作為保健品，起到滋補養生的功效。白糖又可以分為白砂糖和白綿糖，白砂糖在中國應用更為廣泛，我們常說的白糖大多是指白砂糖。在製作湯羹、甜點、菜點、飲料時，加入適量的白糖，能使食品增加鮮甜的口感，如銀耳湯、燕窩、紅燒肉、蛋糕、麵包、月餅、可樂、甜酒等。在製作酸味的菜餚、湯羹時，加入少量白糖，可以緩解酸味，協調酸甜感，使其入口更溫和，如醋溜菜餚、酸辣湯、酸菜魚等，若不加白糖，成品則寡酸不利口。有意思的是，使用白糖在製作拔絲蘋果、拔絲香蕉、拔絲里脊等菜餚中會有一個拔出的動作，讓人在吃的同時，玩得不亦樂乎。如今，白糖已經是必不可少的調味品。

白糖的前世今生

白糖能做這麼多美食，那紅糖的身影又在哪裡呢？紅糖指的是帶蜜的甘蔗成品糖，是甘蔗經榨汁、濃縮形成的帶蜜糖。在中國，紅糖起初作為藥用，後來唐太宗派遣使者去印度學會了蔗糖改良技術，明火熬煮方法得到普及，之後紅糖開始被廣泛食用。紅糖按結晶顆粒不同，分為片糖、紅糖粉、碗糖等，因沒有經過高度精煉，幾乎保留了蔗汁中的全部成分，除了具備糖的功能外，還含有豐富的維他命與微量元素，如鐵、鋅、錳、鉻等，營養成分比白砂糖高很多。南北朝陶弘景的《名醫別錄》記載:「紅糖能潤肺氣、助五臟、生津、解毒、助脾氣、緩肝氣。」李時珍的《本草綱目》寫道:「紅糖利脾緩肝、補血活血、通瘀以及排毒露。」紅糖具有益氣養血、健脾暖胃、祛風散寒、活血化瘀的功效，適於產婦、兒童及貧血者食用，特別是年老體弱、大病初癒的人食用，效果更佳。紅糖除了可以直接泡水沖食，還被用於製作臘八粥、紅糖薑茶、紅糖發糕、糖油粑粑、紅糖馬拉糕、紅糖酥餅、糖三角等美食，琳琅滿目，美不勝收。

紅糖及其製品

甘蔗入菜主要是因其甜蜜的口味。在嚼甘蔗時，都會吐掉蔗渣，可見，這份甜蜜藏於這溢出的汁水裡。蔗汁中不僅含有豐富的蔗糖、果糖、葡萄糖，還含有天門冬素、天門冬胺酸、丙胺酸、檸檬酸、維他命A、維他命C、葉酸、核黃素，以及蛋白質和脂肪等多種營養成分，這些元素和營養在常吃的白糖中是完全沒有的，其已經在白糖加工過程中丟失。植物細胞水具有生物活性，是最易被人體細胞吸收的最高品質的水。甘蔗裡的水是甘蔗採集陽光，吸收了天地之水，在光合作用下生成的植物細胞水，地表水和地下水與其相比完全不可同日而語。此外，中醫稱甘蔗汁入肺、胃二經，具有清熱、生津、下氣、潤燥、補肺益胃的特殊效果。食用甘蔗汁可治療因熱病引起的傷津、心煩口渴、反胃嘔吐，以及肺燥引發的咳嗽氣喘，同時還具有緩解酒精中毒、通便解結的作用。

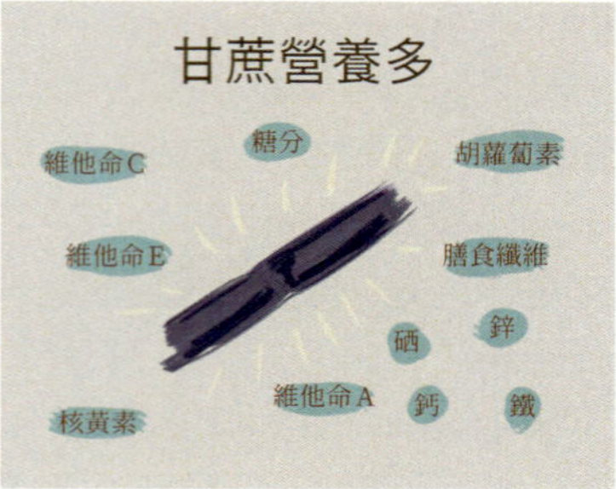

營養豐富的甘蔗

果蔗是專供鮮食的甘蔗，具有較為易撕、纖維少、糖分適中、莖脆、汁多味美、口感好以及莖粗、節長、莖形美觀等特點。直接咬食或將甘蔗榨汁後裝杯直接銷售，儲藏期較短、易變質，所以，鮮製產品一般只出現在甘蔗的時令季節，不適合長期保存和遠距離運輸。因此，衍生出了甘蔗汁罐裝飲料，可以最大限度地保留甘蔗的原汁甜味，如藍莓甘蔗汁、馬蹄甘蔗汁、生薑蔗汁、甘蔗百香果、檸檬甘蔗汁、甘蔗醋等複合飲料，可以很好地滿足消費者對果汁飲料在口感、營養、健康等方面的更高要求，是一種老少皆宜的複合型熱帶果汁高端飲料。

甘蔗汁與甘蔗飲料

甘蔗既可作食物也可作藥材。自古以來，中國中醫就有「藥食同源」的說法，認為許多食物既是食品也是藥物。俗話說：「睡眠養神、食品養身、藥物補身。」食品和藥物一樣能夠預防疾病，如橘子、粳米、龍眼肉、山楂、蜂蜜等，甘蔗也與它們一樣既是食物也是藥材。「吃」是一門藝術，合理的飲食習慣和科學的食品搭配，既能預防疾病，又能延緩衰老。甘蔗藥膳將中醫食補的文化發揚光大，生動實踐了食品養身的科學。不勝枚舉，略說一二：

甘蔗汁：甘蔗壓榨之後產生的汁液，具有瀉火熱、消渴解酒的作用。

烤甘蔗：中國海南地區的道地小吃，早年盛行，現如今只有在產甘蔗的地區比較多見。經過烈火烘烤的甘蔗甜度味道更加平和、溫潤、芳香，越嚼越有一種耐人尋味的奇妙感覺。而由其榨出的新鮮的熱甘蔗汁，甜而不膩，溫熱而不引痰。

甘蔗粥：被認為是一道保健藥膳。將甘蔗搗成汁，同大米一同煮粥食用，能夠養陰潤燥、治療大便燥結。此外，還可以與高粱、生薑、百合、茅根等搭配食用。

糖水：號稱是廣東人和福建人奉獻給世界的禮物，它是用各種材料搭配煲製而成的甜味羹湯。其中甘蔗雪梨糖水、甘蔗馬蹄水等比較經典。甘蔗雪梨糖水能夠清除體內垃圾，再加入紅棗還能起到補血的作用。甘蔗馬蹄水具有清熱化痰、明目清音的功效，同時對肝炎、傷風感冒、腸胃積熱也具有良好療效。

椰青甘蔗花膠雞：椰青具有清熱生津、潤燥止咳及美容等功效，甘蔗具有清熱潤肺、潤喉止咳的功效，再加上雞肉、花膠，清潤又補膠原蛋白，滋潤美顏。

甘蔗燉羊肉：羊肉溫補禦寒，將甘蔗切成小段，與羊肉一起燉，能夠緩和羊肉的燥熱，避免上火，而且能讓羊肉的味道鮮美而不油膩，滋補暖身。

琳琅滿目的甘蔗藥膳

火鍋已成為人們日常的美食，大街小巷隨處可見以火鍋為主題的餐廳，那你品嘗過甘蔗火鍋嗎？重慶火鍋底料辛辣香濃、油膩豐滿、麻辣厚重，部分人群燙食後會出現口乾舌燥、腸胃不適等現象。因此，消費者必定希望能有一種香氣濃郁，口感柔和、純正、清爽，又享口福並且有益健康的火鍋底料。為此，有研究者針對甘蔗汁火鍋底料進行了研製。利用甘蔗汁味甘、性寒，具有清熱解毒、生津止渴、和胃止嘔、滋陰潤燥等特點，替代原火鍋底料中的冰糖，既保留原火鍋的風味，又能夠對人體的脾胃進行有效調理，讓脾胃虛弱的人可以在飽口福的同時不必擔心文進武出、愛恨交加，以達到兩全其美的作用。

意想不到的甘蔗火鍋

「糧為酒本」，意思是只要含有澱粉的東西都可以釀酒。你一定聽說過高粱酒、苞穀（玉米）酒、米酒，那麼，你是否聽說過或者品嘗過別有風味的甘蔗酒？甘蔗酒是一種以甘蔗汁為原料生產的營養健康的酒類飲品。中國的甘蔗酒產品多，具有原汁釀造、蔗香濃郁、品質優異等特點，適合大眾口味。海內外研究發現，甘蔗中含有的多酚類物質和植物性甾醇，能起到抗氧化、抗衰老、降低膽固醇、防止癌細胞分化、抑制酪胺酸酶等作用。甘蔗酒可分為發酵酒、蒸餾酒和配製酒。以甘蔗清汁為原料或將甘蔗清汁配合其他果汁或水果，通過酒精發酵釀製的發酵酒，是一種低酒精度的果酒飲料，具有營養價值豐富、外觀清澈透亮、蔗香風味濃郁等特點。蒸餾酒是以甘蔗汁為主要原料，通過發酵、蒸餾、陳釀等一系列工藝製成的一種高濃度酒精飲料。萊姆酒、中國白酒、伏特加、威士忌、白蘭地和金酒並稱世界六大蒸餾名酒。在國際上，將以甘蔗汁或糖蜜為原料生產的蒸餾酒命名為「萊姆酒」，根據原料和釀製方法的不同，可以進一步分為萊姆白酒、萊姆老酒、淡萊姆酒、萊姆常酒、強香萊姆酒等，酒精度多為38%～50%，酒液顏色既有琥珀色、棕色，也有無色的。若以發酵酒、蒸餾酒或食用酒精等為酒基，通過添加可食用的原輔料或食品添加劑，進行調配、混合或再加工，則可以加工成配製酒，其風格與原酒基有明顯的區別。此外，中國科學研究人員還開展了甘蔗啤酒、甘蔗果酒、靈芝甘蔗酒等加工工藝的探索，喜愛人士有望大飽口福。

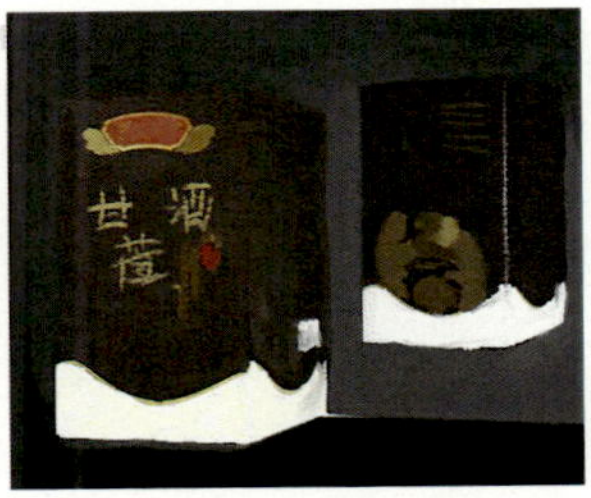

馳名中外的甘蔗酒

俗話說「冬吃甘蔗賽過參」，冬天適合多吃甘蔗。這是為什麼呢？冬天吃甘蔗的好處有哪些？第一，甘蔗是補水良方。冬季天氣寒冷且乾燥，是最缺少水分的季節，如果不及時補充水分，就可能出現皮膚乾燥脫皮、粗糙、皸裂等情況。甘蔗中含有大量水分，每100克甘蔗可食用部分含水量高達84克，如果想要在乾燥的冬天裡補充水分，甘蔗必定是較佳選擇之一。第二，甘蔗是補糖佳品。甘蔗的含糖量高達17%～18%，被稱為「糖水倉庫」，其糖分主要由蔗糖、果糖、葡萄糖3種構成。甘蔗中所含的糖分主要為單醣，很容易被人體吸收利用，可為人體活動提供所需的能量，緩解低血糖；甘蔗中的蔗糖能促進人體內乳酸的代謝，因此對消除疲勞也有很好的效果。第三，甘蔗是清熱佳餚。冬季人們為了禦寒，進食很多溫補的食物，難免出現上火的情況，此時，如果吃點甘蔗或喝點甘蔗汁，將有助於避免上火。唐代詩人王維曾經寫道：「飽食不須愁內熱，大官還有蔗漿寒」，道出了甘蔗有「清內熱」的作用。第四，甘蔗是補血聖物。甘蔗汁被喻為「天生復脈湯」；甘蔗中含有豐富的鐵元素，位居水果之首。鐵是造血不可缺少的原料，所以甘蔗又被稱為「補血果」，能夠預防貧血。第五，甘蔗是清渣利器。甘蔗中含有大量粗纖維，在吃甘蔗時，反覆咀嚼這些纖維，可以把口腔和牙縫中的食物殘渣及沉積物清除乾淨，起到清潔牙齒和口腔的作用。

甘蔗甜如蜜

甘蔗雖然是果中佳品，但食用亦需有度，尤其是身體虛寒時不要多吃甘蔗。甘蔗是一種寒性的水果，身體處於虛寒狀態時，如果再吃過多的甘蔗，可能會加重身體的虛寒症狀，甚至可能會出現腹痛的症狀，但一旦虛寒不再，即可敞開味蕾吃甘蔗。糖尿病患者需要科學適量食用甘蔗。甘蔗中含有大量的天然糖分，如果糖尿病患者一次食用過多，會導致血糖快速升高，病情加重，所以糖尿病患者需要科學適量吃甘蔗，可以少吃多餐。咽喉痛的人最好暫時不要吃甘蔗。甘蔗中含有豐富的蔗糖，可能對部分患者的咽喉黏膜產生較為強烈的刺激作用，甚至誘導引起充血或炎症反應，導致痰液的分泌增多，咽喉不適感增強，所以咽喉痛暫時不吃甘蔗，可以待咽喉康復後再大快朵頤。

甘蔗味美，食用亦需有度

倒吃甘蔗，越吃越甜。《晉書‧顧愷之傳》記載：「愷之每食甘蔗，恆自尾至本，人或怪之。」為什麼從不甜的地方開始吃呢？倒吃甘蔗，越吃越甜，是為「漸入佳境」。吃過甘蔗的人都知道，甘蔗的尾部雖嫩，但其甜度遠不及根部；根部雖硬，但卻是最甜的。所以，甘蔗的甜度是從上到下，逐漸上升的，顧愷之也是深知這個道理，才倒吃甘蔗。因此，「倒吃甘蔗」和「漸入佳境」，都常常被用來比喻境況逐漸好轉或興趣日漸濃厚。其實，我們的人生正和吃甘蔗一樣，如果年少時縱情恣意，只顧享樂，固然能嘗得一時甜頭，但隨著時光飛逝，就會逐漸感受到內心的空虛與精神的匱乏。只有經歷了執著，飽嘗了苦痛，迎來的成功才更充實，也更深刻。

撰稿人：陳燕玲　張　靖　陳　瑤　蘇亞春　李大妹　吳期濱　闕友雄

糖友戀上蔗 健康不礙事

——甘蔗與糖尿病，真的水火不相容嗎？

古埃及、古巴比倫、古印度和中國是四大文明古國，也是「糖尿病」冠名的祖師爺。前1550年，古埃及法老王雅赫摩斯一世時期的莎草紙古抄本中，詳細記載了一種「多飲多尿」的疾病症狀，這是迄今關於糖尿病的最早記錄。1 700年後，沉默在古代文獻中的多尿症再一次出現，古巴比倫醫生阿克托斯（Arctaeus）發現，一些有錢人患者，特別愛喝水，然後停不住地要小便，且其小便比普通人的要黏稠一些……又300多年以後，印度的僧侶觀察到神奇的現象，「多尿症」患者的小便不僅多且更黏稠，而且竟然深受螞蟻青睞。在中國，傳統醫學四大經典之首《黃帝內經》中，也出現了對糖尿病症狀的描述，並命名為「消渴」。《史記》中記載，西漢大文豪司馬相如「口吃而善著書，常有消渴疾」，後人以其表字（長卿），給糖尿病取了個雅號——長卿疾。

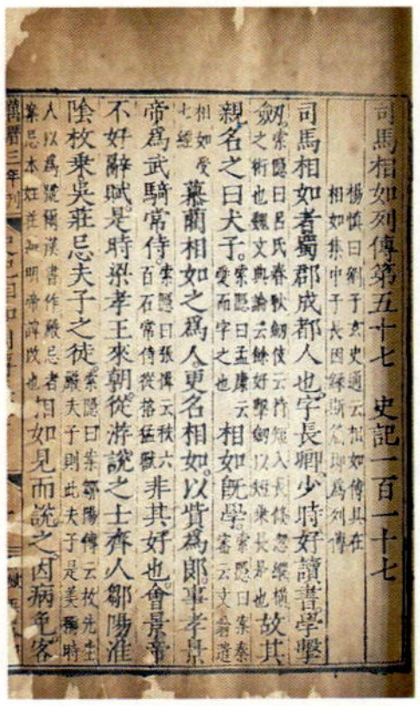

司馬相如與「長卿疾」

糖尿病（diabetes mellitus, DM）發現的時間很早，然而糖尿病的治療史紛繁複雜。從糖尿病本質的發現，到抗糖神器——胰島素的確認，人類花了近400年。1889年，兩位德國醫生約瑟夫·馮梅林和奧斯卡·閔可夫斯基在研究胰腺與脂肪代謝關係的時候，意外發現，那些被切除了胰臟的狗全都患上了糖尿病，他們不僅首次確定了胰腺與糖尿病的關聯，還建立了研究糖尿病的實驗模型。1921年，加拿大著名醫學家弗雷德里克·格蘭特·班廷（1891—1941）和助手貝斯特將一批狗的胰腺導管結紮，6周過後，狗的胰腺腺泡細胞死亡。其後，他們把其餘胰腺內分泌腺體的提取液注射給一隻患有糖尿病的狗，發現病狗的血糖值降低了，這是胰腺提取液可以治療糖尿病的首次報導。1922年，班廷首次使用胰島素注射療法，讓一位糖尿

奧斯卡·閔可夫斯基（1858—1931）

病患者得到有效的治療，這是胰島素在人類糖尿病治療中的首次應用。胰島素是一種蛋白質類激素，參與調節糖代謝，主要用於治療糖尿病。同時，作為機體內最重要的分泌激素之一，胰島素也是維持正常新陳代謝、生長發育和健康生活必備的物質。幾千年來，人類對糖尿病束手無策，一旦患上，只能坐以待斃，班廷的發現，挽救了千千萬萬的糖尿病患者。1923年，班廷和實驗室主任約翰·麥克勞德因在糖尿病發現上的巨大貢獻，毫無爭議地獲得了當年的諾貝爾生理學或醫學獎。這是諾貝爾獎歷史上一項成果從發現到被授予獎項最快的一次，彼時的班廷年僅32歲，創下了史上最年輕的諾貝爾獎得主紀錄，並且至今無人打破。胰島素的發現是糖尿病治療史上的一個重要里程碑。同樣令人稱道的是，班廷和貝斯特為胰島素註冊了專利，但是並沒有收取任何專利許可費或嘗試控制商業生產，這使得胰島素的生產和使用能夠迅速地普及到全世界。

如今，糖尿病已經是一種家喻戶曉的慢性疾病。遺憾的是，即便已經有很多方法能讓糖尿病得到良好的控制，但仍然無法根治，這也導致人們對糖尿病的恐懼甚至已經到了抗拒吃糖、害怕吃糖的程度。在全球，每10個成年人中就有1個人患有糖尿病；在中國，每8個成年人中就有1個糖尿病患者，而且預計有近一半的糖尿病患者沒有確診……糖尿病發病群體正日益年輕化，你有沒有擔心過自己被糖尿病「盯」上了呢？你是否真正了解糖尿病？糖尿病有這麼可怕嗎？你是否知曉糖尿病與糖的關係？不會仍然簡單地認為糖尿病是吃糖導致的吧？……

糖尿病科普教育刻不容緩

糖尿病是什麼病？什麼是糖尿病？從臨床角度上講，糖尿病是一組由胰島素分泌不足或胰腺生物功能受損，或兩者兼而有之引起的以高血糖（血糖一般是指血液中的葡萄糖含量）為特徵的代謝症候群；從病理學角度上講，糖尿

關愛糖尿病人健康

病又是一種內分泌疾病，該病由遺傳、環境和免疫等多種病因引起，具有明顯的慢性高血糖症，還伴有多種併發症。在臨床中，糖尿病的早期診斷和類型的準確辨識，是減少誤診、漏診，以及制訂合理治療方案的前提，也是改善患者的血糖控制，提高患者生活品質的基礎。

根據美國糖尿病協會（American Diabetes Association，ADA）的指南，糖尿病可分為四大類，即第1型糖尿病（type 1 diabetes mellitus，T1DM）、第2型糖尿病（type 2 diabetes mellitus，T2DM）、妊娠糖尿病（gestational diabetes mellitus，GDM）和其他特殊類型糖尿病。

第1型糖尿病：又稱為胰島素依賴型糖尿病（insulin-dependent diabetes mellitus，IDDM）或青少年型糖尿病（juvenile-onset diabetes，JOD，因屬於先天性疾病，大多數是在嬰兒時期至青少年時期發病），占全部糖尿病患者的比例不超過5%。其病理是患者自身無法生產足夠的胰島素或根本無法生產胰島素。因此，該病是患者自身免疫損害或特發性原因引起的，以胰島功能被破壞為特點的糖尿病。一般情況下，患者必須儘早開始並終身注射胰島素加以治療。

第2型糖尿病：又稱為非胰島素依賴型糖尿病（non insulin-dependent diabetes mellitus，NIDDM）或成人型糖尿病（adult-onset diabetes，AOD），是一種最常見的糖尿病類型，占所有糖尿病患者的90%左右。該類型糖尿病患者中，其自身胰臟並沒有任何病理問題，但其胰腺細胞對胰島素沒有反應，或反應不正常、不靈敏，隨著病情持續發展，胰島素的分泌漸漸變得不足，造成血糖值升高。肥胖症是引發患者患上第2型糖尿病的主要原因之一，特別是某些基因遺傳可誘發先天性體質肥胖，進而引起糖尿病發作。但是，也有研究顯示，第2型糖尿病可能與身體長期的發炎反應有關，因為有七八成病患根本不胖。第2型糖尿病的主要治療方式為胰島素及降糖藥的使用，常見降糖藥有雙胍類、磺醯脲類、噻唑烷二酮類、二肽基肽酶4抑制劑（DPP-4）受體抑制劑、鈉-葡萄糖協同轉運蛋白2（SGLT-2）受體抑制劑、胰高糖素樣肽1（GLP-1）類似物等。

妊娠糖尿病：是孕婦產期的主要併發症之一，指的是妊娠前糖代謝正常或有潛在糖耐量減退而妊娠期才出現或確診的糖尿病。換句話說，即使孕婦過去沒有糖尿病病史，在懷孕期間血糖值也可能高於正常值，出現糖尿病症狀。這種類型糖尿病的發生率世界各國報導為1%～14%，中國為1%～5%，近年有明顯增高的趨勢。妊娠糖尿病患者糖代謝多數於產後

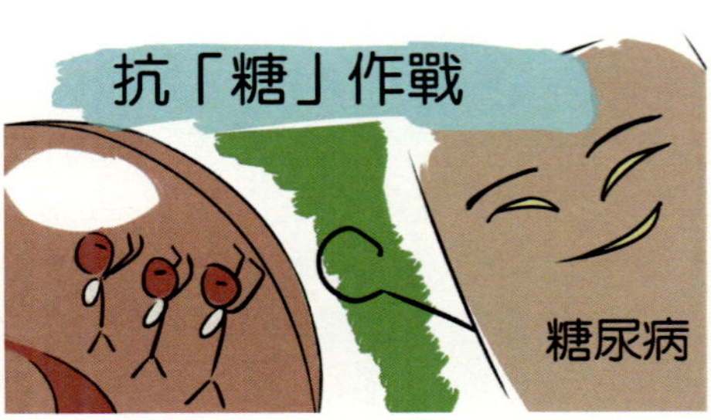

抗「糖」作戰

能恢復正常，但將來患第2型糖尿病的機率增加，同時孕婦一旦患上妊娠糖尿病，其臨床經過較為複雜，母嬰都有一定的風險，應該給予足夠的重視。

其他特殊類型糖尿病：指的是除了第1型糖尿病、第2型糖尿病以及妊娠糖尿病以外的其他所有病因引起的糖尿病。鑑於該類型糖尿病的臨床表現與1型和第2型糖尿病的特徵存在較大程度的重疊，臨床上可能極大地低估了其實際患病率。其他特殊類型糖尿病又可以分為八大類型，包括胰島β細胞功能遺傳性缺陷、胰島素作用遺傳性缺陷、胰腺外分泌疾病、內分泌疾病、藥物或化學品所致糖尿病、感染所致糖尿病、罕見的免疫介導糖尿病，以及其他糖尿病相關的遺傳症候群。較為常見的有成人隱匿性自身免疫性糖尿病（LADA）、青少年發病的成人型糖尿病（MODY）、移植後糖尿病（PTDM）和急性胰腺後糖尿病（DMAAP）。

聞糖色變不可取，知病才能治病。糖尿病的危害主要有哪些？事實上，無論是哪一類糖尿病，典型症狀均為多飲、多食、多尿、體重減少等表現，即「三多一少」症狀。根據健康人群調查，成年人中約有50%糖耐量異常（有患糖尿病風險），且最終會有高達11%左右的人患上糖尿病。這個數據是不是非常可怕？如果你沒得糖尿病，可能很難明白糖尿病到底是一種多麼可怕的病症，即便是糖尿病患者，可能都不知道這個病的眞正可怕之處。其實，糖尿病本身並不可怕，要命的是糖尿病帶來的一系列併發症。長期的胰島素分泌缺陷或（和）胰腺生物作用受損，容易引起碳水化合物、脂肪和蛋白質代謝的紊亂，進而導致眼、腎、神經、心臟和血管等組織器官出現慢性的進行性病變、功能減退甚至器官衰竭。病情嚴重或緊迫時，還會發生嚴重的急性代謝紊亂，如高滲高血糖症候群（HHS）、糖尿病酮症酸中毒（DKA）等，造成難以逆轉的傷害，甚至危及患者性命。

糖尿病的典型症狀

據世界衛生組織（WHO）統計，糖尿病是目前已知併發症最多的一種疾病，高達100多種。臨床數據顯示，糖尿病發病後10年左右，將有30%～40%的患者至少發生一種併發症，且難以治療。因此，早預防、早發現、早治療對糖尿病患者而言，至關重要。目前，現代醫學的發展尚無法實現糖尿病的治癒，但是，只要患者認眞聽從專業醫生的指導，切實遵從醫囑定期服用降糖藥物，合理輔以減輕體重、增加活動、調整飲食等積極的生活方式，就可以將血糖控制在理想範圍之內，延緩甚至阻止慢性併發症的發生，達到臨床治癒的效果，不影響患者的自然壽命。因此，對糖尿病，無須恐懼。

想必每個愛吃糖的朋友（糖友）心中，都有個大大的問號，吃糖會得糖尿病嗎？甜甜的食品，深受大衆的喜愛，因為，它不僅能夠給我們帶來味蕾上的享受，以及進食後的愉悅感和滿足感，還能迅速補充人體對熱量的需求，讓我們「欲罷不能」。有廣為傳播的謠言，說糖尿病和糖息息相關，連名字都有「糖」字，肯定是由糖所引起的。事實上，大量研究早已證明，患糖尿病的根本原因是胰島素分泌不足或胰腺生物功能受損，無法正常「消化」糖分。換句話說，如果胰島功能好，無論攝取多少糖，都可以有效利用，血糖也不會升高。反之，若因某種原因，導致胰島功能出現異常，即使少吃甚至不吃糖，也很有可能會患上糖尿病。在此，筆者可以很負責任地告訴大家，根據海內外醫學科技工作者的研究，如果沒有遺傳、環境等其他因素的參與，只是食用糖甚至食用過多的糖，是不會導致糖尿病的。

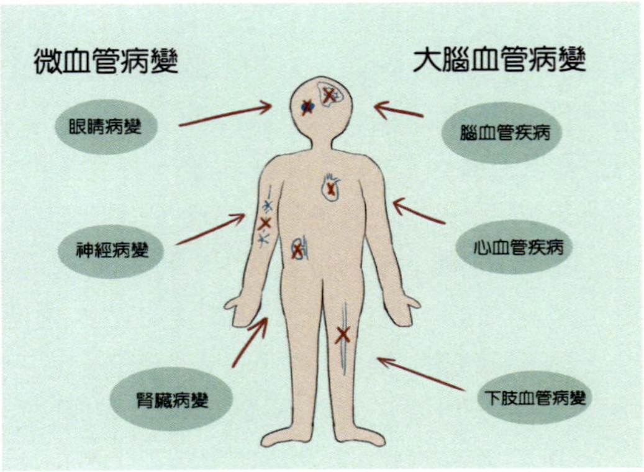

糖尿病的慢性併發症

理性看待糖尿病與吃糖的關係

對於得了糖尿病的糖友而言，「甜蜜的追求」眞的是一種奢望嗎？人一旦得了糖尿病，嚴格控制飲食是穩定血糖的重要治療措施之一。因此，很多人認為，糖尿病人吃主食都要按時按量，吃糖果更是想都不敢想。事實上，在合理控制總熱量和均衡營養的前提下，沒有任何一種食物對糖

糖尿病患者的煩惱

尿病患者是絕對禁忌的。在血糖控制良好的情況下，都是可以適量攝取的。美國阿拉巴馬州伯明罕市的營養專家Raine Carter說：「糖尿病患者要記住，糖尿病飲食其實只是一種更健康的飲食，而不是不能吃糖的飲食。」他還說道：「糖尿病患者可以把糖果看作是一種甜點，而非一次加餐，換句話說，糖尿病患者是可以分次少量吃糖的。」此外，美國麻薩諸塞州劍橋市一家糖尿病營養中心負責人Meg Salvia表示：「糖尿病患者無須採取無糖飲食，木糖醇等代糖更不是絕對的，比如糖醇會激發食慾，讓糖尿病患者吃得更多。」

糖果味道甜美，能夠使人心情愉悅，而我們的身體也需要碳水化合物。所以，糖友們要注意的是攝取糖果的量要合適。毫無疑問，這意味著作為中國食糖主要來源的甘蔗及其製品，是可以適量食用的。除了直接吃甘蔗，或食用紅糖、白糖這類添加糖，還有許多披著蔗糖外衣的美食，如宮廷糕點（桂花糕、棗泥酥、綠豆糕、驢打滾等）、西式甜品（提拉米蘇、蛋塔、馬卡龍、布丁等）等也能淺嘗一二。在中華美食裡，常有水果入菜，增香又提味，甘蔗也常作為輔料之一，如甘蔗燉羊肉、甘蔗馬蹄板栗糖水、甘蔗煲雞、甘蔗粥等。家裡烹飪甘蔗美食，大可不用聞「蔗」不動。

味蕾的甘蔗，舌尖的蔗糖

糖讓人歡喜讓人憂。那麼，糖是什麼？什麼是糖呢？糖的解釋有三種，第一種是碳水化合物，即有機化合物的一類，分為單醣、雙醣和多醣三種，是人體內產生熱能的主要物質，如葡萄糖、蔗糖、乳糖、澱粉等。第二種是食糖的統稱，包括白糖、紅糖、冰糖等。第三種是糖果，如水果糖、奶糖等。醣類是含2個或以上羥基的醛類、酮類化合物或其衍生物，或水解時能產生這些化合物的物質。大多數醣類物質只由碳、氫、氧3種元素組成，在化學式的表現上類似於「碳」與「水」聚合，故又稱為碳水化合物。根據結構單元數目，糖進一步劃分為三大類，單醣、寡醣和多醣。根據存在形式，WHO將糖分為內源糖與游離糖。其中，內源糖指的是水果和蔬菜中的糖，這些糖大多被植物細胞壁包裹，消化速度較為緩慢，與游離糖相比，進入血流所需的時間更長。游離糖指的是廠商、廚師或消費者添加到食品中的單醣和雙醣，以及蜂蜜、糖漿和果汁中天然存在的糖。目前，沒有證據顯示內源糖有害健康，但過量攝取的游離糖是潛在的對人體造成重大影響的「甜蜜殺手」。

糖，曾經是貴族身分的象徵，如今被廣泛應用到食品加工業中。1955年，美國總統艾森豪威爾患上了心臟病，醫學界為兩種觀點爭執不休，一方認為是脂肪惹的禍，另一方認為是糖搗的鬼。1965年，《新英格蘭醫學期刊》（*New England Journal of Medicine*）的一篇評論文章，否認了蔗糖與血脂水準（乃至冠心病）有關，自此脂肪論勝出，糖倖免於難。人們開始強烈提倡「低脂飲食」，而為了彌補口感，只能在食物中加入大量的糖。隨之而來，糖的過量攝取對人體的負面影響也日益凸顯，終於有人開始質疑當年那個結論的可信度。紙終究包不住火，2016年，研究人員根據歷史資料發現，當初是製糖企業收買了營養學家，在證據不足的情況下，淡化了糖與冠心病之間的關係（Kearns et al., 2016），讓脂肪背了黑鍋。至此，這個埋葬了50多年的驚天陰謀終於被發現。近年來，糖過量的危害頻頻曝光……然而，真理越辯越明，事實越辯越清，關於糖的食用對人體益處的研究和報導也是層出不窮。但是對糖和脂肪的科學認知還有待繼續深入。

砂糖、冰糖與紅糖

難分難捨不可拋，戀糖護糖為哪般？不可否認的是，「糖」對人體不可或缺，雖是甜蜜的負擔，但更是甜蜜的象徵。一方面，糖不僅提供人體所需要的能量，還能與脂類和蛋白質結合，為維持人體生理機能發揮重要作用。當糖分攝取嚴重不足時，人體內的脂肪和蛋白質等物質會主動轉化為糖分，以提供身體所需，這極易造成營養不良，甚至對身體造成危害。另一方面，糖能迅速提高人體內的多巴胺以及人腦血清素含量，給人們帶來甜蜜口感的同時，讓人產生滿滿的幸福感和愉悅感。作為製糖大拿的甘蔗，也擁有著不凡的過往，如「百年蔗」是世界上宿根年限最長的甘蔗品種，也是目前中國唯一仍然保存的傳統製糖竹蔗品種，從1727年（清代雍正四年）種植至今，展現了近300年的獨特食糖文化，甚至享有「早知松溪百年蔗，何必去尋不老丹」的美譽。在中醫學上，蔗糖擁有和中緩急、生津潤燥、補充能量的良好功效。

生活中無處不在的糖

日常生活離不開糖，卻又擔心糖帶來的不利影響，那麼，這個世界上是否有一種食物，既能夠帶給我們甜甜的味蕾享受，又不會讓我們產生對血糖上升的忌諱，甚至能降低我們對熱量太高導致發胖的恐懼呢？代糖，順應而生。近年來，舉著「更適合糖尿病患者食用的醣類」、「減肥人群不必再忌諱，代糖

0熱量」的僞科學大旗，「代糖」越來越多地湧入人們視野中。那麼，什麼是代糖？代糖的熱量如何？代糖能完全取代糖嗎？代糖眞的不會影響血糖嗎？代糖會危害人體健康嗎？如果想吃代糖，該如何選擇呢？

常見高糖食物

代糖，顧名思義，就是糖的替身或代替糖的營養物質，其主要作用就是製造甜味。什麼是代糖？代糖又稱甜味劑，代糖雖然不屬於醣類，但由於其空間結構與醣類似，可與舌頭味蕾上的甜味受體結合，從而向大腦發出信號，使人體感覺到甜的味道。與糖相比，代糖與甜味受體具有更強的結合能力，因此其甜度可達糖的幾十、數百倍，甚至數千倍。因此，如果要達到和白砂糖相同的甜度，只需在食品中添加極少量的代糖即可。

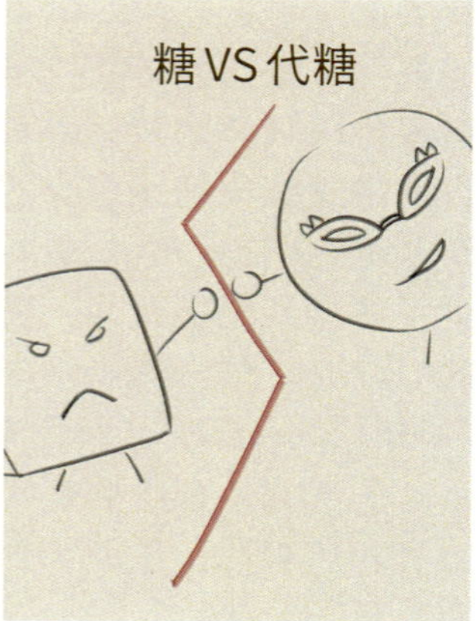

「甜美毒藥」之戰，代糖能否贏得最後勝利？

人們越來越意識到科學控制食糖攝取的重要性。代糖（甜味劑）最早是為糖尿病患者而生產的，如今，因其低熱量或零熱量，也成為肥胖人群的福音。根據熱量，代糖可以分為營養性代糖和非營養性代糖。營養性代糖，指的是食用後會產生熱量的代糖，但每克產生的熱量較蔗糖低，主要包括山梨醇、甘露醇、麥芽糖醇和木糖醇等。對應地，非營養性代糖，指的是食用後不會產生熱量或因用量極少可忽略其熱量的代糖。有意思的是，按照生產方式，非營養性代糖又分為天然代糖和人工代糖。常見的天然代糖主要有甜菊糖、羅漢果甜苷和甘草甜素等，一方面，它們無法被人體代謝，因此不會產生任何熱量；另一方面，這類代糖產生的甜度遠遠高於或強於蔗糖，在食品工業上的應用十分廣泛。人工代糖，又稱為「人工甜味劑」，是人類通過化學手段合成，人體食用後不會產生熱量的代糖。人工代糖的供應穩定，價格低廉且甜度高，深受食品加工業者的青睞，目前阿斯巴甜、三氯蔗糖、安賽蜜、紐甜和愛德萬甜等在市面上廣泛應用。

「代糖」真的能完全替代糖嗎？

代糖不斷推陳出新，代糖取代醣類，會是未來的趨勢嗎？糖是否能倖免於難呢？代糖具有甜度高、熱量低的優點，不少家庭已經普及使用，部分人群甚至用代糖完全替代醣類。安全性不斷強化下，代糖是否可能完全取代糖？這是一個很有趣的話題。就目前的發展趨勢，在可預見的未來，代糖是無法完全取代糖的，甚至隨著代糖負面作用的發現和糖本身具有的天然優勢，代糖產業的發展還可能受到越來越多的限制。從烹飪和風味的角度看，第一，糖已經成為烹飪的基本調料，它不僅能增加食物的甜味，還會在烹飪中產生焦糖化反應，俗稱「炒糖色」，給食物鍍上一層透亮的紅褐色，進而產生特殊的風味。然而，市面上的代糖在加熱的時候基本上不會產生美拉德反應。美拉德反應和焦糖化反應都屬於褐變現象，都是食品風味產生的重要來源。第二，糖的吸水性和保水性良好，在食品加工中可作為膨鬆劑，有效支撐麵包的結構和穩定。第三，糖在酒類發酵和食品防腐中，具有不可替代的作用。第四，與糖相比，市面上代糖的口感仍有區別，或者說這些代糖的口感各有千秋。比如，與蔗糖相比，代糖安賽蜜的甜度來得快，去得也快；紐甜的甜味來得慢，卻難以消失，過於持久；甜菊糖苷的後味，會產生微苦味和青草味；木糖醇和赤蘚糖醇則具有清涼味等。從人體對糖的需求角度看，代糖不是糖，但卻可以糊弄人的胰腺，當吃到甜食時，不管眞糖，還是假糖，神經系統會一律把甜味信號傳遞到大腦，胰腺接到通知後即分泌胰島素，時刻準備著降低血糖。此時，若食用的為代糖，雖然味道甜，但無法升高血糖，致使胰島素難以吸收多餘的血糖，久而久之，胰腺就不搭理這個信號了，導致最直接的副作用就是，胰島素敏感度下降，內分泌受到嚴重影響，人體健康受到潛在危害。

前文中提到，代糖最初是為糖尿病人而生產的，而作為檢測糖尿病的重要指標，人體的血糖會不會因為代糖的攝取而升高呢？通常認為，代糖只是給食品增加甜味，並不會被人體直接吸收利用，因此不會導致血液中的葡萄糖含量增高。然而，2022年，*Cell*的一篇論文揭示，非營養性代糖，能夠通過影響腸道微生物菌群來改變人體的血糖水準。研究中，作者選取了糖精、甜菊糖苷、阿巴斯甜和三氯蔗糖等四種非營養性代糖，然後在小鼠和上百名健康成年人身上進行實驗，定期檢查其葡萄糖耐量（體現機體對血糖濃度調節能力的重要指標）。結果顯示，糖精和三氯蔗糖會顯著損害人體的葡萄糖耐量，進而導致人體血糖濃度偏高。但研究還指出，代糖對不同個體的影響差異性很大，其對不同人群（如糖尿病、心臟病患者等）的具體影響還需進一步探索。

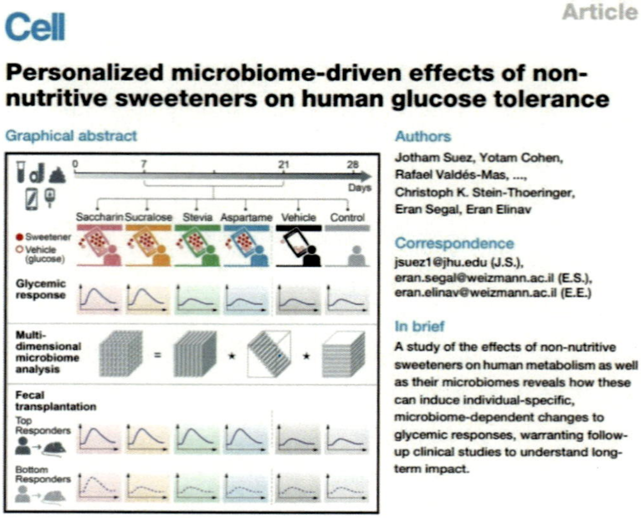
Cell

Article

Personalized microbiome-driven effects of non-nutritive sweeteners on human glucose tolerance

Graphical abstract

Authors

Jotham Suez, Yotam Cohen, Rafael Valdés-Mas, ..., Christoph K. Stein-Thoeringer, Eran Segal, Eran Elinav

Correspondence

jsuez1@jhu.edu (J.S.), eran.segal@weizmann.ac.il (E.S.), eran.elinav@weizmann.ac.il (E.E.)

In brief

A study of the effects of non-nutritive sweeteners on human metabolism as well as their microbiomes reveals how these can induce individual-specific, microbiome-dependent changes to glycemic responses, warranting follow-up clinical studies to understand long-term impact.

人工甜味劑或增加糖尿病風險

代糖不一定是控糖人群的救命稻草，它可能是洪水猛獸。代糖的出現，在規避糖的一些潛在危害的同時，帶來了豐富的味蕾感受，然而，代糖的長期或過量食用對人體的危害，也被逐漸披露。目前，人們發現最常見的危害有三種。其一，肥胖。雖然與糖相比，代糖的能量低了很多，但是，營養性代糖也存在能量過剩的威脅，過多食用依舊會有導致肥胖、引發各種併發症的風險。同時，代糖雖然可以滿足人們對甜味的渴望，但可能因此產生代償心理，肆無忌憚多吃其他東西，反而攝取更多的食物，最終增加了體重超重的風險。其二，內分泌失調。當代糖進入人體，大腦會誤以為攝取了糖分，進而分泌胰島素，但卻沒有等來與葡萄糖的「美好相遇」。久而久之，人體對胰島素分泌信號的響應日漸遲鈍，患上糖尿病的風險也隨之增高。其三，腸道菌群紊亂。當用代糖食品取代食糖攝取時，人體內那些正常生長需要食糖來維持的菌群就可能被雜菌所取代。長此以往，人體腸道內的菌群環境就會被擾亂或破壞，出現便祕、腹瀉和消化不良等問題。

針對市面上種類繁多、層出不窮的代糖，如何科學合理選用呢？首先，從安全性上，天然代糖優於人工代糖。與天然代糖（甜菊糖苷）相比，人工代糖（糖精和三氯蔗糖）對人體葡萄糖耐量的損害更為顯著。同時，人工代糖的限制性高於天然代糖，如患有苯丙酮尿症的人不能攝取含有苯丙胺酸的阿斯巴甜（人工代糖）。其次，在熱量與升糖指數（glycemic index，GI）上，非營養性代糖優於營養性代糖。營養性代糖與非營養性代糖是以產生能量的多少來區分的。基於當代人群追求低熱量、高品質生活的現狀，非營養性代糖比營養性代糖更受消費者的青睞。GI指的是食物進入人體兩小時內血糖升高的相對速度，又名血糖生成指數，數值越低，表明食物進入人體兩小時內血糖升高的相對速度越低，患者血糖也越穩定。研究發現，營養性代糖的GI高於非營養性代糖的GI，甚至有人認為非營養性代糖的GI為零，不會直接引起人體血糖的上升。再次，從口味上，鑑於蔗糖擁有良好的前中後甜，是目前最符合人類口味的糖，因此代糖的挑選，常以蔗糖為標準對照。目前，市面上和蔗糖最為接近的代糖是三氯蔗糖、阿斯巴甜，但甜度過高，不便於單獨使用。最後，在實際應用上，糕點、餅乾、飲料等食品領域常以代糖替代食糖，但是不同的代糖具有不同的特性，其應用範圍各異，常因用法不同而選擇不同的代糖。比如，木糖醇具有高吸溼性，適於製作蛋糕，使其更加鬆軟，但若用於製作餅乾，在空氣中放久了容易變軟。又如，赤蘚糖醇的吸溼性低，可用於製作餅乾，但由於其甜度較低，如果要用於製作高甜食品，需要與其他高甜度的代糖（羅漢果甜苷、甜菊糖苷等）混合使用和複合配製。

營養型甜味劑	單醣和雙醣 熱量4 000卡①/克，對血糖影響大，會增加齲齒風險	蔗糖
		葡萄糖
		果糖
		麥芽糖
	糖醇 熱量低，升血糖效果較小，甜度與蔗糖相近	木糖醇
		山梨糖醇
		麥芽糖醇
		赤蘚糖醇
		……
非營養型甜味劑	天然甜味劑 從植物中提取，甜度高	甜菊糖苷
		羅漢果甜苷
		……
	合成甜味劑 甜度最高，0熱量或幾乎不含熱量 不會升高血糖，安全性待評估	安賽蜜
		三氯蔗糖
		紐甜
		糖精鈉
		……

代糖（甜味劑）的種類及其特徵

①卡為非法定計量單位，1卡 4.186焦耳。——編者注

如果一碗好吃的甜食、一杯好喝的甜飲擺在你的面前，你能夠控制住自己嗎？嘴上可以說少吃少喝，但是，身體的誠實卻無法抗拒，這是為什麼呢？不管我們願意還是不願意，高興還是不高興，在人類基因裡，早已刻下對甜味、能量和食糖最基本且最原始最赤誠的欲望。在日常生活中，糖無處不見，它隱藏在甜的、無味，甚至是酸的、鹹的食物裡，綻放在豐富的菜餚中。在人類漫長的演化歷史中，糖給我們提供能量，讓我們生存下去；糖所產生的多巴胺，讓我們產生愉悅心情。這樣看來，「糖」早已全方位、無死角地融入我們生活的方方面面，割捨不了。

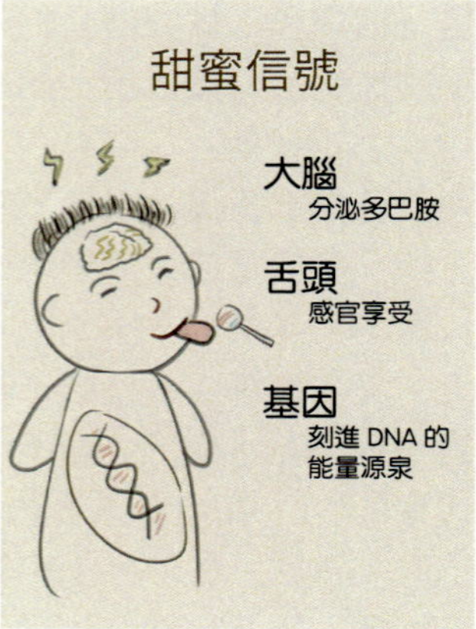

為什麼我們都愛吃糖？

糖非吃不可，糖不得不吃。我們嗜糖的基因與生俱來，我們愛糖的本領天賦異稟，我們為糖而生……那麼，我們該如何健康吃糖呢？首先，應該科學合理地控制糖的攝取量，一般是對游離糖進行限制。根據WHO的建議，為了防止出現肥胖、齲齒等健康問題，成年人和兒童的游離糖攝取量應控制在攝取總能量的10%以內。如果能夠進一步將游離糖的攝取量降低至總能量攝取的5%，可極大地降低超重、肥胖和蛀牙的風險。同時，還需要限制代糖的攝取量。聯合國糧農組織（FAO）和WHO制訂了阿斯巴甜的限量（1984）：「甜食0.3%，膠姆糖1.0%，飲料0.1%，早餐穀物0.5%，以及配製用於糖尿病、高血壓、肥胖症、心血管患者的低醣類、低熱量保健食品，用量視需要而定。」其次，要在平衡總能量攝取的基礎上，盡可能多地以天然食物代替「糖」。甜食太美味，有些人甚至連主食都用甜食替代。舉一個例子，科學的情況下我們吃一小塊蛋糕就夠了，但是因為好吃，很多人吃一小塊不過癮，就把一大塊都吃下去了，飽脹的肚子就降低了進食其他食物的欲望。長此下去，蔬菜、水果和優質蛋白等的攝取量下降，會導致營養不良或甚至危害健康。因此，我們必須合理搭配飲食，在吃甜食和吃糖的同時，注意食物的多樣化，做到蔬菜、水果、穀物和蛋白質攝取均衡。最後，應該重視食品包裝上的說明，選擇合適健康的糖源。比如，配料表。配料表是遵照「用料量遞減」原則，將配料用量按從高到低依序列出食品原料、輔料、食品添加劑等。如果配料表靠前位置出現高濃度的添加糖，少買少吃。又如，營養成分表，沒有標明含糖量的，可參考表中的碳水化合物含量。同時，需要注意計量單位（每100克、每支、每份等）。總之，適量吃糖、平衡總能量攝取和學會看配料表是健康吃糖的三大原則。

我們該如何健康吃糖？

Could Sugarcane Prevent Diabetes?

MATTHEW FLAVEL & BARRY KITCHEN

When sugar is refined we are discarding antioxidants that not only temper metabolic diseases but can also restore insulin production.

甘蔗真的可以預防糖尿病嗎？

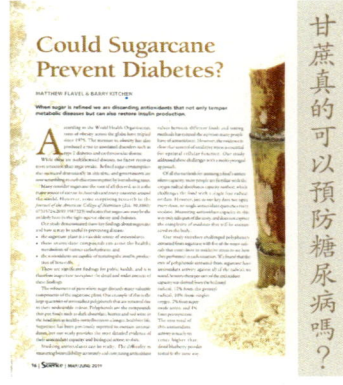

甘蔗是高糖植物，每100克含糖17～18克，且富含多種胺基酸，有生津止渴、滋陰潤燥、清熱解毒的作用，糖尿病患者可以適量食用。有意思的是，越來越多的學者將糖尿病的研究目光聚集到甘蔗身上，甚至有研究認為甘蔗或能在抗糖尿病上發揮作用。2019年，《澳洲科學》雜誌發表了一篇由產品製造商（澳洲）有限公司[The Product Makers (Aust) Pty Ltd.，TPM]首席科學家Dr. Barry和科學創新經理Dr. Matthew兩人聯合署名的文章，題為「Could Sugarcane Prevent Diabetes?」該文章揭示了關於甘蔗的三個新發現，以及它是如何抵抗肥胖和糖尿病的：①甘蔗是抗氧化劑的一種重要來源；②這些抗氧化化合物有助於各類碳水化合物的健康代謝；③抗氧化劑能夠修復分泌胰島素和β細胞。

甘蔗汁用於治療糖尿病不是夢？第2型糖尿病最重要的特徵之一是胰島素抵抗，Ayuningtyas等（2020）認為這可能是由三價鉻缺乏引起的。因此，該團隊設計實驗，全面比較了健康人和糖尿病患者在飲用白糖和甘蔗汁之前和之後，血液和尿液中的鉻水準。結果表明，甘蔗汁中的鉻含量比白糖中的高35倍。同時，研究還發現了一個有趣的現象，飲用甘蔗汁一個月可以有效增加人

PAPER • OPEN ACCESS

Preliminary study: the use of sugarcane juice to replace white sugar in an effort to overcome diabetes mellitus

R A Ayuningtyas[1], C Wijayanti[1], N R P Hapsari[1], B F P Sari[1] and Subandi[1]

Published under licence by IOP Publishing Ltd

IOP Conference Series: Earth and Environmental Science, Volume 475, International Conference on Green Agro-industry and Bioeconomy 26-27 August 2019, Malang East Java Indonesia

Citation R A Ayuningtyas *et al* 2020 *IOP Conf. Ser.: Earth Environ. Sci.* **475** 012001

甘蔗汁代替白糖，有望助力治療糖尿病

血液和尿液中鉻的水準，且與健康人相比，糖尿病患者的增加水準更高。實驗揭示真理，科學創造奇蹟，採用甘蔗汁代替白糖，助力第2型糖尿病治療，或許有望，然而此僅為一家之言，尚需大量理論和實證研究。

2021—2023年世界糖尿病日，在胰島素發現100週年的背景下，活動的總主題被定為「獲得糖尿病護理」。2022年，是本次總主題活動開展的第二年，2022年11月14日也是第16個「聯合國糖尿病日」，宣傳主題是「教育保護明天」（Diabetes: education to protect tomorrow）。了解糖尿病知識，不止對於醫療衛生專業人員和糖尿病患者，還對健康人群預防糖尿病同樣具有不容小覷的重要意義。筆者的科學普及適逢其時，從一個甘蔗科學研究團隊的視覺審視，希望給大家奉上一篇別開生面又別具一格的科普文章，歡迎溝通交流，如有任何不妥或錯誤之處，請批判指正。

預防糖尿病，從科普學起。

「糖友」戀上蔗，「蔗」該不是事。「學以致用、用以促學」，是我們學習永恆不變的法寶。因此，我們以科普文章的形式進行宣傳，以吸引更多的人群了解糖尿病知識，並致力於打消大家對甘蔗乃至醣類的食用會導致糖尿病的顧慮。同時，筆者所在團隊希望在「甘蔗與糖尿病」的科普下，能同廣大科學研究工作者一同積極參與甘蔗成分對糖尿病潛在作用的研究，共同尋找防治糖尿病的祕方。科普向未來，科普既已來，未來必將至。

撰稿人：張　靖　劉俊鴻　尤垂淮　蘇亞春　吳期濱　羅　俊　闕友雄

蔗待天下人 藥現健康夢

人類的生存史，就是一部跟疾病糾纏不清的鬥爭史。在同疾病作鬥爭的過程中，中國古代人民將鬥爭經驗和理論知識彙聚形成了「中醫」，這是在古代樸素的唯物論和自發的辯證法思想指導下，通過長期醫療實踐，逐步形成並日益發展的醫學理論體系。作為傳統藥物中占比90%的植物藥，在人類與疾病鬥爭的歷史中起著極其重要的作用。隨著人們對健康生活的追求，人們對藥用植物資源的需求也日趨旺盛。

中國是藥用植物資源最豐富的國家之一，對藥用植物的發現、使用和栽培，有著悠久的歷史。狹義上，藥用植物指的是醫學上用於防病、治病的植物，其植株的全部或一部分供藥用或作為製藥工業的原料。廣義而言，可包括用作營養劑、某些嗜好品、調味品、色素添加劑，以及農藥和獸醫用藥的植物資源。

源遠流長的中醫與藥用植物

藥用植物的歷史源遠流長。中國古代有關史料中曾有「伏羲嘗百藥而製九針」、「神農嘗百草，一日而遇七十毒」等記載，這都說明了藥用植物的發現和利用，是古代人類通過長期的生活和生產實踐逐漸積累經驗和知識的結果。放眼望去，我們的身邊充滿了千姿百態的植物，世界上已知植物約有27萬種。中國是世界上生物多樣性最豐富的國家之一，已知植物約有25 700種。那這些是否都是藥用植物呢，或者說是否都可以入藥？一種植物是不是藥用植物，一般取決於它是否有治療疾病的功效。一般來說，大多數植物都可以作為藥用。不同植物所具有的藥用功效可能相同，也可能不同，而且功效的大小也很重要。神奇的是，絕大多數植物的根、葉、皮等均可以入藥，如何首烏，其根可以作為藥材，具有安神、補血等作用。

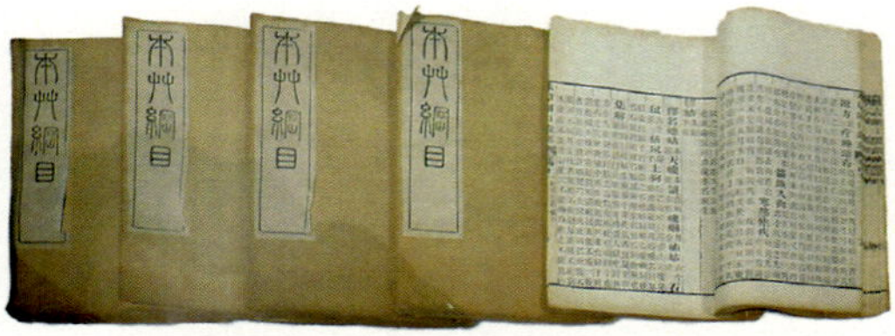

長耽曲籍，若啖蔗飴。

《本草綱目》

都是植物，藥用植物到底

「高」在哪裡？植物因不能自由移動位置，所面對的外界環境錯綜複雜，原始植物逐漸因為環境的不同而分化，從而形成了不同的植物後代，這正是藥用植物產生的原因，也是植物具有不同藥用功效的本質。那麼植物為什麼可以作為藥材呢？除了我們肉眼可以看到的根、莖、葉等，植物的代謝產物也可以用於醫療，這也是藥用植物與一般植物之間的區別。眾所周知，植物的化學成分較複雜，有些成分是植物所共有的，如纖維素、蛋白質、脂肪、澱粉、醣類、色素等；有些成分僅是某些植物所特有的，如生物鹼類、苷類、揮發油、有機酸、鞣質等。這些特有的成分發揮了巨大的作用，如芒果葉含抗壞血酸、芒果苷、異芒果苷、槲皮素、α-兒茶精、高芒果苷、原兒茶酸、沒食子酸、鞣花酸、莽草精、山柰醇等多種化學成分，具有疏風清熱、緩解皮膚發癢的作用。所以說，植物可以作為藥材用於治療疾病。

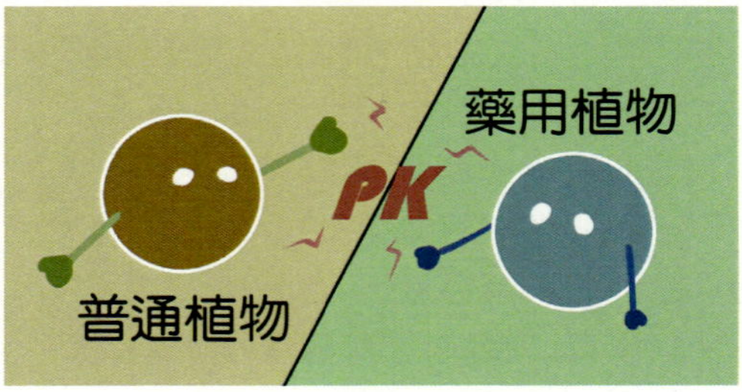

藥用植物「高」在哪？

日常生活中有豐富多彩的水果，其中有一種經常被當作水果的作物，也有藥用價值。你猜到是什麼了嗎？沒錯，正是甘蔗。甘蔗是中國最重要的糖料作物，約85%的食糖都源於甘蔗。此外，甘蔗還分為糖蔗和果蔗，前者因其糖分含量高、皮硬纖維粗、口感較差，而常為我們提供食糖需求；後者由於其汁多清甜，脆嫩爽口，可作為水果供直接鮮食。甘蔗在中國福建、廣東、海南、廣西、四川、雲南等南方熱帶地區廣泛種植，含有豐富的糖分、水，還含有對人體新陳代謝非常有益的各種維他命、脂肪、蛋白質、有機酸、鈣、鐵等物質。甘蔗是能清能潤、甘涼滋養的食療佳品，古往今來被人們廣為稱道，就連那些清高儒雅的文人墨客們對其也情有獨鍾。蔗糖作藥治病最早的記載是南

在很久很久以前，一個孩童正在吃甘蔗……

朝齊梁時期著名醫學家陶弘景所著的《名醫別錄》，書中說「取甘蔗汁為砂糖，甚益人」，是說甘蔗汁製成的砂糖，人吃後對身體很有益處。古人在長期與疾病作鬥爭的過程中，對蔗糖藥用價值做了艱苦的探索和不斷的積累，弄清了蔗糖的許多治病功效。唐代詩人王維在《櫻桃詩》中寫道：「飲食不須愁內熱，大官還有蔗漿寒。」而大醫學家李時珍對甘蔗則別有一番見解，「凡蔗榨漿飲固佳，又不若咀嚼之味永也」，在肯定蔗糖功效的基礎上，又將食用甘蔗的微妙之處表述得淋漓盡致。

一說甘蔗都是寶，不僅能吃還能治病？看完讓你大吃一「斤」。甘蔗富含多種能抑制疾病發生的化合物，主要包含蛋白質、碳水化合物以及鈣、磷、鐵等多種礦質元素。那麼甘蔗對人體到底有哪些有益之處呢？日常生活中，甘蔗中含有的許多有效成分都可以應用於疾病的預防及治療，領域不勝枚舉，僅列個五福來臨門。

一是抗氧化。甘蔗葉中含有大量的黃酮類物質，而黃酮類化合物不僅是人體必需的天然營養素，還能降低血管的脆性及改善血管的通透性、降低血脂和膽固醇。此外黃酮還有消炎鎮痛、抑制細菌、抗過敏、抑制病毒、保肝護肝、防止血栓形成、防治心腦血管病等功效，是一種潛在的外源性抗氧化劑原料。

二是清熱生津。甘蔗含有豐富的纖維素，被稱為「糖水倉庫」。對於肺熱所導致的咽喉腫痛、咳嗽、虛熱等，適當食用甘蔗可以緩解這些症狀。

三是排解毒素。《滇南本草圖說》中提到甘蔗汁和薑汁一起服用，可以解河豚毒。《綱目拾遺》中說青皮甘蔗有很好的解毒消熱作用。

四是抗腫瘤。純化的甘蔗葉多醣成分均一，具有提高機體免疫力，甚至抑制腫瘤的作用。

五是改善貧血。甘蔗中含有大量的鐵元素，每100克甘蔗含有鐵元素大約0.4毫克，故甘蔗有「補血果」的美稱。因此，食用甘蔗可以有效地補充人體內部鐵元素的不足，促進紅血球的再生，增加血容量，貧血自然而然被改善。

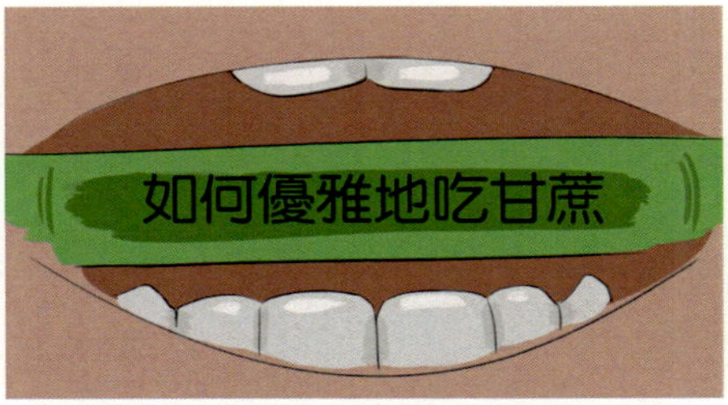

吃甘蔗那麼辛苦，如何優雅地吃甘蔗？

渾身有妙用的甘蔗

甘蔗是食補與養身的一把好手。唐代名醫孫思邈所著《千金食治》中說道:「夫為醫者當須先洞曉病源，知其所犯，以食治之；食療不癒，然後命藥。」所言可意為防病治病當須首先從飲食入手。以下列舉了一些用甘蔗做的藥膳，對人體大有裨益。①甘蔗萊菔湯。該湯劑來源於《山家清供》，取其「蔗能化酒，萊菔能化食也」。具體做法：取甘蔗200克，鮮蘿蔔150克，切碎，加水煮到蘿蔔爛熟，服用湯汁。可以用於緩解飲酒過多、吃不下飯的情況。②甘蔗生薑汁。源於《梅師集驗方》，取其「蔗汁雖寒，薑汁雖溫，但合用則性較平和」。具體做法：取甘蔗250～500克，生薑15～30克，分別切碎稍微絞出汁水，混合均勻後服用。用於減輕陰液不足，胃氣上逆。③蔗漿粱米粥。源於《董氏方》，「取甘蔗汁益胃生津、潤肺燥，取粟米益脾胃；二者又皆能除熱。」煩熱咳嗽、咽喉不舒服的人吃過之後情況會有所好轉。具體做法：取甘蔗500克，切碎略搗，絞取汁液，加粟米（青粱米）60克，加水適量，煮成稀粥食用。除了直接將甘蔗做成藥膳之外，由甘蔗加工而成的紅糖、白糖等多種產品也可以做成食療配方。如紅糖黨參赤小豆湯，食用可使膚色滋潤；益母薑棗紅糖水可以溫經散寒，適用於寒性痛經及黃褐斑；山楂桂枝紅糖湯具有化瘀止痛的功效。

「甘蔗」的藥膳之旅

甘蔗還常以糖製品形式存在和發揮作用。人人都離不開的紅糖和白糖，你知道它們都有什麼作用嗎？紅糖和白糖都是日常生活中最常見的調味品。雖然都有甜蜜的口感，但提起紅糖，總能聯想到「美容養顏好佳品」。在中醫營養學上，紅糖具有益氣養血、健脾暖胃、祛風散寒、活血化瘀之效，特別適於產婦、兒童及貧血者食用。性溫的紅糖通過「溫而補之，溫而通之，溫而散之」來發揮補血作用。以前人們常用紅糖給產後的婦女補養身體，目的在於利用紅糖「通瘀」或「排惡露」的作用而達到止痛的目的。生薑紅糖水尤其適用於風寒感冒或淋雨後有胃寒、發燒的患者。在寒夜中久行、落水被救起，或者突然遭遇雨水淋溼，事後馬上喝一碗熱騰騰的生薑紅糖水，汗出而身暖，渾身都舒暢，常常可以達到禦寒防感冒的目的。當然，服用生薑紅糖水後，最好能夠蓋上被子睡覺，以免出汗風吹受寒。與紅糖直接的藥用價值不同，作為生活中家家必備的白糖，其富含的碳水化合物可以為人體迅速補充能量，供給熱能，還可緩解低血糖引起的頭暈、乏力、飢餓等症狀。

紅糖與白糖的大妙用

沒想到吧，甘蔗的作用可以有這麼多。如果你想用食物滋養自己，不妨試試天然無害的甘蔗，說不定它會有不錯的效果。

除了常見的甘蔗製品，甘蔗副產品對改善人們的生活品質大有用處。甘蔗廢糖蜜可以作為治療下肢靜脈潰瘍的傷口敷料或作為男性生殖器手術的溼敷料，可以用於治療人類鼓膜穿孔，還能作為硬腦膜的替代品和人臍帶華通氏膠間充質幹細胞的底物。此外，用蔗渣合成的奈米結晶纖維素（NCC）與羥丙基甲基纖維素（HPMC）製作的膠囊殼，作為藥物容器具有更好的潛力，因為其不易生長微生物，從而可以延長膠囊的保存期限。蔗渣中含有的木質素、矽膠和磁性二氧化矽作為藥物載體，可以用於治療風溼性關節炎。甘蔗提取物有許多作用，如用其製成的化妝品不僅可以促進皮膚血液循環、活化細胞，還具有一定的消炎及防治皮膚病等功效，而且它是一種活性成分，對皮膚幾乎沒有風險。瘧疾在世界熱帶和副熱帶地區流行，估計2020年有2.41億例瘧疾病例和62.7萬例死亡病例，含有甘蔗提取物的SAABMAL是一種民族藥用多草藥製劑，可用於治療無併發症的瘧疾感染。還有研究表明，甘蔗中含有的胱抑素C與氟化鈉進行組合形成的薄膜，可以有效保護牙釉質，防止牙齒被侵蝕。

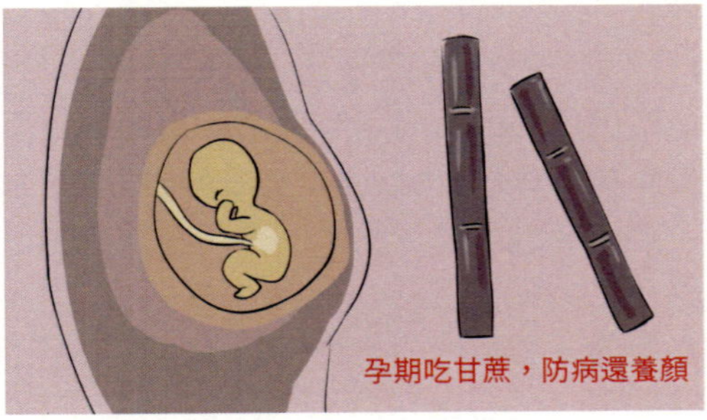

孕期吃甘蔗，防病還美顏

所謂「病從口入」，除了維持人體本身的健康，甘蔗還能滿足動物對食物的安全要求。動物能為我們提供豐富的脂類營養及極佳的食用體驗。保障動物的健康，也是保障我們的生活品質。為了加強動物的抗病能力，飼料級抗生素應運而生。甘蔗廢糖蜜製成的多醣應用在飼料添加劑中，帶來了不少益處。一是降解重金屬、氨氮、亞硝酸鹽、硫化氫和藥物殘留等有毒物質，減少其對養殖動物的毒害。二是強力誘食，增加食慾，補充魚必需的營養物質，促進魚健康生長。三是增強機體的抗病力和免疫力，提高飼料利用率。四是預防緊迫反應，增強對颱風、暴雨、氣溫驟變、轉池和運輸等環境脅迫時的抗壓力能力。五是保護肝臟，促進營養轉化率。減少體內病原菌，減輕肝臟負擔，增強肝臟營養代謝功能。六是功能性多醣具有增強動物免疫力、降低疾病死亡率和促進生長等作用。甘蔗廢糖蜜與飼料的完美結合，可以預防養殖動物疾病，由此加工製作的食物更加健康，即畜禽水產動物疾病能夠得到有效的預防和控制，從而最大限度地發揮動物品種和飼料的生產潛力，具有廣闊的發展前景。

白白胖胖健健康康的動物

為了降低糖尿病和肥胖症的發生率，含糖的飲料甚至被國家行為錯當「衆矢之的」。這是不是意味著喝了含糖的飲料就一定會得糖尿病呢？答案是兩者並沒有直接關係（參見《糖友戀上蔗 健康不礙事》）。俄羅斯總統普丁簽署了一項法令，規定從2023年7月1日起，政府對含糖飲料徵收每升7盧布的消費稅。泰國政府決定對含糖飲料的加稅政策推遲到2023年3月，給含糖飲料製造商更多時間調整配方。新加坡從2023年底開始，禁止糖分和反式脂肪含量較高的飲料進行廣告宣傳。國外的這些措施在一定程度上過於嚴苛，在這裡需要重申，飲用含糖的飲料並不是造成糖尿病的元凶。談到含糖飲料，那就不得不提到用甘蔗製成的飲品，如甘蔗果酒、萊姆酒、啤酒等。甘蔗與百香果、芭蕉等製成的複合果酒，不但風味更佳，而且其中包含了大量人體需要的如天冬胺酸、麩胺酸等多種胺基酸；甘蔗糖蜜發酵蒸餾而成的萊姆酒，具有豐富的營養價值，甘蔗中含有的維他命B_1能夠維持神經細胞的正常活動，從而改善精神狀況；甘蔗酒還具有潤腸、通便、補血等功效，這是因為甘蔗富含纖維和鐵，纖維能促進胃液和消化液的分泌，而鐵能促進血紅素的產生，增強造血功能。受新冠肺炎疫情的影響，中國糖料產業面臨嚴峻的形勢，進口糖和進口糖漿快速增加，穩糖業產能的努力遭遇進口衝擊。甘蔗作為主要的糖料作物，其製成的糖漿是含糖飲品中不可或缺的部分，而且不能讓種甜甜的甘蔗的農民苦了心，由此帶給我們一個啟示，該如何將甘蔗含有的成分加入合適的配方中製作成健康的飲品？這是甘蔗科學研究的一個熱點。甘蔗製成的飲品對人體的好處遠不止這些，想想我們是否都嘗過美味又健康的甘蔗藥飲呢？

年產蔗糖百萬噸，
農民心裡卻不甜

黃元御在《玉楸藥解》中這樣寫道：「蔗漿，解酒清肺，土燥者最宜，陽衰溼旺者服之，亦能寒中下利。」甘蔗有著「天然復脈湯」、「脾果」等美譽，不僅是冬令佳果，還是強身健體的良藥。中國古代醫學家還將甘蔗列為「補益藥」，可見，古人對甘蔗給予了極高的評價。此外，不少學者在甘蔗中提取到有效成分，具有許多功效，比如纖維素、碳水化合物、維他命C及多種有機酸等。因為甘蔗纖維很多，反覆咀嚼時可將殘留在口腔及牙縫中的髒東西清理乾淨，從而能提高牙齒的自潔和抗齲能力；維他命C可以很好地抑制皮膚黑色素的形成，幫助消除皮膚色斑，潤澤皮膚；而其中的有機酸則可以緩解疲勞。甘蔗果真全身都是寶。從古至今，甘蔗在我們生活中充當了重要角色，其價值一直是闞友雄團隊共同研究的熱點。我們真誠地希望能同廣大科學研究工作者一起關注和發掘甘蔗的藥用價值，讓甘蔗隱藏的功效揭祕於大衆，讓越來越多的人知道甘蔗的好處，享受甘蔗的益處。

撰稿人：劉俊鴻　張　靖　蘇亞春　吳期濱　羅　俊　闞友雄

漫畫 3 蔗些妙用
甘蔗和糖的那些事
唉，蔗寶，我感冒發燒，一直睡不好覺……
別擔心，我熬了些蔗漿小米粥，驅寒養胃，十分有效。
舒服多啦！
太好啦，甘蔗富含的碳水化合物能為人體供給能量，健胃健脾，驅風散寒，可是滋補的良品！
還有這些用途呀
紅糖
乙醇燃料
複合板材
造紙
製藥
飼料

蔗漿甘如飴　渣滓多妙用

甘蔗是重要的糖料作物，中國使用甘蔗製糖的歷史已延續了兩千多年，中國亦是最早使用甘蔗製糖的國家之一。東漢楊孚《異物志》中記載：「榨取汁如飴餳，名之曰糖，益復珍也。又煎而曝之，卽凝如冰，破如博棋，食之，入口消釋，時人謂之石蜜者也。」西漢時期，劉歆《西京雜記》亦曾述及「閩越王獻高帝石蜜五斛」。所謂石蜜，卽是指以甘蔗為原料製成的固態製品，但當時人們對於甘蔗製糖後剩下的渣滓未有充分利用的意識。據記載，清代潮汕人用廢棄的蔗渣為燃料煙燻鴨肉，味道出奇的好，深受人們喜愛。這時人們對蔗渣的利用有了新的探索。

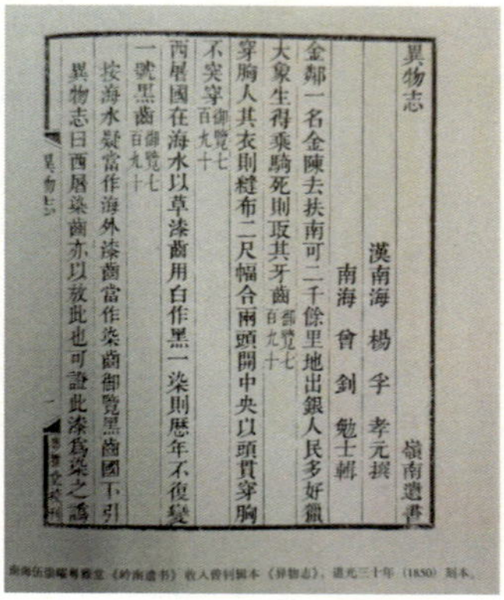
異物志　　嶺南遺書
漢南海　楊　孚　孝元撰
南海　曾　釗　勉士輯
金鄰一名金陳去扶南可二千餘里地出銀人民多好獵大象生得乘騎死則取其牙齒 御覽七百九十
穿胸人其衣則縫布二尺幅合兩頭開中央以頭貫穿胸不突穿 御覽七百九十
西屠國在海水以草漆齒用白作黑一染則歷年不復變一號黑齒 御覽七百九十
按海水疑當作海外漆齒當作染齒御覽黑齒國下引異物志曰西屠染齒亦以放此也可證此漆爲染之譌

南海伍崇曜粵雅堂《岭南遗书》收入曾钊辑本《异物志》，道光三十年（1850）刻本。

《異物志》

榨取汁如飴餳，名之曰糖，益復珍也。

甘蔗產業循環經濟的發展，必須兼顧經濟與環境，蔗糖蔗渣皆不浪費。蔗渣的科學合理利用，有望提升甘蔗循環產業鏈的增加值。蔗糖產業中，每生產1噸蔗糖就會產生2～3噸蔗渣，如果沒有進行統一加工再利用，直接扔掉或傾倒在河道裡，這些處理不當的蔗渣會造成部分地區環境汙染問題。另外，蔗渣打包、蔗渣除髓以及備料間、甘蔗渣堆場等製糖產業的某些環節和空間，也可能存在粉塵汙染的風險。由於榨糖後的溼渣還有約2%剩餘糖，儲存時黴菌等微生物活躍，使蔗渣變質、發酵甚至霉爛，而在運輸和加工過程中蔗渣粉塵彌漫，作業人員會接觸到大量的蔗塵和病原微生物，容易引起蔗渣病。1980年代在廣西某糖廠發現21例蔗渣病患者，同期珠海市發現蔗渣病患者5例，但近20年未見過蔗渣病或在製糖造紙行業因環境汙染致病的案例報導。浙江溫嶺市蔬菜管理辦公室主任深入踐行環保理念，帶領當地居民將食用、加工後的蔗渣變廢為

甘蔗渣廠家供應的混合渣

寶，讓原本廢棄田頭的蔗渣轉變成了有機肥、乳牛飼料等，在農業技術進步的同時，為農民解決了實際問題，走上高品質綠色發展之路。

那麼，蔗渣又有哪些用途呢？該如何處理才不會造成資源浪費呢？蔗渣是製糖工業的主要副產物，不僅含有40%～50%的纖維素和25%～30%的半纖維素，還包括木質素和蛋白質等成分，是一種重要的可再生生物質資源。隨著現代科學技術的進步，以及生物質轉化利用工程技術的不斷發展，人們發現，將蔗渣應用於高附加值產品的生產，可滿足產業化所需的原料集中性、連續性和均一性要求。目前，蔗渣已經在製漿造紙、動物飼料生產、吸附材料製備、高密度纖維板材合成、生物質燃料開發、食用菌栽培、生物化學液化、功能性產品開發等方面獲得了高值化的綜合利用。幾種最主要的應用場景概述如下：

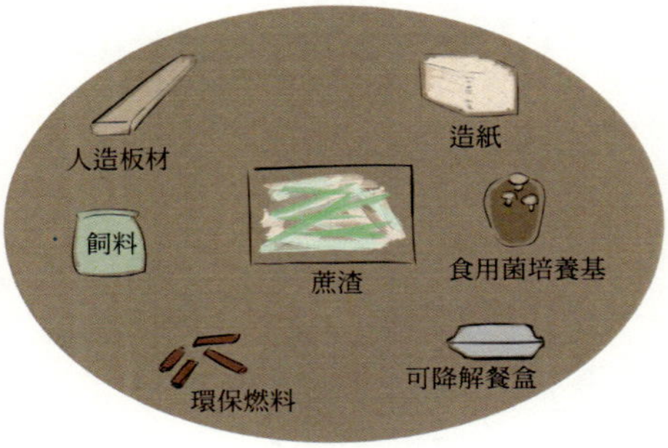

蔗渣的綜合利用

蔗渣可作為高價值的飼料資源。蔗渣纖維成分豐富，經過適當加工處理，如糖化、青貯等，可作為良好的飼料原料。研究表明，蔗渣中約含有2%的粗蛋白，不僅能夠滿足牛、羊等反芻動物的需求，且槲皮素高達470毫克/克，可以對食源性致病菌（如大腸桿菌和金黃色葡萄球菌等）產生明顯的抑制作用，有效提高牲畜的免疫力。此外，將蔗渣與廢棄菜葉組合利用，可作為一種優質的飼料。而利用膨化蔗渣替代玉米稈青貯作為粗飼料製成的飼料品質高、安全性好、乾淨清潔、衛生環保，且保存時間長、飼養效果好、飼養成本低，可以極大地提高養殖業的經濟效益。

牛羊養殖場使用蔗渣處理後的飼料

蔗渣可作為可生物降解製品的原料。線上外送餐飲市場的發展，導致一次性餐具的使用量劇增。據環球時報的調查研究估算，中國外送產業一天消耗的一次性塑膠餐盒超過6 000萬個，外送使用的塑膠製品材質多為聚丙烯和聚乙烯，回收利用率極低，且難以降解，增加了環境保護的壓力。有研究發現，與其他材料製造的餐盒相比，利用蔗渣和竹纖維生產的可降解餐具的耐水和耐油性能優異，且在土壤中的降解性能好，60天的降解率就可以達到50%左右。

因此，甘蔗渣等天然生物質材料的充分利用，具有良好的發展前景，在實現環保理念的同時，還降低了生產成本。

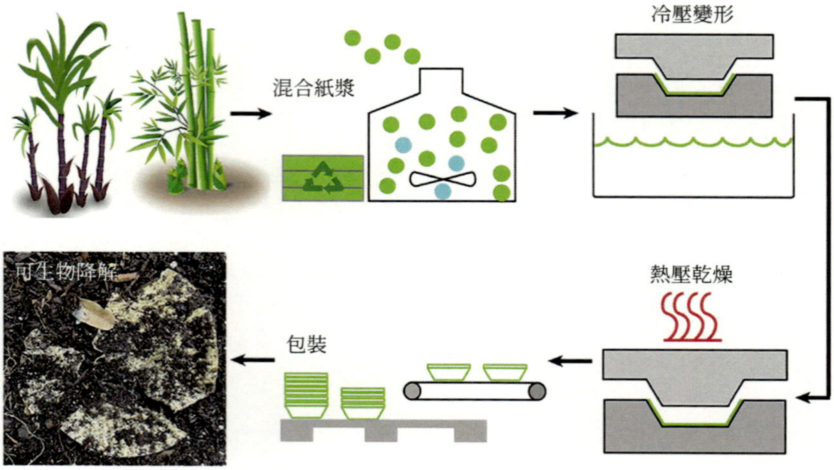

使用甘蔗渣和竹纖維生產可生物降解餐具的模塑紙漿，作為食品工業用塑膠的替代品（Chao et al., 2020）

甘蔗渣作為原料製備高密度複合材料。蔗渣是生產高密度纖維板的理想原料。中國的蔗渣纖維板產業，經歷了由碎粒板到高密度纖維板的演變。蔗渣具有良好的延展性，製成的板材符合高密度板材的要求特性，阻燃性能良好、耐腐蝕，獲得了家具、建築、車廂、船舶、包裝箱等行業的青睞。1990年4月，廣東省市頭甘蔗化工廠（前身為市頭糖廠）引進聯邦德國辛北爾康普（Siempelkamp）公司蔗渣中密度纖維板生產的成套設備和成熟技術，建設了中國首家蔗渣中密度纖維板廠。此外，根據最新的一項研究報導，以蔗渣為增強材料在複合材料生產領域的應用有了新的進展。研究發現，採用熔融共混法，以塑膠袋為基體，蔗渣纖維為增強填料，可以製備綠色複合材料。測試結果表明，蔗渣纖維的加入有效提高了複合材料的剛度，同時，通過鹼處理對纖維的改性，降低了複合材料的模量和吸水率，進一步提高了複合材料的機械強度。由此可知，在包裝領域，改性蔗渣高密度聚乙烯塑膠可以用於生產高品質的綠色複合材料。

甘蔗渣製備高性能吸附材料。蔗渣是製備活性炭和重金屬離子吸附劑的良好原料。活性炭是一種粉末狀或顆粒狀的黑色固體，孔隙發達，吸附能力極強，在環保、化工、食品和醫藥等多領域廣泛應用。活性炭多樣化利用管道的

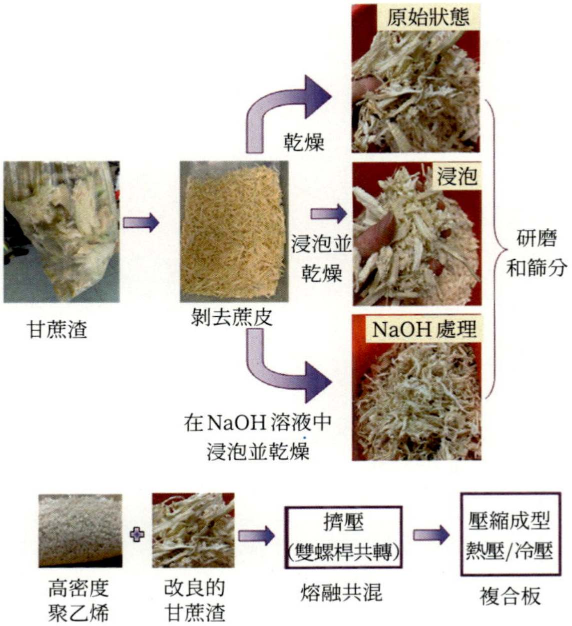

蔗渣纖維的改性過程
(Chen et al., 2021)

開拓，是打造新型綠色可持續發展農業的重要途徑。因此，蔗渣作為可再生清潔型生物質材料，以其為原料製備用於緩解水汙染的活性炭吸附劑，是如今常見的生物質資源化利用途徑。水體重金屬汙染問題日趨嚴重，蔗渣通過螯合反應，可生成吸附水中重金屬離子的吸附劑，經濟有效且對環境友好。這不但遵循循環經濟的原則，還解決了環境汙染問題，符合「廢物利用，以廢治廢」理念。

廢物利用，以廢治廢。

蔗渣可用於燃料乙醇的開發。生物質及其廢棄物是理想的能源和碳基化學品來源。以蔗渣為原料，所生產的燃料乙醇能帶來「經濟+生態」的雙重效益。第二代燃料乙醇的基礎原料是生物質，即蔗渣、廢棄的玉米秸稈和其他類型的木質或纖維質材料。蔗渣中的纖維素經過酶解作用轉化為糖，再經發酵生成乙醇，排放性能好、動力性能高、積碳排放少、儲運方便，能夠滿足汽車行業對燃料的需求，且產生優異的環境效益，受到世界上大多數國家和地區的青睞。同時，蔗渣原料集中，儲藏和運輸都較為方便，適於作為燃料酒精的原料。

全球能源供應面臨重大挑戰，發展低碳新能源成為一種主流趨勢。油價

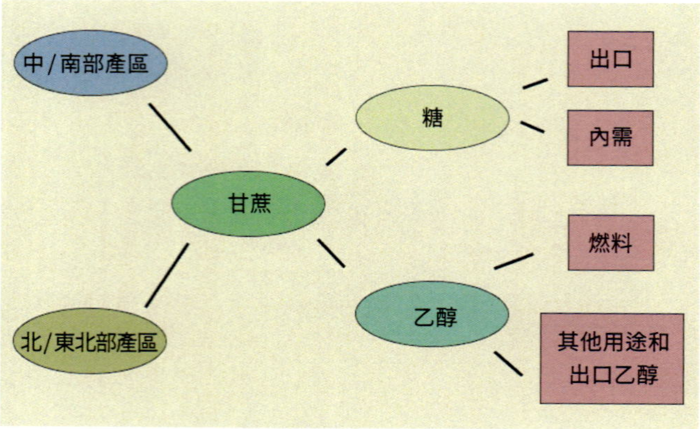

製糖行業和能源行業的連繫

的上漲，使消費者傾向於使用乙醇燃料，對於甘蔗加工廠而言，蔗渣製乙醇的比重逐步增加的動力強勁。另外，在新能源汽車領域，市場上還存在油和乙醇的雙混合搭配方式，增加了乙醇的需求量，擴大了蔗渣製備燃料乙醇的生產規模。2018年，豐田推出了可使用汽油和乙醇的混合動力汽車，若大規模進行推廣，預計到2050年，二氧化碳排放量將比2010年減少90%。可見，蔗渣生產燃料乙醇有望成為助推新能源產業發展的重要動力。

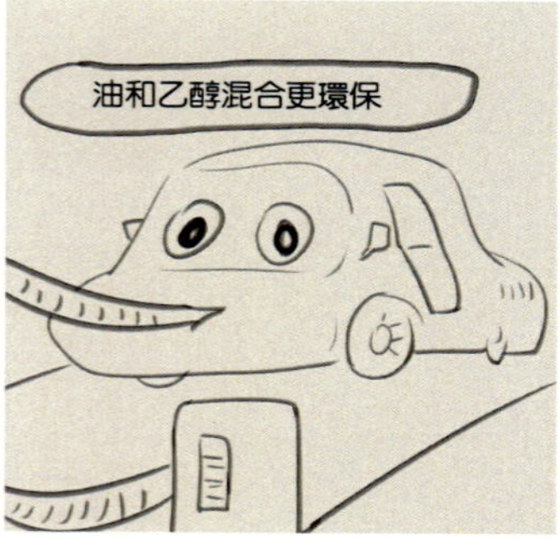

新能源汽車

蔗渣是製糖工業的副產物，具有廣闊的利用前景。從被當作垃圾隨意丟棄到如今的高值化利用，蔗渣已逐漸顯示出其較高的綜合價值。將廢棄蔗渣效益最大化，是蔗渣資源開發利用的一種有效途徑，值得眾多科學研究工作者進一步探索其更廣泛的開發利用空間，挖掘其更多的潛在優勢。生活在地球上的我們，一定要秉持循環經濟理念，以科學技術的發展和工藝的革新為抓手，以資源的高效和循環利用為原則，推動蔗渣綜合綠色循環再利用更上一層樓，達到生態效益、經濟效益與社會效益的一體化，為未來的美好生活增色添彩。

撰稿人：陳　瑤　趙振南　黃廷辰　蘇亞春　吳期濱　李大妹　許莉萍　闕友雄

能源釀危機 甘蔗賦轉機

杜甫在《清明二首》詩中寫道「旅雁上雲歸紫塞，家人鑽火用青楓」，形象地描述了古人鑽木取火的情景。火的發現和利用，使人類走向文明和進步，也讓人們在認識和利用能源上不斷取得突破。在180多萬年前，人類已經具備了利用天然火種的能力。1930年代，在北京周口店遺址，中國古人類學家發現了用火遺跡；而後，60年代又在雲南元謀人遺址、山西西侯度遺址等再次發現了人類用火的證據。人類對生物能源的發掘和利用，最早可追溯到「鑽木取火」和「伐薪燒炭」。

原始人生火

植物是自然界中的生產者，亦是人類最早利用的生物能源。「火」燃燒的載體是物質，通常意義上，這指的是自然界中的有機物質。「光能」是生物能源合成的前提，也就是說，只要太陽照常升起，生物能源就是取之不盡、用之不竭的，是眞正意義上的「野火燒不盡，春風吹又生」。生物能源又稱綠色能源，其轉化過程是綠色植物通過光合作用將二氧化碳和水合成生物質，在其使用過程中又產生二氧化碳和水，形成一個物質的循環。理論上，生物能源的使用過程中，二氧化碳的淨排放為零，對環境的汙染非常小。毫無疑問，利用各種高新技術策略和手段開發利用生物能源，是當今世界大多國家能源策略的重要內容。

生物能源循環

可再生能源將成為全球能源成長的主力軍。生物能源中，能夠生產乙醇燃料的作物是最受關注的。2020年全球多數國家和地區的電力行業經受了半個世紀以來最大的挫折，傳統發電量被可再生能源壓縮7%。其中，燃煤發電量下降約5%，核發電量下降4%。2020年以來，受到突發事件嚴重影響，石油價格飛漲，在這種情況下，中國對生物能源的需求也日益成長，生物能源備受關注。

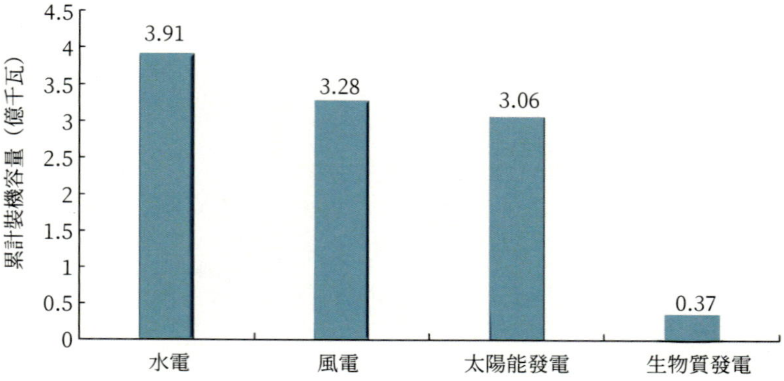

2021年中國可再生能源累計發電裝機容量

甘蔗生物能源有著巨大的發展空間。甘蔗是一種多年生、熱帶和副熱帶糖料作物，主要用於製糖，蔗糖約占全球食糖總產量的65%。作為一種典型的C_4植物，甘蔗是目前已知作物中生物產量最高、太陽能轉化效率最佳的作物之一，其日生物量積累可達550公斤/公頃。生物燃料可分為三種——第一代、第二代和第三代。第一代生物燃料以糖、澱粉、植物油或動物脂肪為原料，採用傳統技術生產，又被稱為初級生物燃料。鑑於其原料也是食物的來源，「食物還是燃料」成為一個重要命題。相對的，第二代和第三代生物燃料又被稱為高級生物燃料。第二代生物燃料以木質或纖維生物質為原料，生產過程較為複雜。與第一代生物燃料相比，第二代生物燃料能節省更多的溫室氣體排放。第三代生物燃料來源於藻類中藻糖的發酵。甘蔗的生物產量最高，每年可達39噸/公頃，其次是芒草，可達29.6噸/公頃，玉米則為17.6噸/公頃。此外，甘蔗的平均乾木質纖維素年產量約為22.9噸/公頃，某些甘蔗品種的生物產量甚至每年可達到80～85噸/公頃。近年來，甘蔗被越來越多地作為第二代生物燃料的原料，即基於木質纖維素的燃料。因此，甘蔗是一種具有重要經濟價值的生物能源作物，占全球燃料乙醇產量的40%。

甘蔗乙醇動力足

甘蔗作為生產乙醇燃料的優勢在哪裡呢？甘蔗光合效率高，生長速度快，生物產量高，是生產生物乙醇的能源作物中的佼佼者。甘蔗耐旱性好，對不同地理環境的適應性廣。一般而言，作物在缺水地區難以保持高產穩產，而甘蔗卻可以比較容易做到。在中國，80%種植甘蔗的田塊沒有灌溉條件，甘蔗在缺水的土壤條件下，卻可以保持良好的適應性，正常生長發育，收成有保證。甘蔗為多年生草本植物，一次種植可收獲多年，一般宿根2～5年不減產，這不僅與一年生作物相比具有明顯優勢，還有利於環境保護。此外，甘蔗具有高淨能比的特性，單位面積乙醇/酒精產量明顯高於其他作物。

甘蔗具有高淨能比

作物	淨能比
甘蔗	1.90～2.70
甜菜	0.56
玉米	0.74
樹薯	0.69～0.35
甜高粱	1.00

資料來源：中國知網。

甘蔗具有較高的酒精產量

作物	作物產量（噸/公頃）	酒精產率（升/噸）	酒精產量（升/公頃）
甘蔗	40～120	70	2 800～8 400
樹薯	10～40	180	1 800～7 200
甘薯	10～40	125	1 250～5 000
甜菜	10～40	120	1 200～4 800
甜高粱	20～60	55	1 100～3 300
玉米	1～4	400	400～1 600

資料來源：中國知網。

甘蔗作為生物燃料能源在中國發展有著廣闊前景。目前，世界上有100多個國家種植甘蔗，中國是較大的甘蔗生產國之一。在中國，甘蔗主要分佈在熱帶和副熱帶地區，其中廣西擁有全國近70%的甘蔗種植面積，其次是雲南、廣東和海南。大多數研究認為，以甘蔗為乙醇的生產原料更符合中國的地理條件，因此乙醇在生物能源方面的發展潛力是不容忽視的。此外，中國有著和巴西相似的地理環境，有著得天獨厚的自然條件資源，與其他作物相比，發展甘蔗作為能源作物具有更為明顯的優勢。但是，與巴西、美國和印度這些國家相比，中國能源甘蔗的研究起步相對較晚。在科學研究人員的努力下，目前中國已取得一定的進展，一批優良能源甘蔗新品種和一批優良材料已被選育和儲備，一旦發展生物燃料的時機成熟，甘蔗生物燃料的發展即有望快速推進和發展。福建農林大學國家甘蔗工程技術研究中心選育的福農91-4710和福農94-0403這兩個能源與蔗糖兩用甘蔗新品種，新植蔗和宿根蔗平均每公頃蔗莖產量分別達128.3噸和129.5噸，平均公頃可發酵糖量分別高達46.18噸和46.69噸。廣西甘蔗研究所育成的能源與蔗糖兼用甘蔗新品種桂糖22（桂輻97-18），平均每公頃蔗莖產量為121噸。另外中國甘蔗科學研究機構也通過生態適應性試驗和評價，鑑定了能源專用或能糖兼用甘蔗品種對地理氣候和土壤的適應性及豐產性、宿根性和抗逆性；同時，通過試驗、示範，優化植期、合理密植、配方施肥、節水灌溉、病蟲草害防控、適期收獲及多年宿根栽培等單項技術，組裝、集成和配套形成了可供大面積推廣應用和產業化開發的高效、低耗能源甘蔗生產技術規程。

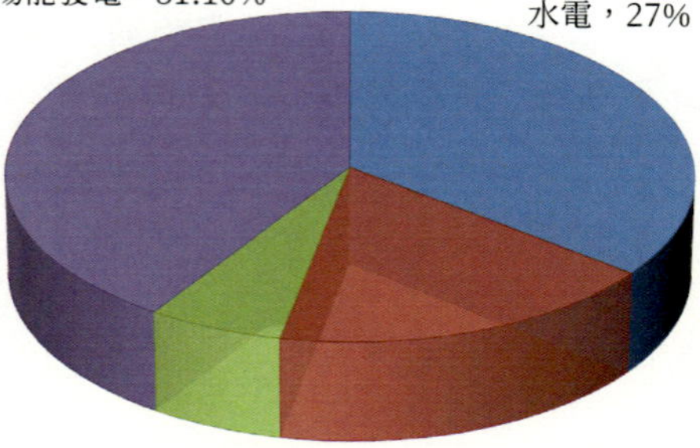

2021年中國可再生能源發電裝機容量占比

甘蔗作為生物燃料，勢必會影響蔗糖產量，因此協調好甘蔗糖業和甘蔗乙醇產業之間的平衡十分重要。在此方面，可參考巴西的糖能聯產發展模式。為了滿足海內外的乙醇/酒精市場需求，巴西大力發展甘蔗酒精產業。與此同時，巴西的食糖生產，仍然能夠保持世界食糖供應的領先地位。中國可以通過借鑑巴西的發展模式，來有效平衡中國食糖產業發展與甘蔗能源產業之間的關係。首先，在中國農業產業發展規劃基本盤下，盡量擴大甘蔗種植面積，投資建設新的糖廠和酒精廠；另外，大力加強優良甘蔗品種選育，提高甘蔗產業的生產力。其次，實行蔗糖-酒精-熱電聯產，不斷拓展其綜合利用；同時，不斷改進適用燃料酒精的汽車引擎，從汽車產業端助力生物能源產業。最後，政府可以制定並推廣相應的優惠政策，結合當地特色，因地制宜，鼓勵企業建設乙醇生產加工廠，完善產業鏈，確保農民得到最大利益，使農業增產、農民增收、產業增稅。但是，目前情況下，中國食糖供應不足，尚需進口補充，甘蔗生產只能優先保證食糖供應，至於甘蔗生物能源，只能儲備技術，一旦時機成熟，即可以快速優化和完善產業鏈。

「危機危機，危中有機」，全球能源危機中，蘊含生物能源發展契機。在此，我們願同廣大科學研究工作者一道，積極投身生物能源產業的理論研究和產業實踐！

撰稿人：王東姣　趙振南　蘇亞春　吳期濱　李大妹　許莉萍　闕友雄

精準大潮流　蔗園新趨勢

中華文明以農而立其根基，因農而成其久遠。縱觀歷朝歷代，農業興旺、糧食充裕，則國泰民安、衣食無憂。「務農重本，國之大綱」，古人曰，「古先聖王之所以導其民者，先務於農」、「農，天下之本，務莫大焉」。《尚書·堯典》曰「食哉唯時」；先秦諸子曰「不違農時」、「勿失農時」，重視氣候對作物生產的影響；《呂氏春秋·音初》曰「土弊則草木不長」，古代人民意識到用地和養地要相結合；《呂氏春秋·任地》還明確指出「地可使肥，又可使棘（瘠）」；《韓非子·解老》曰「積力於田疇，必且糞灌」，即採取多種手段來改良和恢復地力，培肥土壤。此外，王禎的《農器圖譜》收錄了100多種農具，為農業生產技術奠定了基礎。

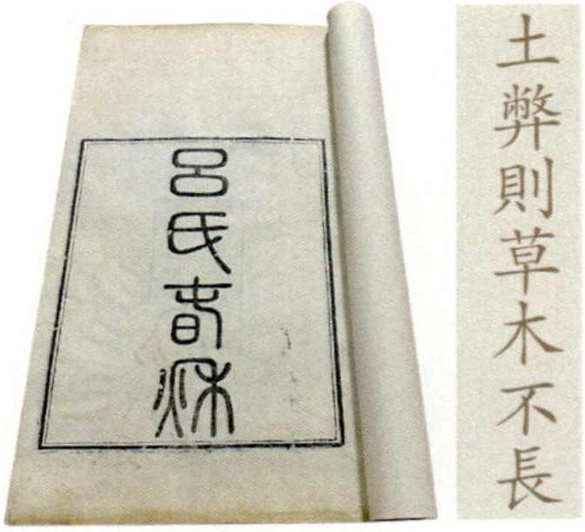

《呂氏春秋·音初》

精準農業（precision agriculture，PA），又名精確農業、精細農業，是一種將資訊技術與農業生產相結合的新型農業，也是第四次農業技術革命的核心。1980年代初，PA的概念首先出現在美國。該概念的來源得益於全球定位系統（global positioning system，GPS）的啟發，一方面，對農作物實施精準的定位管理，並根據實際需要進行變數投入；另一方面，根據資訊、生物和工程三大技術，建立一套現代農業生產管理系統，其中資訊技術主要包括遙感（remote sensing，RS）、全球定位系統（GPS）、地理資訊系統（geographic information system，GIS）和變數控制技術(variable rate technology，VRT)等；生物技術主要包括基因工程和細胞工程；而工程技術則囊括農業機械化和作物收獲加工等技術。

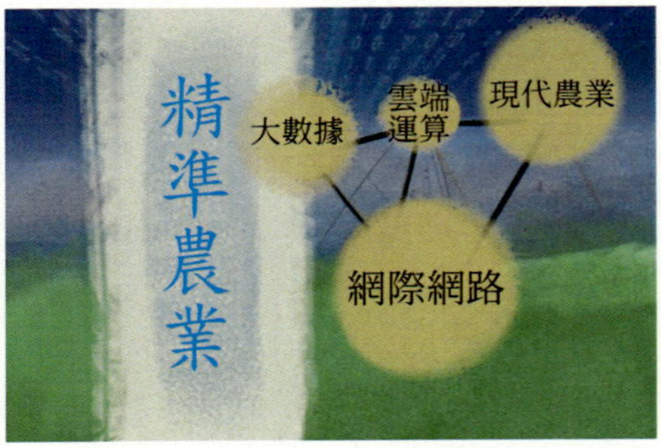

以物聯網、大數據、行動網路、雲端運算技術為支援和手段的精準農業

精準農業是全球農業發展的潮流，更是提高農業生產力，實現農業現代化的必由之路。精準農業可以通過監控農作物生長發育過程中的需求來實現精準補給。在農作物種植過程中，依託包括精確播種、水肥一體化、土壤肥力探測、氣象預報和病蟲害防治等精準的管理

技術，可以有效實現土地面積、土壤墒情及其肥力等農業生產資源的合理分配與利用，並提高農業生產力。此外，精準農業還能保護自然生態環境，例如，精準的水肥管理，不僅能節約水資源，還可以保護土地資源、防止水體富營養化、減少農業面源汙染；又如，精確的病蟲草害管理，可以實現對症下藥，減少化肥農藥的濫用，從而發揮保護生物多樣性和保障農產品品質安全的作用。同時，一旦能夠精準地分析地理環境的狀況，就能因地制宜實施農作物的種植計劃，實現特色產業、觀光農業的科學發展，促進現代農業的多元化。在大數據和物聯網的支持下，精準農業可以為種植方案的改進、農產品品質的改善，以及投入產出比的優化等提供大量有用資訊。綜上所述，精準農業是農業可持續發展的有效途徑，是實現優質、高產、綠色、環保農業模式的最佳依託。現代農業的主要發展目標也終將是以機械化為主體、數位化技術為憑依的精準農業。

精準農業

從全球範圍看，精準農業的發展水準參差不齊，只有少數國家的精準農業模式已走向成熟。在以色列，精準農業以節水灌溉、水肥一體化為基礎，並以其特有的精準滴灌技術，實現了「沙漠變綠洲」的奇蹟。在美國，精準農業的技術體系已高度市場化，主要以農場規模化實施為代表。目前，80%以上的美國農場都能採用GPS自動導航、物聯網、變數作業等精準農業技術。1837年，鐵匠約翰·迪爾（John Deere）創立了強鹿公司，目標是為農場主提供配套設備及技術服務，設計並製造出世界上首臺耕地時不會黏連泥土的鋼犁。凱斯紐荷蘭公司（CASE IH-NEW HOLLAND）是當今世界較大的農業機械製造公司之一，長期致力於精準農業和無人駕駛，提高了生產力水準，充分發掘了生產潛力，其中農用曳引機和聯合收割機的全球銷售量第一。該公司在中國推廣的農業機械品牌主要為凱斯（CASE IH）和紐荷蘭（NEW HOLLAND）。產品涵蓋曳引機、聯合收割機、採棉機、葡萄收獲機、甘蔗收割機及各種牧草機械等，能夠為用戶提供全面完整的產品線，充分滿足不同農業的生產需求。在德國，農機由大數據和人工智慧控制，可以實現精準種植作業以及精準灌溉施肥。比如，德國阿瑪松（Amazone）公司研製的牽引式變數撒肥機，配備有多種農用感測器，能夠在即時採集農作物生長數據的基礎上，快速計算出最適於農作物生長的施肥量。在日本，變數精準施肥、農機智慧化水準和機器人作業等方面取得了重大成果，這有賴於公共平臺上運行的全國性農業數據，包括土壤、氣象、生長預測和農機作業等。在義大利，基於遙感、導航等空間資訊技術，農場採用智慧化農機裝備自動控制系統，實現了農業精準化。在英國，將定位、自動導航、感測辨識、衛星監測、電子製圖、智慧機械等技術集成於一體，針對智慧農機、導航、精準作業等方面進行系統研究，實現了農業精準作業及變數施肥施藥，並建立了國家精準農業研究中心。

強鹿聯合收割機、自走式噴藥機

凱斯 AFS® 遠端資訊處理系統和設備監控系統

中國的傳統農業對於「精」有深刻的認識與經驗。中國古代農業特點是精耕細作。與傳統精耕細作不同，現在所講的精準農業是以資訊技術為支持的。1990年代，中國也開始關注精準農業的應用研究。1998年，中國農業大學成立了中國首個「精細農業研究中心」，該中心主要針對3S（GPS、GIS和RS）農業技術、土壤參數測量與感測技術、光譜分析和智慧農機技術等的應用與開發。同時，中國還於1998年建立了「北京小湯山精準農業示範基地」，這也是中國建立的第一個精準農業技術研究示範基地，2001年被科技部等6部委命名為北京昌平國家農業科技園區（試點），2010年通過驗收。2015年，北大荒集團建設了國家級精準農業示範基地。目前，北大荒七星、紅衛等農場全面實施農業無人化種植，耕地、播種等環節進行無人駕駛作業，智慧化、遠端化即時監控農業生產，提高了農業效率和種植效益，開創了未來農業新模式。同時，在新疆、吉林等地區也建立了許多精準農業試點示範基地，並且取得了很好的效果。

新疆棉花精準播種與收獲

隨著農業科技水準的不斷提高，在精準施肥方面，中國已經研製出冬小麥精準變數施肥機、水稻地表變數施肥機等智慧化裝備；安裝全球衛星定位自動導航系統的水肥一體農機也開始獲得普遍使用。在精準灌溉方面，借鑑國外先進技術，原始創新和集成創新並重，也有了較大的發展，如中國農業科學院研製出現代資訊感知變數精準灌溉系統，山東博雲農業研發的節水灌溉、水肥一體化、無土栽培、水霧噴藥等技術已投入使用，另有自主導航噴霧機器人在果園中得到廣泛應用，實現了無人精準噴霧作業。在精準播種方面，羅希文院士團隊研發的「三同步」水稻精量直播技術已在海內外地區推廣應用，新疆地區根據北斗衛星導航實現了棉花種植中的精準播種、覆膜和覆土，控制航向誤

氣吸式免耕精量播種機

差小於2.5公分。在病蟲草害防治方面，植保無人機的使用，給病蟲草害的精準管理插上了一雙飛翔的翅膀。在大田作物收獲上，濰柴雷沃智慧農業研發出雷沃穀神收獲機、雷沃曳引機等現代化農機裝備，實現了作物精準化收獲；在蔬菜、水果的精準採收中，甘藍智慧無人化採收、溫室番茄機器人採摘等正逐步推廣應用。

精準農業在甘蔗產業上的應用，有望極大提高甘蔗的生產力與經濟效益。甘蔗在形態特徵方面與小麥、玉米、水稻等作物有明顯的區別。甘蔗生長週期長，植株高大，高達3～5公尺，莖葉長約1公尺，種莖催芽播種，需培土、灌溉施肥和除草等管理，收獲時需要大量人力、物力。於是，大力發展甘蔗機械化，能解放大量勞動力，提高生產效率。但僅單一提高機械化水準還遠遠不夠，近幾年，在精準農業新趨勢的驅動下，一些已開發國家已將精準農業應用到了甘蔗產業中，有效解決了生產效率低、耗能高，以及甘蔗種業「卡脖子」問題，促進了甘蔗產業可持續發展。縱觀世界主要蔗糖生產大國，如巴西、澳洲、美國、泰國等已基本實現甘蔗生產良種化、規模化、資訊化和全程機械化精準作業。美國利用衛星遙感技術來評價耕地品質、預測甘蔗產量、監測甘蔗長勢動態以及常見農業災害。澳洲利用GIS技術對土壤精準分析，建立了科學的土壤模型；採用大數據計算，深入了解蔗地環境，建立了理論水文模型，有效指導甘蔗生產。此外，利用大數據充分分析蔗地自然生產條件，精準選擇高糖、高產、抗逆性強等良種，可引領甘蔗精準農業可持續發展。顯然，精準農業技術在甘蔗產業中的應用可以提升蔗田管理水準和生產效能，促進甘蔗現代化精準管理。

植保無人機

中國甘蔗的機械化生產在持續推進，有效助力了甘蔗產業精準高品質發展。隨著中國機械化水準的不斷提高，互聯網+農機+農藝的精準現代農業技術是中國發展甘蔗生產機械化的新趨勢。甘蔗收獲機產品的研發開始面向智慧化、自動化、專業化方面發展。5G、衛星定位與遙感等技術逐步與智慧收獲機、曳引機、播種機等甘蔗農機相結合，實現甘蔗作業無人化、精準化；已初步採用GIS技術，根據氣象數據和凍害指標建立了凍害指標空間模型，以減少自然災害對甘蔗生長的影響；使用裝配可見光影像技術的無人機，能夠精準檢測甘蔗的長勢狀況，匯總數據為甘蔗生長管理提供有效參考。甘蔗智慧農業氣象大數據系統也逐步得到開發應用，通過甘蔗種植區農業氣象自動觀測數據，開展甘蔗氣象災害、長勢狀態和產量監測評估以及主要病蟲害監測和氣象條件預報等，對甘蔗生產中的問題提供及時有效的解決方案，達到合理利用農業資源、降低甘蔗生產成本、改善生態環境的目的，實現甘蔗可持續高品質發展。

人工收獲甘蔗與甘蔗收割機收獲甘蔗

俗話說，「中國的甘蔗看廣西。」廣西是中國的「糖罐子」，其甘蔗種植量和產糖量位居全國第一。廣西的「雙高」糖料蔗基地，在生產規模化、種植良種化、生產機械化、水肥精準化上取得了明顯成效。廣西凱利農業有限公司為甘蔗「雙高」基地量身定製了一套水肥一體化和測土配方定向精細施肥的管理體系，實現了精準澆灌和定向施肥。廣西扶綏是中國首個甘蔗生產全程機械化示範縣，擁有甘蔗核心示範區5萬畝，綜合機械化率達97%以上，形成了一套完整的機耕、機耙、機開溝、機培土、機收、機上車等甘蔗農業現代化模式。廣西象州的蔗農們開始使用北斗導航輔助的駕駛系統，利用衛星定位導航系統指引，開展無人駕駛曳引機作業，進一步推動甘蔗精準種植。廣西南寧鈦銀科技有限公司研發製造出整稈式甘蔗收獲機，實現了集甘蔗切割、輸送、泥土分離、剝葉等於一體的首個系統新技術作業，助力甘蔗精準收獲。柳工農機公司針對廣西丘陵地形、小地塊、坡度大、雨季長等作業條件而研製的新產品——4GQ-180切段式甘蔗收獲機（履帶式）CP值高，輔以中國糖料產業技術體系張華研究員研發的農機農藝配套技術，採收效率非常高，形成了廖平農場模式，廣受追捧，「鐵牛」「啃」甘蔗，「吸睛」又「吸粉」。海內外衆多公司研製的整稈式、切段式甘蔗收割機，你方唱罷我登場，各顯神通。精準農業技術在甘蔗產業上有很大的應用前景，不久的將來，精準農業技術或覆蓋甘蔗耕、種、管、收全過程，實現精準無人作業現代化甘蔗園生產。

無人曳引機甘蔗種植作業

甘蔗精準節水滴灌

甘蔗高效節水噴灌

依託精準農業，闊步邁向甘蔗智慧農業。「線上甘蔗農場種植」模式或將不再是夢想，我們只需要一臺電腦或一部手機，動動手指、點點螢幕，隨時隨地查看甘蔗的生長狀況，App軟體管家幫助我們精確計算出甘蔗的施肥、灌溉和噴藥需求量，實現甘蔗種植、管理、收獲甚至加工全過程的無人化作業，未來可期。我們眞誠地希望各行各業的專家同仁們能夠齊心協力、共同努力，參與到甘蔗的精準播種、精準施肥、精準病蟲害防控以及高效機械化收獲等工作中，實現以精準農業技術為核心的現代化甘蔗種植！

撰稿人：崔天真　蘇亞春　吳期濱　李大妹　許莉萍　闕友雄

漫畫 4 育種之路
甘蔗和糖的那些事
蔗寶，你知道你的起源地是哪裡嗎？
據至今的記載，有三種甘蔗起源的主流說法：新幾內亞起源、印度或孟加拉地區起源以及中國起源。
現如今的甘蔗栽培品種都是由熱帶種和割手密高貴化育種得到的。
甘蔗育種是有性雜交，卻是無性繁殖。真是神奇！
同時也要適應機械化栽培哦。

甘蔗前今生 育種大乾坤

關於栽培甘蔗的起源，至今海內外學界爭論不休、衆說紛紜。遍查海內外的文字資料，記載較為詳細的當屬中國。無論詩詞歌賦，還是古代醫藥典籍，都清晰地記載了中國甘蔗完整的栽培史、應用史以及加工史。

中國著名的甘蔗專家和農業教育家、福建農林大學甘蔗綜合研究所首任所長周可涌教授認為，甘蔗起源於中國並傳播至全世界。主要論點、論據和論證如下：在13世紀，中國泉州是世界最大的貿易港口之一，蔗種和蔗糖可能正是在那個時候，由中國直接或間接傳播到世界各地。馬可·波羅（1254—1324）在其遊記中描述：「旅途所經各地，只有中國的幾個地方產糖，和印度人到中國買糖的情況。」近代資料也顯示，鴉片戰爭前，中國是世界上唯一的產糖大國。《中國經濟年鑑》更是記載：「福建之潭州、泉州，廣東之潮州，江西之贛州、撫州、饒州，浙江之處州，湖南之郴州，皆以產精著名，古有八州糖王之稱。」這也從側面佐證了中國的食糖貿易確實是領先於世界的，且中國生產蔗糖的歷史比印度久遠。以上這些古籍支撐的是甘蔗起源和製糖史。當然這也只是一家之言，不然也不會爭論至今。

旅途所經各地，祇有中國的幾個地方產糖，和印度人到中國買糖的情況。

人類栽培利用甘蔗（*Saccharum* spp. hybrids）已有4 000多年的歷史，中國是世界上栽培甘蔗最古老的國家之一。但是，迄今甘蔗雜交育種只經歷了120年的歷程。而如今對甘蔗的起源主

福建農林大學周可涌教授及中國第一部《甘蔗栽培學》
（圖片來源：福建農林大學）

流的說法有三種。分別如下：

起源於新幾內亞：新幾內亞甘蔗熱帶種有一個明顯的多樣性中心，包括1 000多個無性系。1920年代末，美國甘蔗專家布蘭德斯在前往新幾內亞考察並採集野生蔗後，提出甘蔗新幾內亞起源的推論。

起源於印度或孟加拉地區：食糖在印度非常普及，古老的印度流傳著這麼一句諺語：「如果你一點糖都給不了，那就說一些甜蜜的話吧。」歷史學家考證，約在西元前400年，印度便已經出現通過蒸發原理來製造粗糖的技術。在甘蔗起源研究中，卡爾李特爾根據某些甘蔗野生種是孟加拉國和印度固有的，同時印度也是最早的製糖中心之一，認為甘蔗起源於印度或孟加拉地區。

起源於中國：中國關於糖的文字記錄，最早可以追溯到西元前1200年，《詩經》中描述「周原膴膴，堇荼如飴」，這是對糖最早的記載。即使這個「飴」是否指的是蔗糖有待進一步商榷，但可以確定的是，據歷代注釋家的解釋，西元前2世紀司馬相如所著的《子虛賦》中出現的「諸柘」一詞和西元前4世紀後期《楚辭》中提到的「柘漿」，都是甘蔗的古稱。這說明中國在2 400多年前，就已經開始栽培甘蔗，而且已經脫離僅供「咀嚼」的較為原始階段，進入到加工成蔗漿後再食用的較高階段。中國歷代以來，有記錄的甘蔗栽培品種都超過了30種以上，且中國甘蔗栽培種和野生種的分佈十分廣泛。除此之外，野生種割手密還廣泛分佈於中國廣大地區，北至秦嶺，南至海南。因此，蘇聯學者瓦維洛夫提出植物的八大起源中心，其中認為甘蔗的起源中心極可能就在中國。周可涌教授支持這一觀點。相比之下，中國和印度甘蔗種植的可考證時間，二者的差距並不太大。

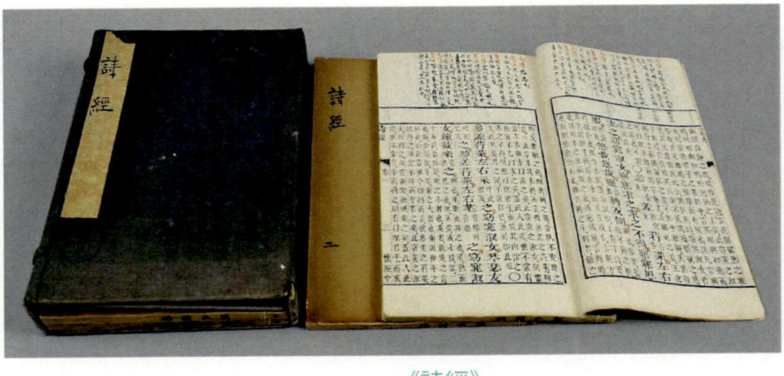

周原膴膴，堇荼如飴。

《詩經》

截至目前，甘蔗屬中一共含有6個種。包括3個原始栽培種，即熱帶種（*S. officinarum*）、中國種（*S. sinense*）和印度種（*S. barberi*）；2個野生種，即大莖野生種（*S. robusfum*）和細莖野生種（又稱割手密，*S. spontaneum*）；以及1個「蔬菜型」的肉質花穗野生種（又稱食穗種，*S. edule*）。有研究推測，熱帶種是由大莖野生種演化而來的，而中國種和印度種則是熱帶種和細莖野生種的天然雜交種。

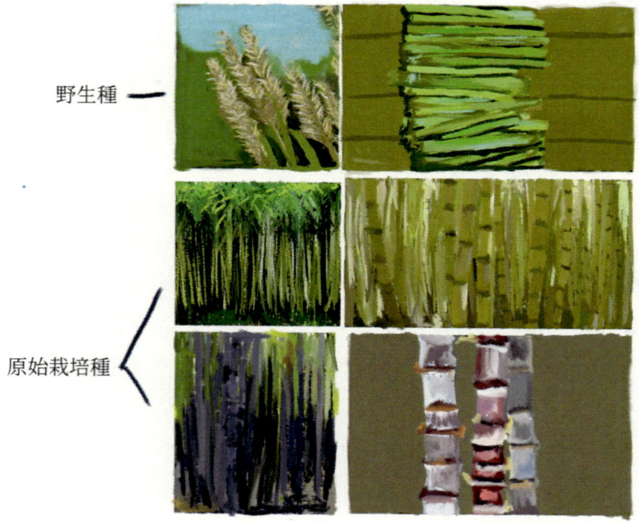

甘蔗種間的形態差異

甘蔗種不同，其原產地和起源中心各異。其中，熱帶種和大莖野生種起源於南太平洋島國新幾內亞一帶，而中國種、印度種與細莖野生種則起源於中國的華南和雲南地區，以及印度地區。此外，根據全球地殼板塊學說，甘蔗屬

割手密

五節芒

起源總體分佈於南太平洋地區，包括印度、越南、中國及近亞洲東部的太平洋島嶼。根據目前的文獻記載，在甘蔗物種間親緣關係的研究中發現，甘蔗的祖先可以追溯到甘蔗屬的割手密和芒屬的五節芒，而中國南部和西南部地區，又恰好是世界上甘蔗野生種割手密和五節芒的一個最重要分佈中心。因此，我們有充足的理由論證，中國種甘蔗起源於中國。

甘蔗的傳播途徑多種多樣。早期，甘蔗在國際上的傳播主要是通過鄰國居民、旅行家、航海者、傳教士、遠征軍等進行傳播。西元8～9世紀後，甘蔗開始經由亞洲南部，分別向東、西兩個方向傳至各個國家。東線經琉球傳至太平洋北部各島，西線經伊朗、阿拉伯國家、埃及，傳至敍利亞、義大利西西里島等地，然後由地中海沿岸各國傳至葡萄牙、西班牙。而後，葡萄牙人又將其傳至非洲西北海岸的馬德拉及加那利群島。西元15世紀，哥倫布將甘蔗帶到美洲大陸，使之分佈於南北美洲的各個國家，最後又經由澳洲傳播至各國的熱帶和副熱帶地區。此後，甘蔗便傳播至全球並開始被廣泛種植。

甘蔗大致傳播途徑

20世紀初期，各個國家栽培的製糖甘蔗品種主要是竹蔗、蘆蔗和Uba等中國種和Badila熱帶種等原種，以及Greole、Bourbon等熱帶種和印度種的天然雜交種。隨著人類對高產高糖品種的迫切需求，甘蔗的雜交育種時代自然而然地開啟了。近100年來，世界各國陸續系統地開展了甘蔗的雜交育種工作，選育出許多著名甘蔗新品種。這一劃時代的全球甘蔗育種熱潮還要得益於兩位英國科學家哈里森和博伊爾的發現，他們相繼在爪哇和巴貝多發現了甘蔗天然雜交種子的萌芽成苗。這一發現，成功揭開了甘蔗有性雜交育種的序幕。此後，各產蔗國家均以有性雜交育種作為甘蔗品種改良的主要方法，其中尤為突出的是以種間雜交創造出了許多優良品種，為世界甘蔗育種事業奠定了堅實基礎。

中國首次以POJ2878與崖城割手密雜交育成的後代

什麼是甘蔗高貴化育種？其意義何在？ 20世紀初，荷蘭甘蔗育種家傑斯維特提出了「高貴化」育種的理論，把大莖、高產、高糖但抗性差的熱帶種稱為高貴種；把細莖低糖、抗性強、生長勢好的割手密稱為野生蔗。進一步，將兩者雜交後的F_1代稱為第一代高貴化，F_1代回交為第二代高貴化，F_2代再回交為第三代高貴化，這就是經典的甘蔗「高貴化」育種程序。20多年後，成功培育出一系列既含熱帶種高產、高糖基因，又保有野生種割手密的抗逆、抗病基因，育成了大莖、高糖、高產和抗病的優良品種，實現了甘蔗屬內熱帶種與割手密種間雜交的突破。這其中以POJ2878最為著名，它被稱為世界第一號「蔗王」，該品種蔗莖產量、蔗糖分、抗性和適應性十分突出，尤其抗當時當地最主要毀滅性病害「香茅病」，成為全球甘蔗育種的成功典範。同時，POJ2878的廣泛推廣使得甘蔗蔗莖的產量從原來的103.2噸/公頃，大幅度提高到124.8噸/公頃，蔗糖分也由11.02%提高到11.50%，並且POJ2878在很長一段時期內被世界範圍內的甘蔗育種家作為重要雜交親本，這也導致當今世界甘蔗栽培品種十之八九均與POJ2878有血緣關係。這也證明，高貴化育種法是甘蔗品種改良的有效方法。

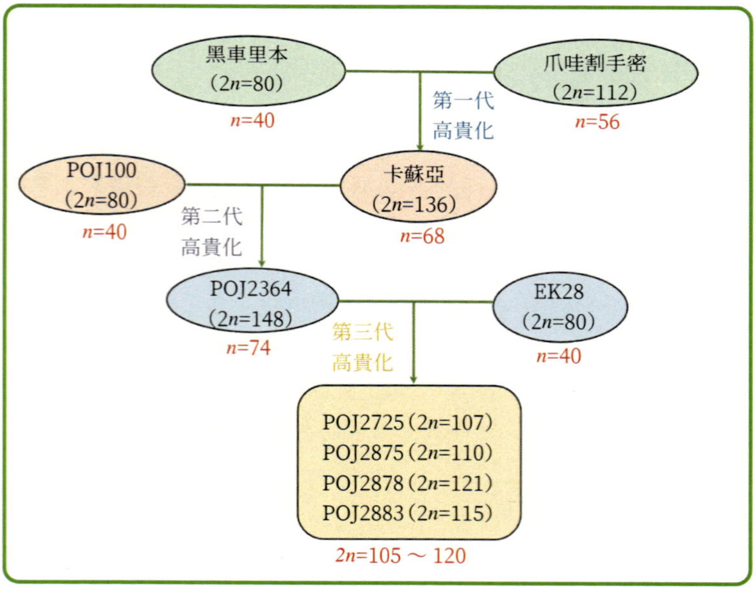

甘蔗品種的高貴化育種程序
（黑車里本、POJ100和EK28都為熱帶種）

印度甘蔗育種家萬卡拉曼在甘蔗高貴化育種上也有突出性的貢獻。在很長一段時間內，鑑於印度蔗區的自然環境惡劣，以兩個種高貴化育成的二元

POJ系列品種，難以適應印度蔗區的生長環境，這成為制約印度甘蔗產業發展的痛點和難點。為了進一步增強甘蔗品種的抗逆性，萬卡拉曼在荷蘭科學家科布斯和英國人巴伯研究的基礎上，通過三「種」雜交種擴大了甘蔗的適應性，擴大了種間雜交的種質利用，育成含有熱帶種、印度種和割手密三「種」血緣的C0281、C0213和C0290，成為20世紀甘蔗育種的第二次大突破，為人類利用多種優良基因改良甘蔗開闢了新路徑。這些甘蔗品種是1940～1950年代印度的主要栽培品種，並且被中國、美國、南非以及澳洲等國家引進為栽培種，也成為在世界範圍內重要的雜交親本。此後，美國學者又提出「熔爐雜交法」和「叢植法」，首次估計了親本的配合力，利用大莖野生種育成了含有熱帶種、割手密、印度種和大莖野生種4個種血緣的H32-8560，以及包含中國種在內的5個種血緣的H49-5等著名甘蔗雜交品種和優良親本。

中國主要甘蔗品種親本組合統計（部分）

（陳菌呂等，2021）

序號	品種	雜交組合
1	福農28	新臺糖25×CP84-1198
2	福農30	CP84-1198×新臺糖10號
3	福農38	呼糖83-257×粵糖83-271
4	福農39	粵糖91-976×CP84-1198
5	福農40	福農93-3406×粵糖91-976
6	福農41	新臺糖20×粵糖91-976
7	福農42	桂糖00-122×新臺糖10號
8	福農02-3924	新臺糖25×CP84-1198
9	福農04-3504	新臺糖25×CP84-1198
10	閩糖06-1405	閩糖92-649×新臺糖10號
11	閩糖01-77	新臺糖20×崖城84-153
12	桂糖21	贛蔗76-65×崖城71-374
13	桂糖29	崖城94-46×新臺糖22
14	桂糖30	粵糖91-976×新臺糖1號
15	桂糖31	粵糖85-177×CP81-1254
16	桂糖32	粵糖91-976×新臺糖1號
17	桂糖34	粵糖91-976×新臺糖1號
18	桂糖35	新臺糖23×CP84-1198
19	桂糖38	桂糖73-167×CP84-1198
20	桂糖39	粵糖93/159×新臺糖22
21	桂糖40	粵農86-295×CP84-119
22	桂糖41	粵91-976×(粵糖84-3+新臺糖25)

（續）

序號	品種	雜交組合
23	桂糖42	新臺糖22×桂糖92-66
24	桂糖43	粵糖85-177×桂糖92-66
25	桂糖44	新臺糖1號×桂糖92-66
26	桂糖46	粵糖85-177×新臺糖25
27	桂糖47	粵糖85-177×CP81-1254
28	桂糖48	湛蔗92-126×CP72-1210
29	桂糖49	贛蔗14×新臺糖22
30	桂糖50	桂糖92-66×新臺糖10號
31	桂糖51	新臺糖20×崖城71-374
32	桂糖52	HoCP92-648×桂糖92-66
33	桂糖53	湛蔗92-126×CP84-1198
34	桂糖54	桂糖00-122×星城97-47
35	桂糖55	新臺糖24×雲蔗89-351
36	桂糖56	湛蔗89-113×新臺糖26
37	桂糖57	新臺糖26×新臺糖22
38	桂糖58	粵糖85-177×CP81-1254
39	桂糖59	粵糖00-236×新臺糖22
40	桂柳05-136	CP81-1254×新臺糖22
41	桂柳03-182	CP72-1210×新臺糖22
42	柳糖2號	F172×CP67-412
43	桂柳07-150	粵糖85-177×新臺糖22
44	雲蔗01-1413	粵糖85-177×新臺糖10號
45	雲前03-258	新臺糖25×粵糖85-177
46	雲蔗03-194	新臺糖25×粵糖97-20
47	德蔗03-83	粵糖85-177×新臺糖22
48	雲蔗04-621	雲蔗89-7×崖城84-125
49	雲蔗05-326	CP72-1210×新臺糖10號
50	雲蔗05-596	新臺糖10號×雲瑞03-394
51	雲蔗05-51	崖城90-56×新臺糖23
52	雲蔗05-39	崖城90-56×新臺糖23
53	雲靜06-189	新臺糖22×雲瑞99-113
54	雲就06-407	粵糖97-20×新臺糖25
55	雲蔗06-362	新臺糖25×桂糖11號
56	雲前06-193	CP80-1827×梁河78-85
57	雲意06-160	由糖90-1023×雲瑞99-113
58	雲前07-2800	湛蔗92-126×CP88-1762
59	黃07-2178	桂糖92-66×HoCP93-750
60	雲前08-2060	粵糖93-159×Q121
61	雲首08-1145	雲蔗94-343×粵糖00-236

（續）

序號	品種	雜交組合
62	雲蔗08-2177	閩糖92-649×L75-20
63	雲范08-1609	雲燕94-343× 粵糖00-236
64	雲蔗08-1095	CP84-1198× 科5
65	德蔗07-36	桂糖92-66×CP67-412
66	德蔗09-78	桂糖94-119× 新臺糖10號
67	黔糖9號	雲蔗94-343× 新臺糖22
68	黔蔗8號	內江00-118× 桂糖94-119
69	黔蔗7號	新臺糖10號 × 崖城84-125
70	黔蔗6號	新臺糖10號 × 崖城84-125
71	川蔗28	湛施92-126× 粵糖89-240
72	川蔗27	CP72-1210× 崖城90-3
73	粵糖05-267	粵糖92-1287× 粵糖93-159
74	粵糖00-236	粵農73-204×CP72-1210
75	粵糖03-393	粵糖92-1287× 粵糖93-159
76	粵糖07-913	HoCP95-988× 粵糖97-76
77	粵糖09-13	粵糖93-159× 新臺糖22
78	粵糖08-196	Q208×（QC90-353+QS72-1058）
79	粵糖08-172	粵糖91-976× 新臺糖23
80	粵糖03-373	粵糖92-1287× 粵糖93-159
81	粵糖04-245	粵糖94-128×CP72-1210
82	中糖1號	粵糖99-66× 內江03-218
83	中糖2號	熱引1號 × 新臺糖22
84	中糖3號	粵糖99-66× 新臺糖28
85	中糖4號	K86-110×HoCP95-988
86	熱甘1號	CP94-1100× 新臺糖22
87	中蔗1號	新臺糖25× 雲前89-7
88	中蔗6號	新臺糖25× 雲蔗89-7
89	中蔗9號	新臺糖25× 雲藤89-7
90	中蔗10號	CP49-50×CP96-1252
91	中蔗13	HoCP01-157 ×CP14-0969
92	中蔗福農44	桂糖25× 新臺糖11
93	中蔗福農45	新臺糖22× 桂糖00-122
94	中蔗福農46	粵糖93-159× 雲蔗91-790
95	中蔗福農47	CP65-357× 崖城97-40
96	桂熱2號	粵糖91-976× 新臺糖20
97	桂南亞08-336	粵農73-204× 新臺糖22

近年來，中國甘蔗育種中以Badila為母本，與崖城割手密進行雜交，育成崖城58-43和崖城58-47。該組合是中國開展本土割手密高貴化研究以來，產

生品種最多的一個種間遠緣雜交組合。該雜交組合產生的後代品種達30個。其中，崖城58-43的後代品種有6個，崖城58-47的後代品種有24個。其中有些品種至今還在應用於生產實踐當中！

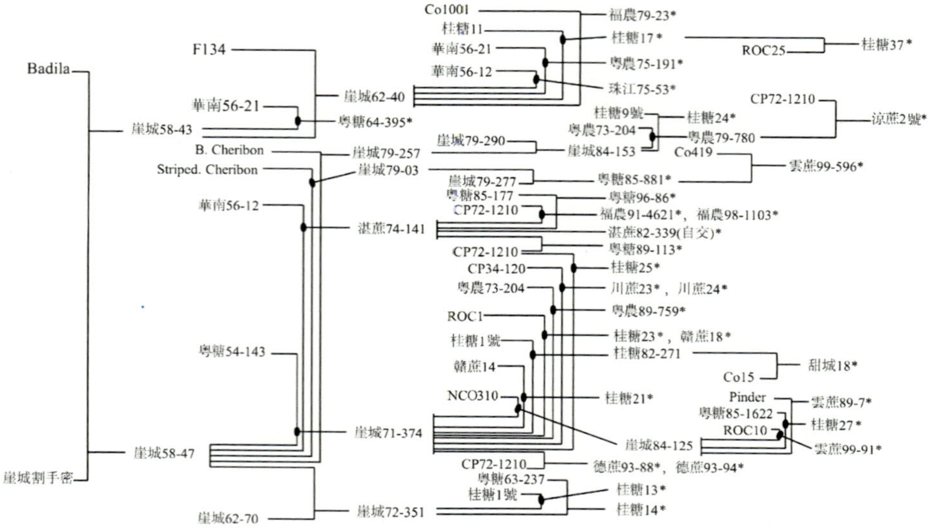

熱帶種Badila與崖城割手密雜交後代品種系譜
（鄧海華，2012）

甘蔗育種需要有性雜交，而繁殖卻是無性繁殖，因此品種內的每株甘蔗都是相同的基因型，除非偶然發生突變，否則性狀非常一致。目前，世界各國育成的品種大多是3～5個甘蔗原種的雜交後代，繼而進行品種間雜交和回交等育成的，基本上是同質遺傳型組成品種的再組合，這也就導致了甘蔗品種的近親繁殖，遺傳基礎狹窄，血緣相近，從而使得在近30年來的甘蔗育種工作中，不論是在產量還是含糖量上，抑或是抗性上，都沒有取得突破性的進展。因此，在甘蔗育種界都十分關注甘蔗種質資源的搜集、研究和利用，以期擴大血緣，豐富遺傳基礎，培育出突破性的親本材料和優良品種。目前被成功培育出的品種也十分豐富。如美國佛羅里達州的CP系列、澳洲昆士蘭州甘蔗試驗管理總局的Q系列、南非納塔爾的NCO系列。

牢牢端穩「糖罐子」，保證食糖自由！

中國自1953年在海南建立雜交育種場以來，全國各地的甘蔗科學研究單位都相繼開展甘蔗新品種的選育和研究，迄今為止成功選育出桂糖、粵糖、閩糖和雲蔗等系列品種供生產使用，極大地推動了中國蔗糖產業的發展。最新數據顯示，2021/2022年榨季，中國自育的具有自主智慧財產權的以桂柳05-136、桂糖42、桂糖49、粵糖93-159、粵糖00-236、雲蔗05-51、雲蔗08-1609等為代表的甘蔗新品種的種植比例已經高達94.5%。

迄今，中國甘蔗主要栽培品種的更新歷史大體可以分為5個階段：

1950年之前，竹蔗、蘆蔗等的種植和栽培為第一代；

1956年以後，引進和種植以F134為代表的F系列品種為第二代；

1980年起始，以桂糖11為代表的優良品種的選育和推廣為第三代；

2002年開始，引進和種植以新臺糖22為代表的ROC系列品種為第四代；

2013年以來，桂糖42和桂柳05-136為代表的優良品種的選育和推廣為第五代。

可以毫不誇張地說，這一個多世紀以來甘蔗糖業發展的歷史，就是甘蔗種質創新和品種改良的歷史。

蔗有多高、蔗有多大、蔗有多甜、抗不抗病、抗不抗旱、抗不抗寒……這些都是一個優良甘蔗品種最重要的評價指標。然而，「蔗裡乾坤大，蔗皮弄潮兒」，對最為直觀的蔗皮，關於其顏色，你又了解多少呢？喜歡吃甘蔗的人都知道，一般常見的甘蔗顏色有紫皮（也稱黑皮）和青皮這兩種。不同顏色的甘蔗是什麼原因造成的呢？甘蔗皮能夠保護甘蔗生長並起機械支撐作用，其占甘蔗總重量的20%左右。花青素是讓植物世界變得五彩斑斕的最重要的天然色素之一。根據報導，青紫素的衍生物是甘蔗外皮中最豐富的成分，是影響甘蔗外皮顏色的主要因素。前人發現，關於蔗皮顏色形成的因素，主要包括基因、光照和演化三個方面。有研究從基因水準鑑定出甘蔗皮層組織的7個花青素生物合成相關基因，推測甘蔗表皮顏色的不同可能是由於這些基因的差異表達所調控的。此外，光照強度的不同也會影響甘蔗表皮的顏色。有研究發現，充足的光照也可以有效提高蔗皮中的色素積累，甚至會使同一品種有不同的顏色（如同蘋果一樣，晒陽光的一面通紅，不晒陽光的一面青綠）。從演化角度看，蔗皮顏色的改變可能是由演化壓力導致的，目的是適應生長環境的改變，但具體機制尚不清楚。

不同顏色的甘蔗品種

那麼甘蔗皮是否具有營養價值呢？答案是肯定的。不同顏色甘蔗皮在營養上有什麼差別嗎？答案是中性的。因為即使不同顏色蔗皮營養成分有差別，但其不宜直接食用，其利用價值在於其中對人體有益成分的提取和加工以供食用。甘蔗皮是生產醣類的副產品，富含大量的蛋白質、胺基酸、木質素、植物甾醇和天然色素等高附加值物質。根據科學研究工作者的研究，蔗皮硬質皮層的主要成分是氧、碳，以及微量的氮、矽和鈣等元素。甘蔗皮中還含有大量紅色素，這種色素具有一定的抗氧化能力，對各種自由基具有很好的清除作用，是一種高效的天然自由基清除劑，其中蔗皮紅色素具有一定程度的清除亞硝基作用。因此，甘蔗皮中的紅色素在天然食用色素領域的應用前景是十分廣闊的，比如在腌製食物中，添加適量甘蔗皮中的紅色素可以降低亞硝基的含量！此外，甘蔗皮中還含有大量的多酚及類黃酮化合物，其中多酚類提取物（如花青素、花黃素、兒茶素）具有很強的清除自由基的能力和較高的抗氧化活性，對人體健康和補充營養也具有十分重要的意義。當然好處可不止這些，甘蔗皮上的蔗蠟，富含高價值的天然活性產物，如二十八烷醇、植物甾醇等，其中二十八烷醇是一種高效的抗疲勞物質，不僅可增強體質，還能夠提高機體的代謝率和人體對氧的利用率，並有效降低三酸甘油脂和膽固醇含量。植物甾醇甚至被發現在抑制腫瘤發生、保持人體內環境穩定、調節緊迫反應、抗病毒侵染等方面有重要作用。甘蔗皮中的木糖醇含量也非常豐富，木糖醇可以改善肝功能、防齲齒、降血糖和減肥，並被認為是最為健康安全的一種甜味劑。《綱目拾遺》中記載：「蔗皮，可治口疳，又乾者墊臥，可去鬱熱。」《本草匯》中：「接氣沐龍湯，亦用蔗皮煎製。」因此，甘蔗皮還是一味很好的中藥，具有清熱解毒之功效，可以用於治療小兒口疳、禿瘡、坐板瘡。相信在可以預見的將來，「將蔗皮端上餐桌」和「將蔗皮裝進藥袋」，一定不是夢，一定會實現，以更好地造福人類！

知糖知蜜更知皮

甘蔗前今生，育種大乾坤。縱觀歷史長河，自人類發現並種植甘蔗開始，迄今已有4 000多年的歷史。在此期間，甘蔗在一代代先民的栽培和繁育的過程中，不斷得到改良，極大促進了農耕文明的發展和進步。從甘蔗的起源和發展歷程不難看出，中國甘蔗的淵源極其深遠。翻查這千百年來的史料，古今中外有關中國甘蔗資料的描述都不盡相同，但都證明中國甘蔗種植歷史悠久、經驗豐富、產業發達。甘蔗的種植與生產加工早已深深地滲透進中國古代人民的日常生活之中。「人生猶如吃甘蔗，心態早已定成敗」，這也更需要、更要求新一代甘蔗研究工作者能夠繼往開來，深入挖掘「蔗裡乾坤」。

撰稿人：趙振南　葉文彬　蘇亞春　吳期濱　李大妹　許莉萍　闕友雄

甜蜜甘蔗好 品種知多少

甘蔗是世界上最重要的糖料作物，屬於熱帶和副熱帶草本植物。甘蔗在南、北緯度35°以內都可種植生長，其中南、北緯10°—23°之間為甘蔗的最適宜生長區域。甘蔗是一年生的宿根作物，其光飽和點高，二氧化碳補償點低，淨光合速率高，是一種高光效作物。與一般栽培作物相比，甘蔗在逆境條件下也能相對較好地利用太陽能，具有較大的生產潛力。

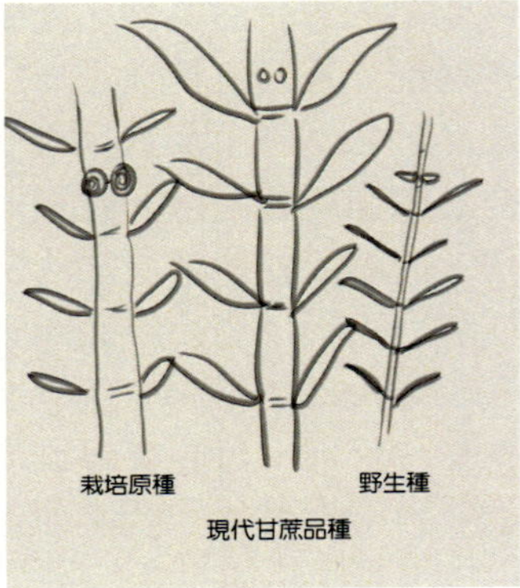

甘蔗家族史

甘蔗在植物學上屬於種子植物門單子葉植物綱禾本科甘蔗屬，其中在甘蔗屬中有6個種，即熱帶種、中國種、印度種、大莖野生種、細莖野生種和肉質花穗野生種，現代甘蔗栽培品種都是栽培原種和野生種種間雜交、回交的後代，因此現代甘蔗品種被稱為甘蔗種間雜種。甘蔗大多在春天（2—4月）種植，收獲期則集中在秋季（9—12月）。那麼，關於甘蔗品種在生產中的常見知識還有哪些呢？不妨一起來簡單了解一下。

1. 甘蔗良種特性

甘蔗良種是產蔗量和產糖量高且穩定，適於當地生態環境、栽培制度和製糖工藝要求，經濟效益顯著，工農雙方都樂意接受的好品種。一般而言，甘蔗良種具有高產高糖、纖維適中、宿根性好、抗逆性強、糖分轉化慢等特性。甘蔗良種具有一定的區域適應性，推廣良種時必須因地制宜，堅持試驗、示範和推廣相結合，根據不同蔗區的自然環境條件、土壤類型、耕作制度與管理水準，選擇適合該地區栽培的甘蔗良種，有組織、有計劃地進行種植。同時，還要選擇與良種相適應的田間栽培管理措施，做到良種良法相配套，最大程度上發揮出良種的增產潛力。此外，還要做到良種布局區域化，良種熟期搭配合理化，從而發揮甘蔗良種的最大效益。

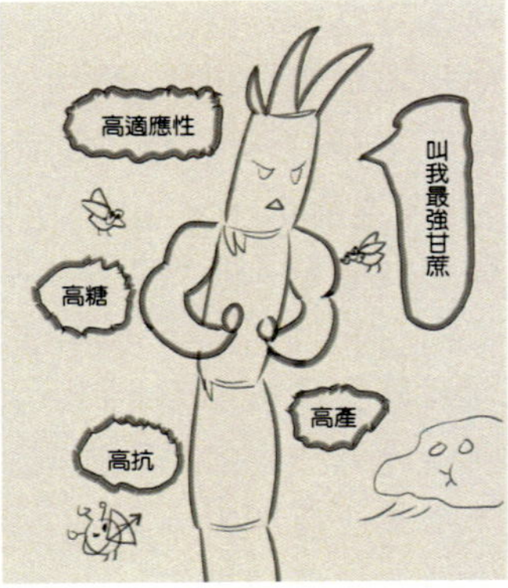

甘蔗良種

2. 甘蔗品種引進

「一方水土養一方人」，甘蔗更是如此。每個甘蔗品種都是在一定的生態環境條件下培育出來的，有一定的區域性和適應性，需要一定的生態條件才能充分發揮其優良特性。世界上沒有一個甘蔗品種能夠適應所有地區和一切栽培條件，當環境條件改變時，甘蔗品種可能由於對新的溫度、光照、水分和生產條件的不適應，其優良特性不一定能表現出來，因此引進品種必須遵守氣候和生態條件相似性的原則，經過田間試驗篩選，表現優良後才能在生產上應用。同時，要特別注意的是，甘蔗引種，特別是從境外引種，必須經過國家引種審批和檢疫，未經隔離檢疫和檢測，不能進行批量繁育、調運和推廣，否則，可能會導致境外危險性和毀滅性病蟲草害傳入國內，給國內造成生態安全隱患。

甘蔗引種

3. 甘蔗品種改良

普遍認為，品種改良在甘蔗生產科技進步中的貢獻率達60%以上。因此，改良品種是提高甘蔗產量和品質的最重要手段，也是提高蔗糖產業競爭力的必由之路。甘蔗品種改良是經由遺傳變異，然後進行定向綜合選擇的過程，主要包括雜交育種和分子育種兩個途徑。甘蔗雜交育種主要是指通過優良親本開花雜交創造遺傳異質性的育種群體，從中選擇優良個體。目前，幾乎全部栽培雜交品種都出自有性雜交育種，可以說這是現階段也是將來甘蔗育種最為重要的手段。分子育種指的是將分子生物學技術應用於育種中，在分子水平上進行育種，主要有分子標記輔助育種和遺傳修飾育種（基因改造和基因編輯）。甘蔗品種在生產中的繁育和推廣是有時效性的。在生產上任何甘蔗品種被利用的時間都是有限的，當該地區的生態環境和種植條件發生變化時，原有的品種可能會不適應。此外，由於甘蔗是無性繁殖作物，隨著栽種年限的不斷延長，種莖內積累的病害越來越多，種性退化必然發生，所以要對甘蔗品種進行持續不斷的改良。

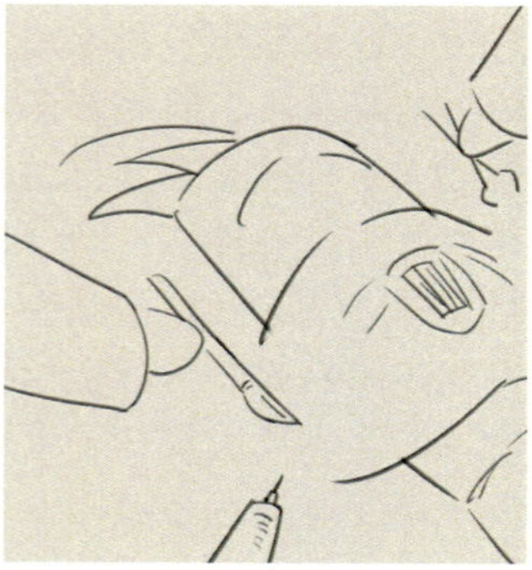
甘蔗品種改良

4. 甘蔗品種鑑別

「龍生九子不成龍，各有所好。」在生產中，甘蔗品種繁多，如何辨識甘蔗品種的真偽，以免魚目混珠，是十分必要的。我們可以從甘蔗的外部形態特徵、生長特性和分子特性等方面來辨識甘蔗品種的真偽。甘蔗的生長受環境條件和栽培水準的影響，不同甘蔗品種外部形態特徵不同。在田間，主要通過觀察形態特徵及其生長特性來辨識甘蔗品種的真偽，包括葉片形狀、顏色、厚薄，葉鞘顏色、毛群，葉耳的有無、長短，脫葉的難易程度，莖的形狀、莖色、蠟粉顏色、節間的長短，木栓的有無、多少及形狀，芽的形狀、位置，芽溝的有無、長短和深淺，生長裂縫的多少和長短等。在明確甘蔗品種的形態特徵相似基礎上，還可根據其生長特性來區分，如出苗特性、分蘗力、抗病性、抗蟲性、抗旱性和宿根性等。當然，如果這些性狀都極為相似，還可以進一步通過分子鑑定來辨識。

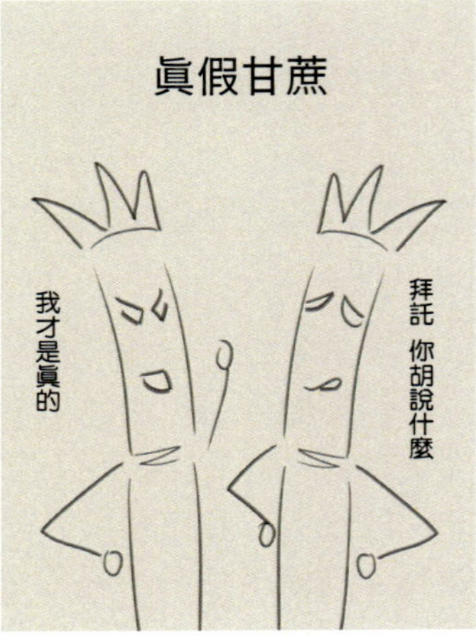

甘蔗真假難辨？

5. 甘蔗種苗去毒

種苗去毒技術是提高甘蔗單產和節約成本的核心技術之一。根據海內外研究、試驗示範和技術推廣實踐，去毒種苗由於除去了蔗種中的病原，提高了光合作用與養分和水分輸送效率，對甘蔗生長有明顯的促進作用，田間群體建成快，該技術已成為提高甘蔗單產和蔗糖分、延長宿根年限、保障齊苗、使發芽整齊、有利新植蔗高產群體建成和宿根蔗發株與穩產的有效技術，並且早已在巴西、美國等得到商業化推廣應用，獲得了很高的經濟和社會效益。然而，甘蔗種苗去毒技術的商業化運作和產業化推廣需要考慮三個方面：一是去毒種苗從組織培養綜合去毒到培育出去毒種苗原種、基礎種、生產用種各個不同衍生代的種苗的繁育與管理技術；二是依據什麼樣的標準或規範來對去毒種苗產品的品質合格與否進行檢測與判定；三是用於去毒種苗產品品質檢測與鑑定的技術是否已經建立並形成標準。

「春種秋收何時了，甘蔗品種知多少。」我們堅信，有了對甘蔗良種、品種引進、品種改良和真偽鑑別的了解，加上種苗去毒的應用及種苗品質控制，在生產中就可以根據需要，因地制宜引進甘蔗良種、科學合理改良甘蔗品種、供求平衡生產健康良種，有效促進甘蔗生產，最終營造出農業增產、農民增收和政府增稅的三贏局面。

撰稿人：黃廷辰　高世武　吳期濱　羅　俊　蘇亞春　郭晉隆　李大妹　許莉萍　闕友雄

精選蔗基因 開啟新糖業

——甘蔗基因改造，糖業振興和騰飛的一雙美麗翅膀

眾所周知，醣類（碳水化合物）、脂肪和蛋白質是人體能量的主要來源。三者在人體內消化的部位不同，醣類一進入口腔就開始消化，蛋白質到達胃部才開始消化，而脂肪只有當其抵達小腸內才開始消化，由此可見醣類是最優先、最直接被身體利用的營養物質。醣類是人類不可或缺的營養物質，不僅能為人體提供活動所需的能量，還發揮構成人體組織、維持肌肉運動、保持體溫等作用。在日常飲食中，醣類的比重遠遠超出我們的想像，如果去觀察超市貨架上的食品，看看食品包裝上的配料表，你會發現，不含糖的食物屈指可數，甚至有些從沒有與糖聯想在一起的東西，比如各種肉製品、醃菜、醬料等，都因為糖的存在而風味倍增。

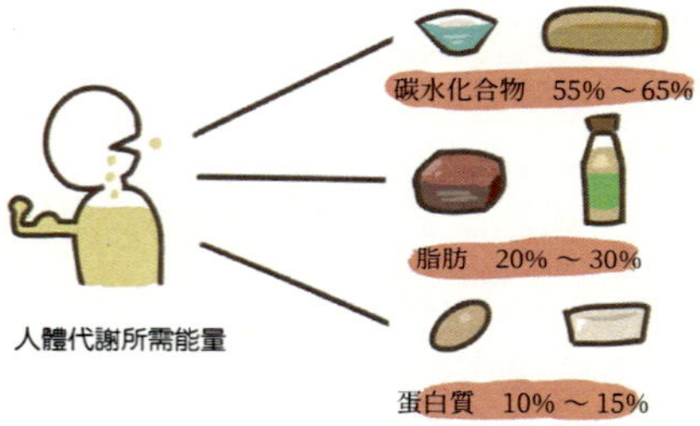

人體代謝需要的能量

通常，糖是由甘蔗或者甜菜作為最基本的原料製作而成的，其中甘蔗是中國最重要的糖料作物，約85%的食糖都源於甘蔗。果蔗在中國南方各省份廣泛種植，但對於糖蔗而言，廣西、雲南、廣東、海南4省份占據了中國糖料蔗種植面積和產量的90%以上。即便如此，中國食糖仍舊供不應求，從國外

2016—2021年中國食糖進口量及成長情況
（資料來源：海關總署）

進口補充已成為新常態。中國海關數據顯示，2016—2021年中國食糖進口量在2021年再創新高。或許有朋友會問，為什麼不擴大甘蔗種植面積？為什麼不提高產量？首先，中國適合種植作物的面積是有限的，必須優先保證水稻、小麥和玉米等主糧的自給率，故而，甘蔗的種植面積保障主要依靠重要農產品生產保護區。其次，雖然中國蔗糖生產技術取得了長足的進步，但受限於品種和資源稟賦，以及極低的機械收獲率，生產成本較高，同時受氣候影響，甘蔗產量不穩定，經濟效益相對較低。因此，若想有朝一日能夠在食糖上自給自足，只能寄希望於依靠科技大幅增加其單位面積產蔗量和產糖量。

如何有效提高甘蔗的單位面積產量？考慮到甘蔗植株高大，生長週期又長達一年，培育和種植抗病、抗蟲品種是減輕經濟損失最有效的措施，也是千萬戶蔗農最樂意的舉措。甘蔗雜交育種所取得的進步支撐了上百年來世界蔗糖產業的發展，但近年來，世界甘蔗單產平均水準變化幅度不大，可以說達到了一定的技術瓶頸，因此，傳統甘蔗雜交育種面臨巨大的挑戰。現階段，國際甘蔗育種界認為，通過完善成熟的基因改造技術途徑，培育高產、高糖、高抗、強宿根性和適合機械化的突破性甘蔗新品種是解決全球，尤其是中國食糖安全問題的關鍵途徑。

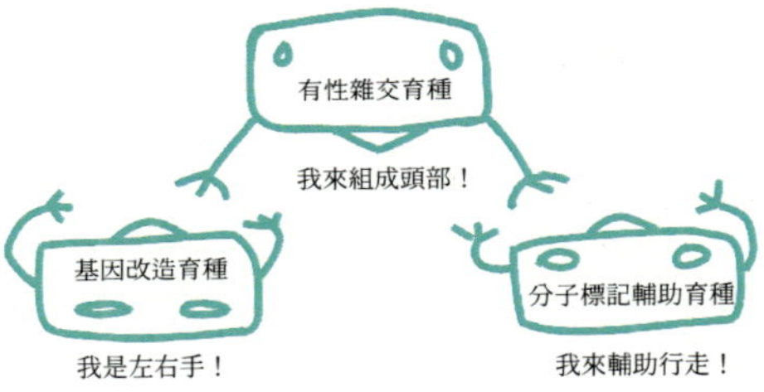

甘蔗育種的方法

基因改造讓人歡喜讓人憂，那麼基因改造究竟是什麼呢？當人們面對未知的事物時，總是充滿忐忑的。因此，「基因改造」這個詞一經面世，便褒貶參半，甚至飽受爭議。有人當它是洪水猛獸，唯恐避之不及；有人認為它是現代農業的希望，是生物技術發展的必然趨勢。基因改造技術，又稱為基因工程、遺傳轉化技術，該技術通過現代科技手段，將控制產量、抗性、品質等生物性狀的功能基因，轉入目標生物體中，使得受體生物在保留原有遺傳特性的基礎上，增加了所轉導目標基因控制的新的功能特性，最終獲得新的生物品種（基因改造品種），可用於生產新的生物產品及其製品。

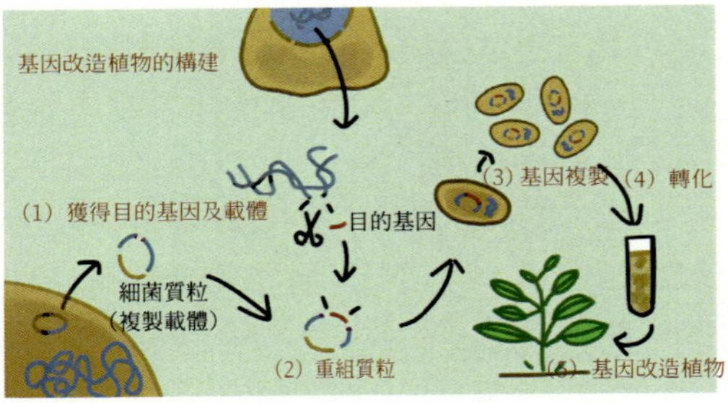

基因改造植物的構建

俗話說：「龍生龍，鳳生鳳，老鼠的兒子會打洞。」話糙理不糙，但是，「王侯將相寧有種乎」的疾呼，千百年來更是讓無數英雄豪傑熱血沸騰，與命運抗爭。生物學上，人類很早就觀察到遺傳現象，例如孩子的長相多隨父母，高鼻梁的歐洲人，生出來的後代基本都是高鼻梁；蘋果種子只種出來蘋果，不可能長出香蕉，同樣香蕉種子也不可能長出蘋果。早在西元前300多年前，希臘著名的科學家亞里斯多德指出「遺傳是物質的，而不是精神和情感的」，他甚至指出長頸鹿是豹子和駱駝的後代。直到1865年，我們熟知的「現代遺傳學之父」孟德爾公布自己的豌豆雜交試驗，他通過長達8年的潛心研究發現了「遺傳因子」，認為其決定了生命的形態和規律，遺傳因子後來也被稱為基因。1933—1968年，「基因是什麼」的一系列研究先後誕生了13位諾貝爾獎獲得者，最終為其下定義為：基因是具有遺傳效應的DNA片段，支持著生命的基本構造和功能。1972—1980年，基因工程迅猛興起。1972年，「基因合成的奠基人」科拉納帶領團隊利用人造核苷酸合成了第一個人造基因。1973年，科恩和博耶合作發表了「重組DNA技術」，一舉轟動學術界。1974年，科恩將金黃色葡萄球菌質粒上的抗青黴素基因，成功轉入大腸桿菌體內，大腸桿菌由此產生了青黴素抗性，揭開了基因改造技術應用的序幕。1977年，美國率先在大腸桿菌內複製表達了人的胰島素基因，1978年由Genentech公司利用發酵工藝將人胰島素量產，為廣大糖尿病患者帶來了福音。1979年和1980年，人生長激素和人干擾素也先後成功在重組細菌中合成。1980年至今，基因工程得到實際應用和推廣。1982年，重組人胰島素成為第一種獲准上市的重組DNA藥物，象徵著世界第一個基因工程藥物誕生。1983年，世界上最早的基因改造作物（抗病毒菸草）誕生。1994年，美國孟山都公司研製的延熟保鮮基因改造番茄在美國農業部（USDA）和美國食品藥物管理局（FDA）批准下上市，這是全球首例基因改造農作物產品。

踏上基因改造浪潮！

或許你有所不知，甘蔗是最適合基因改造改良的物種之一。第一，甘蔗開花結實需要極其嚴格的光溫條件，育種上多採取集中雜交，一般通過選擇合適的地點種植親本並採取光週期誘導使甘蔗花芽分化，商業栽培品種在生產上一般不開花，即便開花種子基本也是敗育的。第二，甘蔗為工業原料作物，其產品蔗糖為純的碳水化合物，不含蛋白質成分，同時加工蔗糖需要經過107 ℃的高溫煉煮，即便存在外源基因表達的蛋白質，其在加工過程中也會被完全分解，而燃料乙醇也是純化學品且非食用品。第三，甘蔗無性繁殖的特點，使得外源基因發生漂移的機會大幅度減少，同時由於採取無性繁殖，基因改造後代基本不存在分離，一旦獲得優異的基因改造單株，即可通過腋芽繁殖快速擴大群體。因此，無論是在國際上還是在國內，甘蔗是基因改造安全風險等級最低（I級）或安全性最高的作物之一。

現代甘蔗品種是蔗屬複合體（*Saccharum* spp. hybrids），通常認為決定其產量和蔗糖分性狀的基因來源於甘蔗熱帶種（*S. officinarum*），抗逆基因則主要來源於細莖野生種（*S. spontaneum*），在目標性狀基因聚合過程中，客觀上存在不利基因的連鎖問題，因此，試圖單純依賴常規雜交育種實現高產、高糖、抗病蟲和耐逆（旱、寒等）等多種性狀兼具的聚合品種幾乎是不可能的，所以常規雜交育種途徑培育的商業化種植品種，總存在某些性狀的不足。傳統上，甘蔗栽培種都是採用有性雜交技術培育而成的，然而，由於甘蔗基因組大，遺傳背景複雜，收獲物蔗莖為營養體導致產量等性狀的表現受環境的影響大，所以常規雜交育種一般需要經過10年左右才能從性狀廣泛分離的大群體中選育出一個優良甘蔗品種。可見，通過雜交育種獲得一個優良甘蔗品種是一個人力和物力耗費巨大的過程，隨著年代的推移，通過雜交途徑提高甘蔗栽培品種的蔗糖含量和生產力的貢獻已經明顯下降，而且還經常會因為某一突出的不利工農藝性狀導致育成的品種難以進行商業化推廣。理論上，利用基因改造技術可以將精選的「蔗」基因成功轉入任一甘蔗品種，定向改良其目標性狀。甘蔗基因改造方法主要有農桿菌介導轉化法、基因槍介導轉化法、電激法等。中國國內研究中，在基因改造甘蔗植株的獲得上，基因槍介導轉化法和農桿菌介導轉化法齊頭並進。

適合基因改造改良的甘蔗

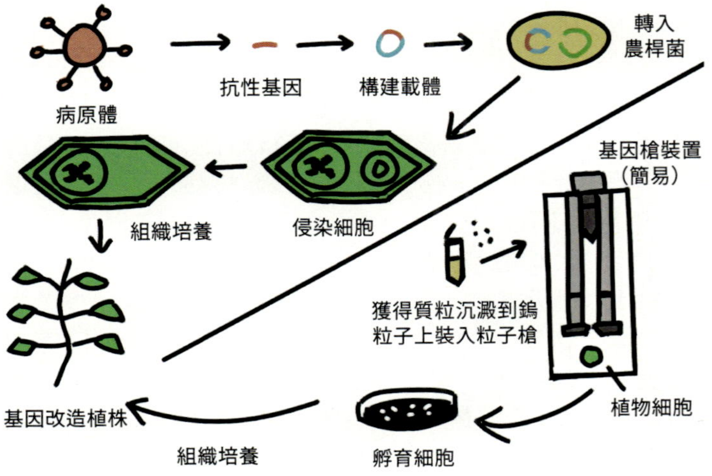

基因改造方法

縱觀甘蔗的基因改造技術發展，聚焦在生物脅迫方面（抗蟲、抗病和抗除草劑等）的研究最多。農作物病蟲害是影響農業持續、穩定和健康發展的重要因素，全球每年因病蟲害造成的損失高達數千億美元，而長期以來，農業病蟲害的防治主要依賴化學殺菌劑、殺蟲劑，致使許多病菌、害蟲的抗藥性日益增強，同時環境、食物鏈和水資源也受到嚴重汙染。利用基因改造技術，將抗病蟲基因導入農作物植株中，使其在寄主細胞中穩定地表達和遺傳，能夠培育出抗病蟲的作物品種，有效地降低病害和害蟲的侵擾。就甘蔗基因改造而言，最早開展的是抗蟲品種的培育。1992年，昆士蘭大學報導了首例利用基因槍獲得基因改造甘蔗的研究，之後，在國際甘蔗技師協會（International Society of Sugar Cane Technologists，ISSCT）的積極倡導和促進下，國外先後通過基因槍或農桿菌途徑，成功培育出包括轉*Bt*基因、*cry*（cryptochrome）基因、*gna*（*Galanthus nivalis* agglutinin）基因和蛋白酶抑制因子基因等一系列抗蟲基因改造甘蔗。中國甘蔗基因改造研究起步晚，但也獲得了一系列抗蟲性顯著提高的基因改造株系，並先後獲准了轉*cry1Ac*和*cry2A*基因的甘蔗中間試驗安全性評價，且旨在提高抗蟲持久性的基於多個基因疊加的多價基因改造甘蔗創製也有報導。基因改造抗蟲品種有很多優點，可簡要羅列三點。一是具有連續性保護作用，可控制任何時期內發生的害蟲，並且只殺死攝食該作物的害蟲，對非靶標生物沒有影響。二是抗蟲物質只存在於作物體內，不存在環境汙染問題。三是相比於研製其他新型殺蟲劑，成本少，投資低，也不會導致害蟲的耐藥性增加。基因改造甘蔗在抗病性改良方面的研究基本上是針對病毒病，比如針對花葉病和黃葉病，儘管也有針對真菌性病害（如黑穗病、赤腐病等）的報導。主要原因是由於甘蔗基因組破譯的滯後，導致基因鑑定進展緩慢，而病毒病的改良，則可通過干擾病毒蛋白基因，來改良寄主甘蔗品種的抗病性。中國抗病毒病的甘蔗基因改造研究始於1996年，福建農林大學通過基因槍轟擊技術，培育出以熱帶種Badila為受體，轉SCMV-E株系的*SCMV-CP*基因的基因改造系，13株轉*SCMV-CP*基因的甘蔗株系中，有5株抗病性得以提高，且蔗莖的錘度可提高3個百分點（絕對值），並率先獲准在福建省和浙江省進行環境釋放安全性評價。甘蔗基因工程改良也涉及非生物脅迫（抗旱、抗寒、耐鹽等），其中乾旱作為甘蔗生產中影響最大的非生物脅迫因子，研究比較深入。研究表明水分減少嚴重影響甘蔗的產量。甘蔗的生長發育對溫度的要求極高，隨著全球溫室效應持續增強，極端氣象頻發，耐寒甘蔗品種培育也是研究熱點。以植物作為生物反應器有利於實現低成本、高可擴展性和安全性的蛋白質生產。甘蔗由於高生物量而成為最具潛力的、生產重組蛋白的生物反應器。已報導的有：用於生產人類的細胞因子、可水解纖維素的葡聚糖酶、半胱胺酸蛋白酶抑制劑、細胞生物水解酶Ｉ和Ⅱ。最近，還報導了利用甘蔗生產具有抗病毒、抗真菌和抗腫瘤活性的雪花蓮凝集素（*Galanthus nivalis* agglutinin，GNA）蛋白，每公斤甘蔗莖稈和葉片組織中分別含12.7毫克和29.3毫克GNA蛋白。

甘蔗逆境脅迫

近年來，基因編輯在甘蔗上也得到應用和推廣，方興未艾。基因編輯，號稱「基因剪刀」，是一種能夠取得基因改造效果，又可以避免外源基因安全疑慮的技術，主要包括人工核酸酶介導的鋅指核酸酶技術（ZFN）、類轉錄活化因子效應物核酸酶技術（TALEN）和RNA介導的CRISPR/Cas技術，最典型的為CRISPR/Cas9基因編輯技術。藉助這把「剪刀」，人們可以像編輯文字一樣對甘蔗中承載遺傳資訊的DNA編碼序列進行修改，從而改變其所控制的遺傳性狀。研究者利用TALEN介導的定向共突變技術，編輯甘蔗中木質素生物合成咖啡酸-*O*-甲基轉移酶（COMT）基因，大幅度提高了木質素的糖化效率，也大幅度提高了木質纖維素生物質轉化乙醇的產量，但並未明顯影響被編輯甘蔗的農藝性狀表現。採用序列專一的核酸酶對基因組進行編輯可能是一種更強而有力的對作物進行改良的方法。大多數的基因組編輯方法需要位於靶序列或者在靶序列附近，發生DNA雙鏈斷裂（DSB），而定向的同源修復是為了矯正DSB。但是，高多倍體（例如甘蔗）的定向突變比二倍體難度大得多，因為大量的同源染色體導致功能冗餘。不過，這也有好處，那就是共突變等位基因時會產生不同拷貝數的基因改造個體，從而形成一系列不同的表型，類似於RNA干擾的基因改造後代。因此，想得到表型改變的基因編輯甘蔗材料，需要建立可同時編輯多個等位基因的平臺。最近，佛羅里達大學在甘蔗上報導了第一例針對多個等位基因進行有效編輯的研究，其目的是編輯鎂螯合酶亞基Ⅰ，而該酶是葉綠素合成的關鍵酶。該研究通過基因槍轟擊，成功實現了在甘蔗栽培品種CP88-1762上共突變一個等位基因的49個拷貝，導致了再生植株葉綠素含量的嚴重減少。該研究還比較了採用基因槍轟擊導入基因編輯劑處理後4天，癒傷組織保持在28℃培養，或37℃熱處理培養48小時後再轉到28℃培養的情況，發現熱處理使得編輯頻率提高了2倍，同時，還大幅度地促進了共編輯多個等位基因，而這是產生可觀察到的與野生型不一樣的表型所不可缺少的。儘管該基因編輯株系的葉片不是呈現綠色，而是呈黃色，但卻並不影響其在土壤中的生長，同時，也沒有明顯可見的生長量下降和生長延緩現象。特別需要指出的是，該研究雙位點的編輯效率高達32.2%。此外，佛羅里達大學還在甘蔗上建立了有效且可重複的基因定向編

CRISPR 基因「魔剪」

輯技術體系，實現了同時精確編輯多個等位基因，其基因編輯也是通過CRISPR/Cas9可編輯的核酸酶誘發，藉助模板介導和定向同源修復（HDR）使DNA雙鏈斷裂。以上工作為利用基因編輯改良甘蔗品種和種質提供了技術體系，積累了基礎，指明了方向。

基因改造技術是作物分子生物學的核心，在降低資源投入、保護環境安全、保障糧食供給等方面顯示了巨大的潛力，已成為現今應用最為迅速的生物技術。鑑於日益迫切的提高甘蔗生產力的需求和產業可持續發展在甘蔗栽培管理上遭遇的急需更輕簡、更高效以及減肥減藥技術的挑戰，甘蔗基因改造技術的推廣和應用勢不可擋。近年來，先正達公司也開始進軍甘蔗產業，並於2008年收購了巴西（世界上甘蔗栽培面積最大的國家）甘蔗生物技術研究力量雄厚的私人公司——甘蔗技術中心（Cane Technology Center，CTC）。此外，國際甘蔗技師協會（ISSCT）甘蔗生物技術合作組成員國美國、澳洲、印度、巴西、阿根廷等14個甘蔗生產國家早已在多年前就陸續進行了一系列針對抗病、抗蟲、抗旱、抗除草劑、改良蔗糖分以及利用甘蔗作為生物反應器生產糖尿病人可食用的被稱之為「健康糖」的蔗糖異構體的基因改造研究，也進行了一系列甘蔗基因改造田間試驗，積極為基因改造甘蔗商業化種植進行技術、物質等方面的儲備。由此可見，基因改造甘蔗的商業化種植已有較好的國際背景。隨著2013年世界上第一例轉甜菜鹼合成酶基因改良抗旱性的基因改造甘蔗事件獲准進行商業化種植，基因改造甘蔗在更多國家進行商業化種植即將成為現實。

商業化種植基因改造作物

最近的報導顯示，目前已有6例基因改造甘蔗獲准商業化栽培。儘管最早於2011年印度尼西亞批准了2例旨在提高耐旱性的甘蔗基因改造品種，即通過把大腸桿菌膽鹼脫氫酶（CDH）基因*EcBetA*導入甘蔗；並且2013年該國又批准了2例，具體是轉苜蓿根瘤菌膽鹼脫氫酶基因*RmBetA*提高了甘蔗耐旱性，不過均未見大面積商業種植的後續報導。之後，2017年巴西批准了該國首例轉*Cry1Ab*基因改造抗蟲性的甘蔗品種CTB141175/01-A的商業化應用，次年

（即2018年）就開始了商業栽培，面積約為400公頃。此外，2018年巴西又批准了另一例轉*Cry1Ac*基因改良抗蟲性的甘蔗品種的商業化釋放。根據中國農業部2014年發布的基因改造作物商業化應用分步實施的總體策略，提出先安排非食用作物，如棉花等，再安排間接食用作物，最後考慮直接食用作物，並加強對基因改造產品的監管。鑑於甘蔗是工業原料作物，蔗糖為化學純食品，基因改造甘蔗生產的蔗糖中未檢出外源基因成分，加上以甘蔗為原料的燃料乙醇屬非食品，因此，預計基因改造甘蔗在中國的商業化進程將有望加快。

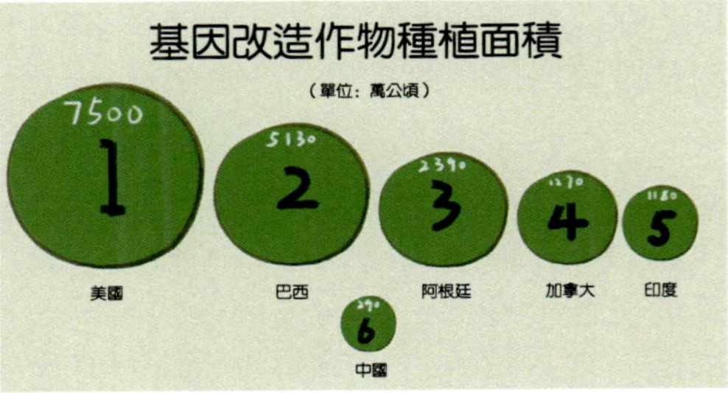

基因改造作物種植面積

基因改造甘蔗作為基因改造技術與傳統甘蔗品種結合的新型產物，仍有許多困境需要破解。一是基因改造技術仍有待完善。如基因槍轉化法仍存在轉化效率較低、嵌合體比較多、外源基因插入拷貝數比較多和所獲得基因改造株系遺傳穩定性較差等問題。農桿菌介導法也存在不足，由於在癒傷組織的使用上沿用了基因槍轉化法的癒傷繼代誘導方式，癒傷組織本身分化效率偏低，導致最後轉化率偏低，且作為介導的農桿菌在癒傷組織培養後很難被徹底清除，導致培養階段汙染嚴重；在篩選過程中難以區分抗性芽與被篩選劑殺死的芽，也是導致轉化率降低的原因之一。二是中國安全管理體系不夠健全。在宏觀層面，基因改造甘蔗的資訊資料庫的建立、健全與適合基因改造甘蔗特點的安全管理體系都尚未建立，這就難以保證商業化過程中基因改造甘蔗溯源機制的實現和風險防控。雖然基因改造技術先進國家兼甘蔗生產大國巴西、澳洲以及印度尼西亞都在積極籌備基因改造甘蔗商業化，但是由於世界各國原本的基因改造產品安全管理體系較為薄弱，研發速度的相對過快導致基因改造甘蔗的安全管理體系無法立即對接，從而嚴重阻礙了基因改造甘蔗的商業化進程。三是公眾認知不完全甚至具有恐懼感。由於基因改造產品對人類健康的影響與基因改造作物對環境安全的影響，不僅需要提供一系列的安全證據，而且，非從事基因改造相關工作的社會大眾因為不了解其原理，容易受到媒體輿論導向的影響，同時，社會大眾的個體因素如性別、年齡、受教育程

基因改造甘蔗發起的挑戰

度、收入水準等，尤其是受教育程度和對基因改造的了解程度，都是導致公衆對基因改造產品的認知存在明顯差異的直接因素。

甘蔗是最具商業化潛力的基因改造作物產品之一，但要想實現商業化發展還有很長的路要走，或許可以參考以下四項建議。一是完善相關政策法律體系。作為基因改造產品，其對生態、環境以及人類健康等方面的影響是其能否被批准進行大規模種植的重要因素，應該制定更加明確具體的規定或條例。就基因改造甘蔗而言，需要考慮的內容應當包括基因改造甘蔗品種的認定標準、登記程序，基因改造甘蔗的種植與加工、產品銷售中涉及的法律法規，基因改造甘蔗產品基因成分檢測有關元件（如內標準基因的篩選與鑑定、相關的檢測技術等），只有這樣才能在保證安全性和可控性的前提下進行基因改造甘蔗商業化應用。二是建立具有自主智慧財產權的基因改造甘蔗技術體系。甘蔗是無性繁殖作物，且基因改造甘蔗在外觀上與傳統品種差異不大，因此，基因改造甘蔗商業化在短期內必然會遇到品種的假亂雜現象，而傳統物權法中「一物一權」法理觀念以及小規模農戶種植形式，難以釐清基因改造甘蔗所涉及的各種技術和智慧財產權問題，必然造成傳統的智慧財產權保護相關的法律、法規無法適用於通過基因改造技術創造的甘蔗新品種；加之部分國家在基因改造商業化後可能憑藉世界貿易組織（World Trade Organization，WTO）立法框架的漏洞，以生物產品的綠色壁壘的名義，將自身具備的生物技術智慧財產權優勢作為生物產品壟斷和掠奪的合理依據。因此，在批准基因改造甘蔗商業化種植前，非常有必要明確其產權問題，以不涉及國外產權保護為佳，藉助政、產、學、研、用聯合的效應，綜合推進基因改造甘蔗的技術成果轉化。三是構建基因改造甘蔗安全管理體系。構建安全管理體系是基因改造作物商業化最為重要的環節。為了加快推進基因改造甘蔗的商業化種植，有必要根據甘蔗本身特性，健全安全管理體系，比如建立基因改造甘蔗資訊資料庫，以實現基因改造甘蔗推廣進程中長期持續的追蹤與回饋，並針對出現風險及時有效地採取相應的防控措施。四是強化基因改造甘蔗推廣的公衆參與機制。公衆是基因改造技術及其產品的最終消費者，由於資訊的不對稱與部分媒體的極端炒作，導致目前已有的基因改造作物在商業化過程中面臨嚴重的困境，其中，最主要的原因還在於輿論資訊的傳播與回饋，因此應當切實強化公衆參與機制建設。

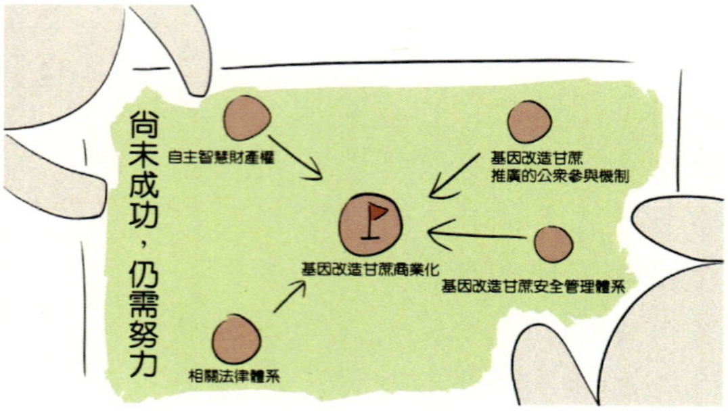

仍需努力的「蔗」基因

科技是一把雙刃劍，享其利必先去其弊。基因改造生物因可以兼具高產、優質、耐抗性強等優良品質，為人類生產生活所急需，並且其創造的巨大經濟和社會效益，也是不容小覷的。然而，對基因改造產品安全性的問題一直存在激烈的爭論。「基因改造食品會產生基因變異，下一代就毀了」、「基因改造食品會破壞免疫力導致癌症」、「基因改造食品會導致不孕不育」等種種質疑的聲音頻繁出現在我們周圍，而這些疑惑引來了更多不知情的人對基因改造食品的恐懼。謹慎再怎麼都不為過，恐懼卻大可不必，且聽筆者一一道來。

基因改造食品安全嗎？

基因改造食物進入肚子裡真的會引起基因變異嗎？理論上，這種擔憂在科學上是站不住腳的。在化學本質上，天然食品和基因改造食品沒有區別，遺傳資訊的載體都是核酸，進入人體之後，都會在消化道中被分解，無法到達人體細胞的細胞核，更沒有與人體基因雜交的隱患。目前，尚未發現基因改造食物危害人類健康的證據，美國食品藥物管理局認為，基因改造食物跟同類的傳統食物一樣安全。有意思的是，歐盟從130個研究專案、涵蓋25年的研究及500多個研究團隊的研究中得出結論：沒有任何證據表明，基因改造

基因改造食物會引起基因變異嗎？

作物對人類的危害大於傳統農作物。基因改造食品會破壞免疫力導致癌症？目前，尚沒有任何一項研究揭示癌症如何產生的確切機制，這與個人身體素質、生活習慣及生活環境息息相關。基因改造食品會導致不孕不育嗎？ 2010年2月2日，某網站刊文稱，「多年食用基因改造玉米導致廣西大學生男性精子活力下降，影響生育能力。」據核實，廣西從來沒有商業化種植和銷售基因改造玉米。該報導將廣西醫科大學第一附屬醫院某博士關於《廣西在校大學生性健康調查報告》的結論，與並不存在的食用基因改造玉米掛鉤，混淆視聽，得出上述聳人聽聞的「結論」。「基因改造食物完全無害」，本身就是一個在科學上無法證明的命題，但在沒有充足的科學依據能證明它有害之前，我們不應該定它死罪。

吃了基因改造食品拉肚子，就是基因改造食品的錯嗎？事實上，日常攝取的食品中，有的就含有毒性物質或者抗營養因子。比如，未成熟的青色番茄含有生物鹼，如果一次攝取過量，就會出現頭昏、噁心、嘔吐等中毒症狀，甚至可能危及生命；而生食豆類和樹薯，其中的生氰糖苷可能導致慢性神經疾病甚至死亡。同樣的，辣椒中大量的辣椒素可成為致命毒物，人體在一次性攝取過量辣椒素後，會出現呼吸困難、藍皮膚及抽搐等症狀。發芽、未成熟或者出現黑斑的馬鈴薯中，會產生茄鹼，又叫龍葵素，食用0.2～0.4克便可引起急性中毒，嚴重亦可致死。餐桌上這樣的食品比比皆是，但是人們並沒有因此而拒絕它們，相反還成了不少人的偏好。因此，相比完全拒絕，我們更需要的是對食品健康和飲食安全有更加科學的認識，了解其正確的食用方法，然後可以放心地享用。

吃了幾千年就安全嗎？

理性看待基因改造技術絕不是詆毀科學創新，更不是人云亦云、造謠惑衆，而是需要清晰地了解基因改造技術的原理和操作流程，以及潛在的風險及其防控措施。基因改造技術的發展及其應用一直伴隨著質疑、擔憂甚至反對的聲音。理論上說，萬一有人有意或無意在作物中轉入了能表達有毒物質或過敏物質的基因，那可能會對人體健康造成傷害，這種潛在的風險是存在的。但是，作為一項技術，基因改造本身是中性的，由這項技術研發出來的產品都需要經過一系列的安全性評價，符合相應標準後才能上市。根據國際食品法典委員會的標準，基因改造作物研發過程中，需要開展目標蛋白的毒性、致敏性等食品安全評價，以及基因漂移、生存競爭能力、生物多樣性等環境安全性評價，以確保通過安全評價、獲得政府批准的基因改造生物，除了增加人們希望得到的性狀外，並不會增加過敏原和毒素等額外風險。因此，每一種基因改造食品都是經過嚴格的食品安全評價體系才出現在人們視野中的，安全保證是足夠的。甚至基因改造食品還可以增加食用安全性，例如北京理工大學胡瑞法教授及其團隊調查發現，基因改造抗蟲水稻的應用，減少了80%的農藥使用，這對食品安全和生態環境安全的意義是不言而喻的。從這個角度看，基因改造技術的應用可以進一步增加食品的安全係數。

理性看待基因改造食品

基因改造生物的安全性問題是可以認識、評測和控制的。世界各個國家都對基因改造生物的研究、試驗以及生產等各個環節有著嚴格的監測和控制管理。中國自開始主糧作物的基因改造研究後，從研究、試驗、生產、加工、經營等各個環節，實行全方位全過程的嚴格管控，對實驗室研究和田間試驗階段中的潛在風險進行重點監測。

基因改造技術——老虎不吃人，但惡名在外，仍需繼續加強科普，順勢利導。客觀來說，基因改造技術和基因改造農作物具有兩面性，這是值得我們認眞審視和思考的。基因改造技術最直接的優勢就是增加了農業生產量。基因改造技術是選擇性地將一些優良的基因

基因改造技術的兩面性

（如快速生長的基因、抗蟲害的基因等）植入傳統的農作物當中，所以傳統農作物的生長特性也有所改善，生長期大大縮短，農作物抗病蟲的能力也有了顯著的提高，而基因改造技術最大的問題是其應用帶來的新品種優勢，這是否可能導致某些常規品種的式微甚至滅絕？是否會破環生物多樣性和生態平衡？現有研究已經很好地做出了否定的回答。

精選蔗基因，糖業前景行。甘蔗屬於基因改造安全風險等級最低（I級）或安全性最高的作物之一，也是適合基因改造改良的物種。當然，基因改造技術的安全問題是很受大衆關注的一個問題，也是科學家竭力解決的重要問題。總之，安全不安全，應該用科學來評價；能種不能種，應該由法規來決定；食用不食用，應該在政府、行業主管部門和科學家共同研判，確認安全無虞後，再交由消費者自己來選擇。我們期待並堅信，基因工程在甘蔗遺傳改良中的應用前景將越來越好。

撰稿人：張　靖　尤垂淮　蘇亞春　吳期濱　許莉萍　羅　俊　闕友雄

機械花一開　甜蜜自然來

食糖是關係國計民生的戰略物資和重要基礎產業，在國民經濟發展中處於基礎性、策略性的地位。中國主要製糖原料為甘蔗和甜菜，其中甘蔗糖占食糖總產量的85%左右。2020/2021榨季，中國食糖總產量1 066.7萬噸，其中甘蔗糖913.4萬噸，占比85.6%。

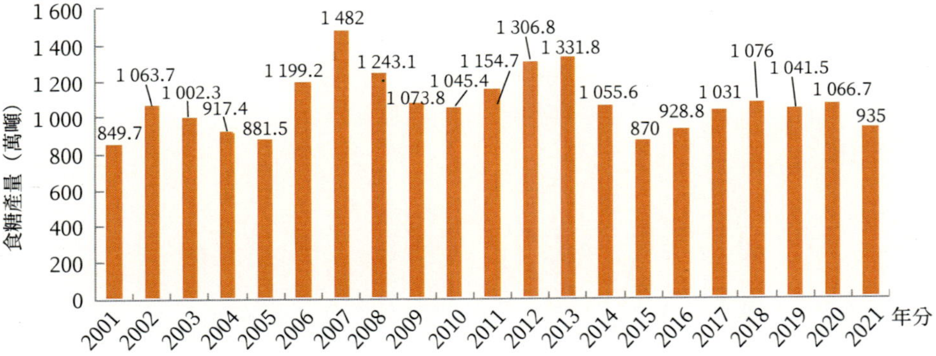

中國食糖生產概況

「花」開「蜜」來，有花才有蜜。假如說甘蔗機械化是朵花，該「花」一旦綻放，甘蔗產業的發展就將有充分的保證，產業的甜「蜜」可能自然就來了。反過來，如果機械「花」持續不開，勞動力成本高企和比較競爭優勢消失趨勢下，甜蜜的事業必將飽含苦澀。甘蔗生產屬於勞力密集型產業，農村剩餘勞動力大量轉移、甘蔗生產機械化水準低、勞動力成本高等因素已經成為制約中國蔗糖產業可持續發展的重要因素，其中尤以機械化水準低為甚。生產全程機械化不僅是解決勞動力的根本途徑，還是變革現代農業生產方式和技術、突破甘蔗單產瓶頸、節能降耗的重要手段。甘蔗生產全程機械化是一項系統工程，涉及耕整地、開溝、種植、中耕除草、施肥培土、植保、灌溉、收獲、裝載、運輸、宿根破壟、蔗葉粉碎還田等主要環節。其功能與目的不僅可以體現在減輕勞動強度、減少人工耗費、提高勞動效率和實現系統收益四個方面，還能反映出機械化從低級階段向高級階段發展的不同特徵和要求。從總體上看，由於受土地資源、技術、裝備、組織和管理因素的影響，中國甘蔗生產全程機械化在經濟上尚未能充分體現出系統的收益目標，在技術上也還未達到農機農藝融合的理想產量要求，中國甘蔗生產的全程機械化還處於發展的早期階段。從歷史維度看，機械化是現代農業生產水準發展的必然趨勢和必備條件，一個農業產業的生產機械化水準也是其國際競爭力的重要影響指標和直接反映。從世界範圍來看，生產機械化水準的提高，對甘蔗生產規模和生產水準以及對相關產業的輻射帶動效應都會產生顯著的影響，甚至是跨越式的提升和推進。甘蔗生產全程機械化是蔗糖產業提質增效的重點和難點。

1. 機械化生產對甘蔗品種的要求

中國現有自育的甘蔗品種都是幾年或十多年前配製的雜交組合選育出來的，選育過程中基本上未考慮機械作業對品種種性的要求，導致近年來在機械收獲試驗示範中，普遍反映品種難以適應機械化作業。蔗田作業機械高效、節本優勢的發揮，有賴於與機械作業相適應的品種和農藝措施的配合。在甘蔗品種選育方面，可從有利於提高機械作業效率、有利於降低原料蔗夾雜物和機收損失率、有利於延長宿根年限等性狀上優先選擇著手。這些性狀主要包括以下五個方面：

適合機械化收獲甘蔗品種的工農藝性狀特徵

（1）高產、高糖和抗當地的重要病害是對生產品種的共同要求。同時，蔗莖產量高低對機械收獲的效率有直接影響，故選擇品種時應對其豐產性有更高的要求。

（2）表型性狀方面，要求株型直立，葉片挺直，易脫葉，抗風抗倒，無或少氣根，以提高收獲效率、降低收獲損失率和原料蔗的夾雜物率。直立抗倒的品種能夠減少因嚴重倒伏導致的機械收獲破頭率，保證收獲品質。

（3）生長特性方面，要求萌芽、宿根發株、分蘖快，並且整齊度高、分蘖成莖率高，群體生長整齊，秋、冬筍少。下種後儘快達到齊苗、壯苗，形成生長健壯、均勻整齊的蔗苗群體，便於機械中耕，提高作業效率，最大限度地減少機械作業對蔗苗的損傷。

(4) 延長宿根年限是降低甘蔗生產成本的有效措施，機械收獲時收獲機和運輸車都會壓實蔗地土壤，對甘蔗宿根造成不利的影響。特別是土壤溼度過大或輪距與行距不匹配時，這種不利的影響就更為嚴重。選種宿根性強的品種是提高蔗田機械化作業整體效果的重要環節之一。為使蔗行免受收獲機輪或車輪直接碾壓，一般需適當調整輪距，或改變種植行距，以使兩者相匹配。強宿根性品種具有分蘗發生快、分蘗力強、分蘗苗均勻的特點，以利於在較寬行距種植的條件下儘早封行。

(5) 機械化適宜品種不僅要高產、高糖、抗逆（病、蟲、旱、寒、風、鹽、瘠)、強宿根，還須注意適合機械作業的形態學特徵、理化特性和工農藝性狀。對機械化種植而言，芽體不暴凸、生長帶不過分鼓脹、芽體陷入芽溝等性狀都是保護蔗芽免受機械損傷的有益性狀；對機械化中耕管理來說，應選擇早生快發，對除草劑鈍感，分蘗性強，主莖和分蘗長勢整齊，封行迅速，梢部不易折傷，成莖率高的品種；而蔗莖纖維含量中高，直立抗倒，易脫葉或葉鞘鬆、薄，蔗肉組織緻密，蔗糖分耐轉化能力強則是適合機械化收獲的優良性狀。

適合機械化收獲甘蔗品種的形態學特徵

2. 適合機械化甘蔗新品種的選育策略

(1) 調整育種程序，以多元化目標選擇後代材料。隨著甘蔗產業的發展，甘蔗的育種目標已拓展到以糖料品種為主，兼顧能源甘蔗、果用型甘蔗、飼料型甘蔗等各種類型品種選育的多元化目標。在甘蔗雜交育種中，只要對現行的育種程序做出適當調整，在親本選配和後代培育與選擇中，加強相關性狀的選擇，則可在同一育種程序下，實現「多元化育種目標」。適合機械化作業新品種的選育工作，可在傳統甘蔗育種程序的基礎上進行，重點關注適合機械化作業品種種性的共性要求，選擇綜合性狀優良的品種，進行進一步的試驗評價。

在全程機械化作業條件下，或在寬行距條件下，實施雜交後代的選擇工作，有助於選育出適合機械化作業的新品種。在早期選擇階段，按蔗田機械生產品種的基本要求，對雜交後代進行選擇，將入選的優良材料進行機械作業的試驗評價，是加速適合機械化作業品種選育的重要措施。

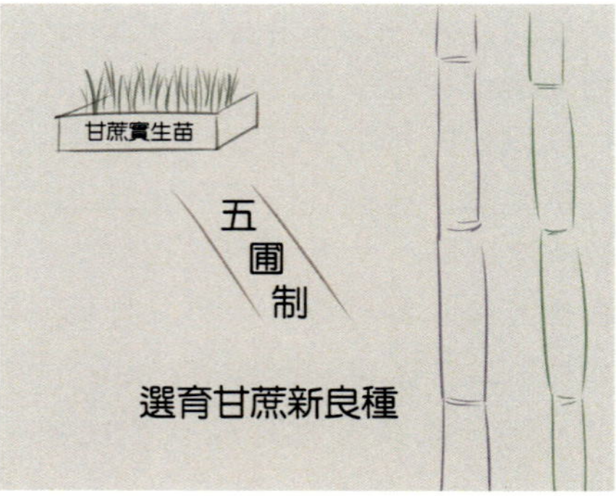

甘蔗選育程序

（2）從現有生產品種中篩選適合機械化作業的品種。根據蔗田機械作業對甘蔗品種的基本要求和品種的特徵特性，從現有甘蔗生產品種中，篩選一批性狀上適合機械化作業要求的甘蔗品種，進行進一步的農機農藝配套技術試驗、示範和推廣工作，最終篩選出優良的適合機械化作業的新品種，有利於加速蔗田作業機械化的進程。

甘蔗人工收獲與機械收獲

（3）加強親本培育及其雜交利用。甘蔗親本是雜交育種的物質基礎。要選育適合機械化作業的優良新品種，必須從親本抓起，重點是培育一批優良的、具有適應機械化作業主要性狀的親本材料，包括在創新育種材料、現有親本、雜交育種各階段的育種材料以及引進的品種、育種材料或種質中，進行篩選和進一步的雜交利用。

（4）適合機械化的品種是今後的主要育種方向。適合輕簡栽培作業的性狀是提高作業效率、降低生產成本的根本需要。適合機械化作業是未來甘蔗品種選育的最重要方向之一。育種策略應該針對支撐和滿足全程機械化作業的要求，相關性狀包括方便作業與管理的育種目標性狀，如不倒伏、分櫱快以實現主莖與分櫱莖高度相對一致等。在實現甘蔗栽培品種多品系布局和應對低溫、霜凍和病蟲害問題上，應充分考慮通過以上述品種為載體的配套技術，包括栽培技術、植保技術、農機農藝融合技術以及種苗技術等，獲得穩定產量和實現均衡增產。

（5）新技術在甘蔗育種上的應用。甘蔗遺傳背景複雜，商業栽培品種高度雜合，基因組大於10 Gb，為蔗屬不同種雜交的高多倍體複合物，限制了通過回交途徑的目標性狀基因滲入。甘蔗目標性狀連鎖標記的開發尚缺乏高品質的栽培種基因組，迄今僅有與*Bru1*基因連鎖的抗褐鏽病標記在育種實踐上得到應用。此外，篩選鑑定育種性狀關聯標記的進度在加快，但至今依然缺乏達到實用水準的標記輔助選擇技術體系，甘蔗育種的提升尚無法通過生物技術改良途徑實現。基因工程已經成為彌補甘蔗傳統雜交育種缺陷和加快遺傳改良進程的重要手段。近年來，甘蔗重要目標性狀的形成和調控機制、甘蔗中具有育種應用潛力功能基因的複製和鑑定、甘蔗抗蟲性和抗病性以及其他目標性狀的基因改造改造、基因編輯技術在甘蔗上的應用，以及基因改造甘蔗安全性評價與商業應用等領域的研究方興未艾，有望在不遠的將來掀起甘蔗育種現代化的浪潮。

甘蔗育種目標
高產高糖分
宿根性好
抗病蟲和抗逆性強
熟期不同

甘蔗育種目標

3. 中國適合機械化甘蔗品種的篩選及品種多系布局

（1）適合機械化作業新品種選育。中國甘蔗品種選育單位主要有廣西農業科學院甘蔗研究所、雲南省農業科學院甘蔗研究所、廣西大學甘蔗研究所、廣東省科學院南繁種業研究所、廣州甘蔗糖業研究所、福建農林大學甘蔗綜合研究所、廣西柳城甘蔗研究中心、雲南德宏州甘蔗科學研究所、福建省農業科學院甘蔗研究所、中國熱帶農業科學院甘蔗研究中心等10個單位。2017年國家啟動非主要農作物品種登記制度，截至2020年12月共完成登記品種80個。其中廣西農業科學院甘蔗研究所25個，廣西大學甘蔗研究所5個，雲南省農業科學院甘蔗研究所14個，德宏州甘蔗科學研究所3個，福建農林大學14個，廣州甘蔗糖業研究所8個，中國熱帶農業科學院熱帶生物技術研究所4個。各育種單位篩選推薦的甘蔗新品種中，共有36個具有遺傳多樣性的新品種在國家甘蔗/糖料產業技術體系15個綜合試驗站進行集成試驗示範，並進一步在75個輻射示範縣進行示範與展示，其中11個品種產量和蔗糖分超過ROC22。在各甘蔗綜合試驗站進行集成示範，選育出一批在生產上發揮重要作用的優良品種和一批有潛力的品種。其中部分品種含糖量超過ROC22，生勢強、宿根性強、分蘗性好，能適合機械化作業的機器碾壓。同時，這些品種在適應的生態蔗區，產量和蔗糖分都較大幅度地超過ROC22。因此，因地制宜地選用這些品種，可以達到增產、增糖和最終實現品種多系布局的效果，對甘蔗產業的生產安全起到有力的支撐。通過國家甘蔗/糖料產業技術體系的集成示範，篩選出了一批可在相適應蔗區推廣的適合機械化作業的高產、高糖品種。

（2）科學的品種多系布局和合理的區試點選擇。甘蔗品種的區域試驗，不僅可以評價參試品種的豐產性和穩定性，還能篩選出適合特定區域種植的甘蔗新品種，從而促進甘蔗品種的多品系布局，是甘蔗新品種培育的重要環節。藉助HA-GGE和GGE雙標圖，筆者所在團隊篩選出18個蔗莖產量和蔗糖產量均超過對照品種ROC22的甘蔗新品種，推薦在甘蔗品種布局中因地制宜採用。其中，雲蔗06-407、福農39、雲蔗05-51等3個品種蔗莖產量和蔗糖產量穩定性均較強；福農38、柳城05-136、福農1110等3個品種蔗莖產量穩定性較強、蔗糖產量穩定性較弱；柳城03-1137、德蔗03-83蔗糖產量穩定性較強、蔗莖產量穩定性較弱。從蔗莖產量性狀看，福農40和雲蔗06-407適應範圍較廣，在多個試點蔗莖產量較高。此外，筆者所在團隊通過聚類分析，對供試甘蔗品種（系）的蔗蔸形態、宿根性和生物量進行綜合評價，篩選出德蔗07-36、桂糖42、桂糖08-2061和雲蔗08-1095等甘蔗生物量高、宿根性好、根系較為發達的甘蔗品種（系），供生產中推廣應用。

SCIENTIFIC REPORTS

npg Biplot evaluation of test environments and identification of mega-environment for sugarcane cultivars in China

Rational regional distribution of sugarcane cultivars in China npg

Scientific Reports 5, Article number: 15721 (2015)　Scientific Reports 5, Article number: 15505 (2015)

科學的品種多系布局和合理的區試點選擇

近年來，「雙高」糖料蔗基地和糖料蔗生產保護區建設的推進、土地流轉、規模化經營、農田基本設施和宜機化建設的開展，為甘蔗生產全程機械化，尤其是為實現全面機械收獲奠定了良好的基礎，引導並發展了一批種植大戶和專業化服務組織，使得甘蔗機械化模式逐漸明朗，技術路線日益清晰。通過選育適合機械化作業的甘蔗品種、農藝服從農機作業規範、農機為甘蔗高產提供裝備技術支撐，同時注重機具作業的土壤結構改善和地力提升，實現高水準全程機械化條件下甘蔗生產力與土地生產力的協同提升，這已經成為業界共識。近年來，「智慧化+大數據」加速融入，全程機械化研究方興未艾，中國甘蔗生產全程機械化迎來了歷史性轉機。

撰稿人：羅　俊　張　華　蘇亞春　林兆里　尤垂淮　闕友雄

百年蔗不死 宿根重又生

甘蔗是一種多年生禾本科作物，可多年宿根栽培。宿根甘蔗（簡稱宿根蔗）是指上一年甘蔗收割之後，在適宜的環境條件（如溫溼度）下，留在蔗地中的蔗蔸萌芽再次生長出來的甘蔗。與新植蔗相比，宿根蔗具有早生快發、封行快、省肥、節省種苗和整地費用、前期管理成本低和提早成熟等一系列優點。蔗糖產業中，原料蔗是鮮活的農產品，砍收後必須儘快入榨加工，才能盡量減少原料蔗莖中的蔗糖轉化為還原糖，提高出糖率，因此，在北半球，甘蔗砍收時間一般從冬季的11月中下旬延續到第二年的4月底，這段時間的溫度總體不高且變化幅度大，而甘蔗起源於熱帶，屬於喜溫作物，20°C以上的溫度才能形成有效的生長積溫，故與新植蔗相比，宿根蔗因已有強大的根系，能更好地利用這段時間的光、溫，為生長積蓄能量，從而較早進入生長階段，積累更多的糖分，最終提早成熟。反觀新植蔗，由於需要先生根尤其是永久根，而生根也需要有效積溫，這導致新植蔗對該階段的光、溫利用效率低。因此，從能量利用方面看，宿根蔗具有顯著的節能特點。據報導，宿根栽培每生產1噸甘蔗僅需要89 040 000卡能量，而新植蔗每噸則需204 550 000卡，可見，新植甘蔗栽培所需能耗為宿根蔗栽培的2.3倍。1959年，中國著名甘蔗專家、福建農學院甘蔗研究所所長周可涌教授在《福建農學院學報》發表《百年蔗》考證論文，首次對外證實在福建省松溪縣鄭墩鎮萬前村發現的「百年蔗」。「百年蔗」是世界上宿根年限最長的甘蔗品種，種植於西元1727年(清代雍正四年)，已有近300年壽命，也是目前中國唯一仍然保存的傳統製糖竹蔗品種。

早知松溪百年蔗，何必去尋不老丹。

「早知松溪百年蔗，何必去尋不老丹」，同樣的，如果能夠破譯甘蔗百年不死的基因密碼，中國甘蔗宿根性研究將有望取得重大突破，強宿根性甘蔗品種的選育也將迎來新的春天。巴西甘蔗生產成本遠低於中國，究其原因，除耕地成本低、土壤和生態條件好且採取甘蔗生產全程機械作業外，甘蔗生產性品種宿根性強也是最主要的原因之一。因為巴西的觀點是：如採取的耕作制度是「一年新植、3年宿根」，即便在上述有利的生產條件下，種植者獲利也不多。因此，在巴西，甘蔗一般宿根栽培5～6年。在印度，據報導，宿根蔗生產成本比新植低20%～25%，但由於該國宿根蔗單產低（40～50噸/公頃），導致宿根蔗占比僅為40%，使得印度甘蔗生產的總成本也較高。中國宿根蔗種植面積占比雖較高，廣西和雲南兩大產區的宿根蔗占比分別為50%～60%和

70%，但宿根年限短，大部分實行「一年新植、兩年宿根」的種植制度，也有部分因為黑穗病或蟲害發生嚴重而只能宿根一年，此外，中國第三大產區廣東湛江，由於病蟲害嚴重，一般僅宿根一年，有些田塊甚至因宿根差而僅有新植。宿根年限短是中國甘蔗生產成本居高不下的重要原因。

福建松溪百年蔗糖廠

1. 甘蔗的宿根性

宿根能力（ratooning ability, RA）被定義為「第二次宿根（second ratoon, SR）蔗產量占新植蔗產量的百分比」、「隨著宿根年限的增加，甘蔗維持產量的能力」、「宿根季產量占當家對照品種的百分率」或「新植或上造甘蔗收斬後，宿根發株的快慢強弱和數量，最終成莖率、有效莖數和產蔗量高低的統稱」。宿根栽培在甘蔗生產上占據極其重要的地位，是各甘蔗生產國普遍採納的種植制度，且宿根蔗面積比例一般在50%左右，也有高達75%以上的。同時，熱帶地區宿根蔗占比更高，達50%～55%，副熱帶地區占比相對低些，為40%～45%。在中國，目前宿根蔗比新植蔗能節約成本30%以上，且隨著勞動力成本的不斷大攀升，成本差距還將進一步擴大，因此宿根栽培無疑是提高甘蔗種植效益的一種簡單、易行的舉措。鑑於宿根蔗能有效提高甘蔗的種植效益，宿根能力就成為一個優良甘蔗品種必須具備的性狀。宿根蔗蔸形態學、產量性狀與含糖量連同新植、宿根的發芽和分蘗率均是選擇宿根性的直接指標；抗病性、抗蟲性、生物量、發芽期的激素含量則是選擇宿根性的間接指標。對於一個強宿根甘蔗品系而言，新植表現為蔗芽萌發速度快，萌發數量多，且分蘗率高，最終有效莖數多；宿根蔗表現為宿根發株數多，形成的有效莖數多於

宿根甘蔗的根系

新植蔗，產量較新植蔗高。單莖重、蔗產量、錘度和含糖量都是高可遺傳性和高遺傳進展的性狀，根據這4個性狀選擇宿根性是有效的。由於新臺糖22（ROC22）對甘蔗黑穗病抗性較差，而黑穗病在宿根蔗上更加嚴重，這直接影響了其宿根能力，因此，以其作為選育強宿根品種的對照品種，並非理想選擇。

2. 甘蔗宿根生產力的影響因素

品種、環境和栽培措施均會影響甘蔗宿根的生長和宿根年限，但是，內因也就是品種的宿根能力或者說宿根性是影響宿根的最關鍵因素。在副熱帶地區，提高宿根蔗生產力的一個主要瓶頸是冬季收獲的甘蔗其殘茬的萌芽差。同時，宿根蔗萌芽率差不僅影響單位面積的苗數，其在整個作物季還會產生大量無效分櫱，導致收獲時有效莖少，而有效莖的數量對甘蔗產量的影響最大，占的權重最高。中國最大蔗區廣西位於副熱帶地區，因此，同樣存在這一關鍵限制因素，如果能種植宿根能力強的品種，則是有效的、低成本的解決該問題的技術途徑。由於宿根性直接影響下一季宿根蔗的萌芽率，進而直接影響甘蔗高產群體的建成，並最終影響產量，因此，宿根性也是甘蔗品種選育的重要目標性狀之一，歷來為育種者所重視。無論從降低成本還是從提高宿根蔗生產力的視角，選育並種植強宿根性的品種，是延長甘蔗宿根栽培年限和提高宿根蔗產量最為關鍵的和先決的因素。乾旱、病蟲害和管理粗放是中國甘蔗生產中面臨的新常態。在低溫、霜凍、乾旱和病蟲害，尤其是黑穗病、螟蟲等發生嚴重的蔗區或管理粗放的蔗區，要延長宿根年限並提高宿根蔗的單產，甘蔗品種的宿根性就顯得更加重要。

宿根甘蔗

3. 甘蔗宿根性形成的生物學基礎

（1）遺傳學基礎。甘蔗育種性狀遺傳的研究基本是從配合力和遺傳力兩方面進行，甘蔗宿根性研究也類似。配合力指的是雜交組合中性狀的配合能力。宿根性的配合力研究顯示，宿根性受父本和母本的一般配合力和特殊配合力共同影響，雜交後代宿根性的好壞取決於父本和母本的宿根性。親緣影響種性，甘蔗高貴化育種中把野生種引入熱帶種和現代栽培種的目的，就是為了把野生種的生勢、活力、抗逆性、強宿根性的基因引入栽培種，提高品種綜合能力。甘蔗種質和品種之間在宿根性上存在差異，這為強宿根品種的選育提供了遺傳基礎、科學依據和有效機會。無論其作為父本或母本，親本對後代宿根蔗的影響都比新植蔗更為顯著，且宿根蔗遺傳力表現高於新植蔗，因此，一方面，在實生苗的宿根季選擇單株，比在新植季更有利於獲得宿根性強的株系；另一方面，新臺糖系列作為雜交親本對強宿根後代的選育貢獻大，而且，在選育強宿根性的品種上，以其作為父本比作為母本效果更好。

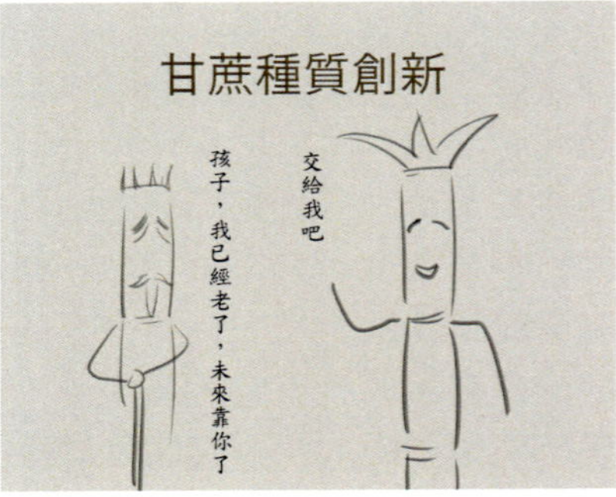

甘蔗種質創新

（2）形態、生理和分子基礎。甘蔗強宿根性的蔗蔸根系形態學基礎是根深紮（根長）、芽多且活芽數多及苗上永久根多。宿根蔗葉片的葉綠素螢光和氣孔導度與宿根蔗產量呈顯著相關。硝酸還原酶活性以及根-土壤界面的陽離子交換能力下降而滲漏加大是乾物質積累下降，並最終導致宿根蔗產量下降的原因。此外，葉片大小、葉綠素含量、葉綠素螢光、分蘗等因素也會影響宿根蔗產量。在宿根萌發期，強宿根品系中脫落酸（ABA）含量顯著高於弱宿根

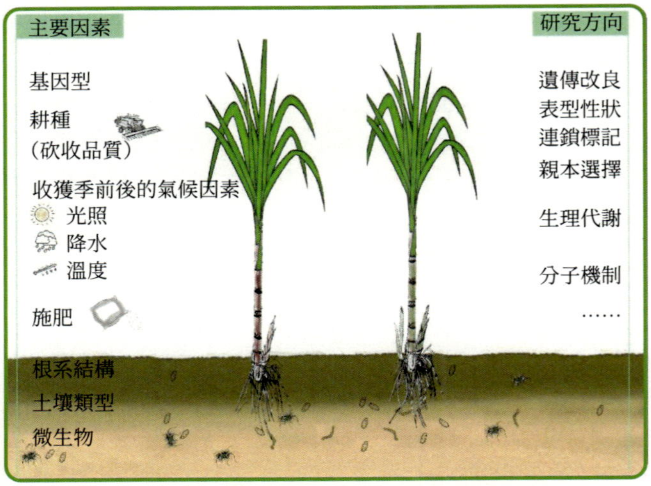

甘蔗宿根性研究

品系，宿根性越強ABA含量越高，且IAA/ABA和GA_3/ABA越低，宿根性越強，但生長素（IAA）、細胞分裂素（CTK）和赤黴素（GA_3）含量與宿根性無顯著相關性。至於宿根性差異的分子基礎，研究並不多，主要涉及分蘗發生與生長發育、分蘗相關基因複製與功能研究。但是，迄今海內外均未見從甘蔗宿根性角度研究宿根性分子機制的文獻報導，但同為單子葉禾本科並都具有分蘗特性的水稻，則有深入的研究，可以作為甘蔗宿根性差異分子基礎研究的借鑑。前人研究還發現，不同品種根際細菌的多樣性存在顯著差異，但還不能明確微生物多樣性與宿根性強弱之間究竟是什麼關係。

4. 甘蔗宿根性研究的展望

品種是支撐蔗糖產業發展的基本保障和主要根基，也是提高單位土地面積產出的核心技術。宿根蔗比新植蔗可大幅度節本，且由於勞動力成本總是逐年提高的，因此必然導致新植蔗與宿根蔗生產成本差距的進一步擴大。中國甘蔗育種已經取得較大的成績，自育品種柳城05-136、桂糖42、粵糖93-159等的占比已達65%～70%，當家長達十幾年的品種ROC22因感黑穗病引起缺株斷壟，宿根蔗尤為嚴重，導致其第一年宿根產量就低於新植，占比從85%下跌到2020年的不足20%，但取代該品種且占比高達50%以上的2個自育品種柳城05-136和桂糖42仍然對黑穗病抗性較差，部分蔗區第一年宿根發生率就高達30%，因此，就中國而言，當家品種宿根年限短的問題仍亟待解決。

宿根性研究要與強宿根性品種的選育緊密結合。甘蔗雜交育種依賴巨大群體，基於表型性狀選擇宿根性雖然直觀有效，但是，仍然難以實現同時對宿根性、抗病性和單產進行有效的鑑定與選擇，更談不上高效，尤其是抗病性，目前仍然缺乏有效的、通量高的、適合在低世代大群體中應用的技術。在實生苗宿根季選種雖有利於對宿根性的選擇，但費用和占用耕地也是另一考量。在大田種植的雜交F_1代的宿根季選擇強宿根性單株，有效但實生苗大群體占地多，管理成本大，並非成本高效的策略。如能在實生苗假植階段或者大田密植條件下，採取一年多次剪去植株地上部的方法，來評價甘蔗親本宿根性的一般配合力和組合宿根性的特殊配合力，並在制定生產性雜交育種計劃時，注意選擇一般配合力高的親本和特殊配合力高的組合，就能提高雜交F_1代群體的整體水準，進而能較大幅度地提高強宿根性育種的遺傳增益。同時，如能結合考慮擬推廣生態區的土壤和氣候條件，開展上述評價，將更有助益，因為甘蔗收獲物是營養體，其表型性狀的表現與環境的互作效應大。

甘蔗宿根性並非受單一因素影響，而是受基因型、環境（含試驗地點土壤、溫溼度、水分供應等環境條件）和栽培技術等多方面因素的影響，且甘蔗抗病性尤其是抗黑穗病既是產業急需解決的問題，又能間接選擇強宿根性甘蔗品種。此外，單位面積的產糖量是強宿根性甘蔗品種選育的最終目的和體現，因此，強宿根育種需要同時考慮至少上述三方面的性狀（即宿根性、黑穗病抗性和單位面積的產糖量），才能選育出能大面積種植、產業化應用延續週期長的強宿根性商業栽培品種，而要同時關注三個性狀，無疑利用高通量定序技術結合標記分析群體，進行目標性狀關聯標記的篩選、鑑定與開發是關鍵。開發甘蔗目標性狀關聯標記尤其是具有育種實際應用價值的關聯標記難度很大，但一旦開發出穩定關聯的標記，哪怕標記還存在不足，其實際應用價值仍然很大。在上述工作基礎上，挖掘優異性狀形成的關鍵調控基因，闡明關鍵基因等位變異和單倍型的分佈及其遺傳效應也是破解甘蔗宿根性遺傳的基礎科學問題和未來基因編輯育種的重要基礎。

福建松溪百年蔗園開鐮

宿根性直接關係到甘蔗生產成本和種植效益，目前雖然已有一系列研究，但絕大多數只是針對幾個基因型的研究，另有個別針對多達上百個甘蔗種質資源的評價，但目前只是從配合力和遺傳力以及個別基因進行解析，對選育強宿根性甘蔗品種的技術支撐明顯不足。

撰稿人：尤垂淮　汪洲濤　蘇亞春　羅　俊　許莉萍　闕友雄

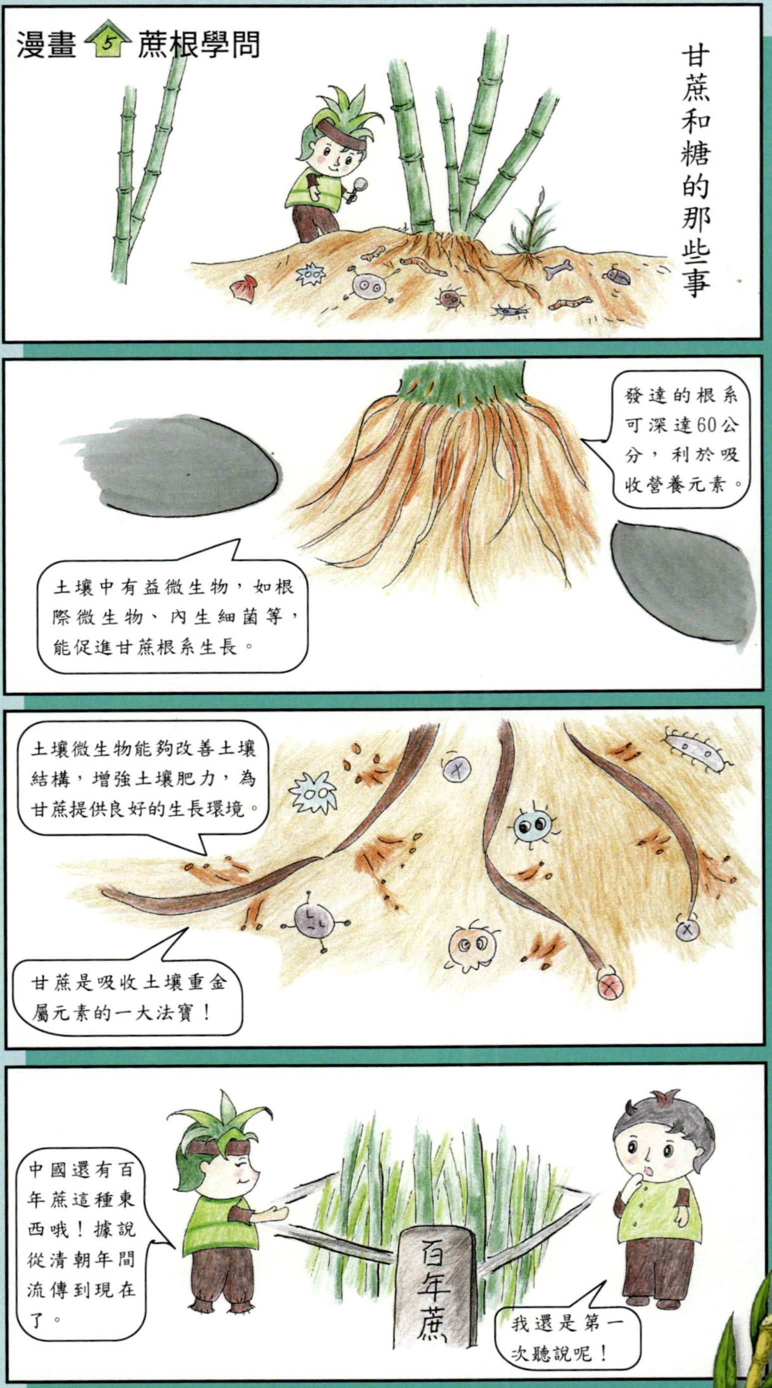
漫畫 5 蔗根學問
甘蔗和糖的那些事
發達的根系可深達60公分，利於吸收營養元素。
土壤中有益微生物，如根際微生物、內生細菌等，能促進甘蔗根系生長。
土壤微生物能夠改善土壤結構，增強土壤肥力，為甘蔗提供良好的生長環境。
甘蔗是吸收土壤重金屬元素的一大法寶！
中國還有百年蔗這種東西哦！據說從清朝年間流傳到現在了。
百年蔗
我還是第一次聽說呢！

微生物養土 甘蔗節節高

《管子 · 立政篇》中說：「五穀不宜其地，國之貧也。」可見土地對於農作物的生長發育是極其重要的。南宋農學家陳敷在《農書》中寫道「盜天地之時利」，著重強調了天時與地利對農業生產的重要性。歷史上對土壤耕作的最早經驗總結見於西漢氾勝之所著農書《氾勝之書》。書中詳細描述：「凡耕之本，在於趣時和土，務糞澤，早鋤早獲……杏始華榮，輒耕輕土弱土。望杏花落，復耕。耕輒藺之。草生，有雨澤，耕重藺之。土甚輕者，以牛羊踐之。如此則土強。此謂弱土而強之也……及盛冬耕，泄陰氣，土枯燥，名曰脯田。脯田與臘田，皆傷田，二歲不起稼，則二歲休之。」該書強調了耕耘需要結合氣候；土壤結構需要改良，以令結構、溫度和溼度相宜，以利作物生長；以糞肥保墒，增強地力；松土壓土必須根據不同的季節條件和耕作年限進行。《氾勝之書》生動形象地說明，古人在生產實踐中已經很好地了解土壤的基本性質並熟練地掌握了土壤改良的策略和方法。

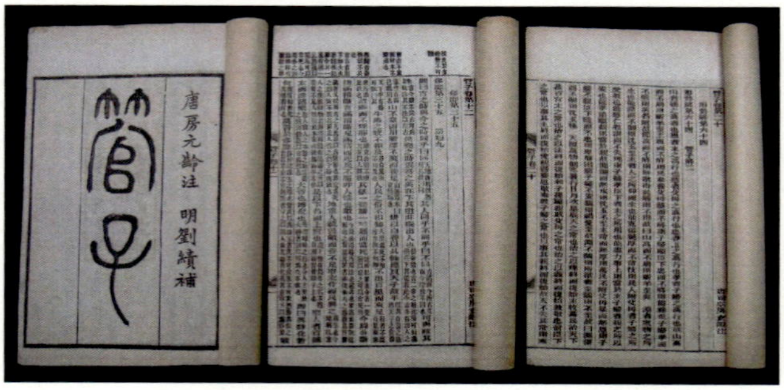

五穀不宜其地，國之貧也。

《管子》

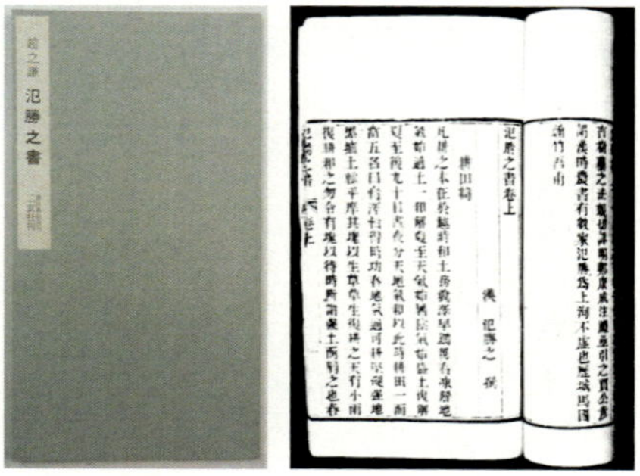

凡耕之本，在於趣時和土。

《氾勝之書》

適宜的土壤是滿足作物正常生長發育的必要條件。作物在整個生長週期過程中，土壤不僅支撐著根系對養分和水分的吸收，同時還起到對植株的機械固定作用。前人研究表明，作物高產所必備的土壤條

高產土壤

件大致可以用「深、鬆、肥」三個字概括。「深」厚的耕作層用以保障充足的水肥供應能力。疏「鬆」的土壤可以維持良好的團粒結構，增加土壤的有機質和腐殖質，從而提升土壤的保水保肥和透氣能力。而對於「肥」，一方面，良好的供肥能力，能長期保持養分的平衡，滿足作物在不同生長時期對養分的需求；另一方面，良好的保水保肥能力，使養分更好地積累保存起來，滿足作物在整個生長期的需求。

微生物作為土壤中最活躍的成分，在土壤構成和有機質分解等方面發揮重要作用。土壤中微生物雖然只占土壤有機質的3%左右，但其在作物養分的供應、轉化與循環過程中，發揮至關重要的作用。同時，其豐富度或者活性的變化，還能夠在一定程度上反映土壤的肥力或者汙染程度。研究證明，土壤中，大部分微生物對作物生長發育都是有益的，它們通過影響土壤的形成、物質的循環和肥力的演變來產生影響。一般來說，土壤微生物主要有以下四種功能：第一，土壤微生物能夠促進形成合理的土壤結構。微生物在活動過程中，通過代謝活動中氧氣和二氧化碳的交換，以及有機酸的分泌等，助力土壤粒子形成大的團粒結構，最終形成眞正意義上的土壤。第二，土壤微生物可以分解有機質，某些微生物還能夠分解植物殘渣，改善土壤的結構組成，促進土壤中養分的流通。第三，某些微生物（如固氮菌）具有固氮能力，進而提高土壤中氮素的含量。第四，一些土壤微生物可以通過與植物建立共生關係，增強植物的生存能力。以上說明，土壤微生物在農業生產中蘊藏著巨大的生產價值。可以毫不誇張地說，正是因為有了土壤微生物的默默耕耘，才有了生生不息的植物世界。

土壤微生物發揮重要作用

中國是世界上最主要的甘蔗生產大國之一，土地資源和土壤條件是甘蔗高產穩產的主要因素。甘蔗是熱帶和副熱帶農作物，適合栽種於土壤肥沃、陽光充足、冬夏溫差大的區域。2015—2020年，中國甘蔗種植面積由135.34萬公頃成長到147.62萬公頃，2020年同比2019年成長5.32%。這說明中國蔗糖產業及其上下游不同產業鏈對甘蔗的需求量不斷上升，甘蔗產業發展未來可期。

當前，中國甘蔗生產由於常年連作以及化肥的過度使用，蔗田土壤板結、酸化趨勢明顯，土壤營養成分比例失調等一系列問題也日益嚴峻，導致甘蔗產量和蔗糖分下降。土壤微生物作為土壤生態系統的關鍵組成部分，不但數量龐大，而且種類繁多，是極其豐富的「菌種資源庫」。在農業生產的土壤中，幾乎所有物質的轉化都是在微生物參與下進行的，這些微生物主要包括：對農作物起到危害的土壤病原體、食草線蟲，以及其他無脊椎動物等土壤有害生物群；抑或是諸如菌根真菌、非菌根內生真菌、內生細菌、固氮微生物或根際微生物等促進植物生長的共生菌；以及參與分解動物糞便、根系分泌物和土壤有機質等物質的分解微生物，它們通過直接或間接的方式調節土壤的理化性質，如pH、有機質含量、持水量、溫度、土壤結構等。其中，對於能夠促進作物根系對養分的吸收從而降低化學肥料的施用量，還能夠進一步改善土壤結構、增加土壤肥力的微生物群落，稱為有益微生物。因此，對於甘蔗科技工作者而言，如何著力開展關於利用和提高蔗地土壤中有益微生物的研究日益迫切。

土壤耕層分佈

甘蔗與其他作物的間作或輪作能夠有效改善土壤微生物活性或土壤微生物的分佈。研究發現，甘蔗與涼粉草間作有諸多益處。首先，甘蔗與涼粉草間作形成合理互補，能提高土壤肥力，改善蔗田生態環境，降低雜草危害，增強糖料蔗的抗旱能力。其次，這種間作種植模式，不增加資源環境壓力，又大幅增加產業效益。另外，相比於甘蔗單作，甘蔗與花生間作後，不僅根際的土壤細菌、真菌和放線菌數量分別提高了66.24%、186.34%和15.09%，其根際土壤脲酶和磷酸酶的活性也有了極大的提升。同時，還發現其根際土壤中鋁含量顯著降低，進而降低了田間的鋁脅迫。除了間作，輪作也能改善土壤微生物分佈。甘蔗與鳳梨的輪作試驗中，輪作能夠增加一般好氣

甘蔗–涼粉草間作

性細菌、真菌、放線菌等土壤微生物的總量，其中有益的氨化細菌和硝化細菌成倍增加，而無益的厭氧性細菌、反硝化細菌則受到抑制，最終達到的效果是輪作的產量和蔗糖分都顯著高於甘蔗連作。

甘蔗栽培中，除了耕作模式的調整，還可以通過蔗葉還田和改變耕作策略來增加土壤微生物的總數。研究發現，蔗葉還田後其細菌總數、眞菌總數、放線菌總數分別提高至常規栽培的2.38倍、1.80倍和2.74倍，且微生物群落的組成也發生了明顯變化。此外，蔗葉還田還能增加土壤的有機質和速效養分含量，有力加快甘蔗的生長速度。還有研究表明，甘蔗種植的土層深度越大，對微生物群落豐富度的影響越大，其群落多樣性也越高。因此，在一定程度上，深耕深種能強化根際微生物的活動，從而促進甘蔗根系的發育，有效改善甘蔗地上部的生長性狀。

蔗葉還田

需要強調的是，在蔗地土壤中，類似於鎘(Cd)、鉛(Pb)、錳(Mn)等重金屬汙染對土壤微生物結構的破壞作用必須引起格外註意。在蔗田中，重金屬汙染對土壤微生物的種群大小、結構及活性都會產生一定的影響。不同濃度的重金屬，對土壤微生物數量成長的影響不盡相同，這就要求甘蔗科技工作者，不僅要思考如何提高土壤微生物的活性及群落的多樣性，還要註意研究重金屬汙染對土壤微生物的作用，加強對土壤重金屬、土壤理化性狀和甘蔗品種等多因素進行綜合的定性和定量分析，以明確重金屬對蔗地土壤微生物的影響及其機制。此外，還可以從不同程度重金屬汙染的蔗地土壤中，篩選專性耐受的有益微生物，進行相應的基因技術改造，使之適應汙

重金屬危害

染土壤並發揮修復功能，甚至還可以對某些特定功能微生物的重金屬耐受及其轉化機制進行深入研究，明確其分子機制，並在此基礎上發展基於功能基因的生物修復技術。

「微生物」養土，「甘蔗」節節高。從古至今，發揮科學技術的作用，實現甘蔗產業及生態的雙豐收，是中國一代又一代甘蔗生產工作者以及科研人員不斷奮鬥的目標。土壤厚澤「蔗」，微生物助「糖」。我們可以通過生產實踐和科學研究，加深對蔗地土壤的認識、利用和改造，真正做到「因地制宜、因土種植」。今後我們必須充分總結前人研究經驗和切實繼承前人研究成果，充分發揮蔗地土壤潛力，有效提高甘蔗種植技術，不斷向甘蔗生產的深度和廣度邁進！

撰稿人：趙振南　葉文彬　蘇亞春　吳期濱　李大妹　許莉萍　闕友雄

土壤重金屬 甘蔗來修復

《周易·離·彖傳》中說「百穀草木麗乎土」，說的是各種作物和草木都是依附於土壤而生存的，肥沃、富饒的土壤環境，有利於作物的營養生長和生殖生長；然而，當土壤瘠薄或者環境遭到破壞時，作物的生長必定會受到影響，導致產量降低的同時，還可能由於產品品質劣變而危害人體健康。《管子·水地篇》稱土為「萬物之本原，諸生之根菀也」，即土是世界萬物的本源，是生物根深葉茂的基礎，我們應該「辨於土」，針對不同的土壤環境，採取適宜的種植模式和耕作措施，才可以有好的收成，人們也能因此受益，也就是「民可富」，並據此提出「辨於土，而民可富」的思想。

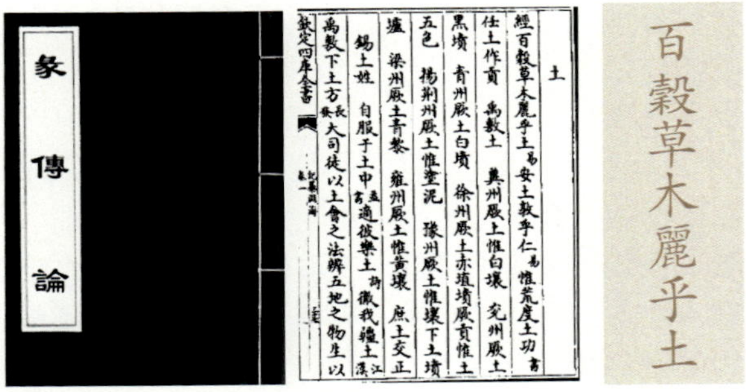

《周易·離·彖傳》

耕地是人類賴以生存的基本資源和條件，更是農業生產發展的最為重要的物質基礎。中國部分地區的耕地土壤在重工業和經濟的快速發展下受到重金屬的汙染，這已成為一種較為常見的現象。土壤的重金屬汙染有兩個因素，一是自然環境本身的影響，即自然因素；二是人類行為活動所導致，即人為因素。自然因素指的是在自然條件下，成土母岩的風化分解和凋落的生物質腐化分解產生的物質，直接流入土壤，造成土壤中重金屬的富集。人為因素主要包括固體廢棄物及汙水的排放、農藥及化肥的不合理施用，以及冶金及石油開採運輸等加工活動，這些過程中重金屬在土壤中累積，汙染日趨嚴重。

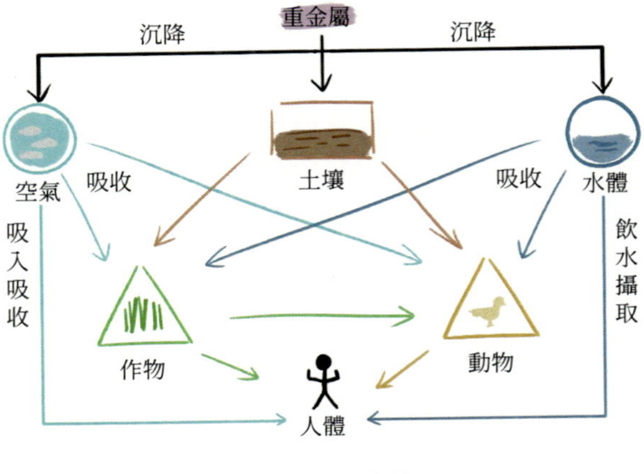

重金屬的汙染鏈

甚至有研究測算，中國耕地的土壤重金屬汙染率為16.67%左右，並據此推測中國耕地重金屬汙染的面積占比已經高達耕地面積的 1/6左右。此外，受重金屬汙染的土壤存在不可逆性，這是由於，一方面重金屬難以降解；另一方面，土壤耕性與孔性已經發生改變，難以修復。值得慶幸的是，目前中國受重金屬汙染的耕地大部分為輕度汙染，通過自然修復和人工干預，基本不會對農產品的品質造成影響。

那麼，重金屬是如何在土壤中累積，又是如何被植物吸收的呢？溯源的重要性毋庸置疑。在日常生活中，包括電池、電子產品等在內的固體廢棄物，其重金屬元素含量較多，若長期堆放，在風吹雨淋下，會緩慢向土壤中釋放有毒的重金屬元素。這些重金屬元素或通過靜電作用，或通過化學絡合沉澱作用，進一步與土壤顆粒結合，產生富集。土壤中的這類元素主要包括以下幾種：

鎘元素：鎘元素顯著影響植物代謝，引起植物體內的活性氧自由基劇增，當植物體內含量超出超氧化物歧化酶的清除能力時，根系的代謝酶活性受到抑制，根系活力隨之降低。土壤中鎘元素的存在形態包括可交換態、碳酸鹽結合態、鐵錳化合物結合態、有機質結合態和殘留態。同時，不同存在形態具有不同的遷移能力和毒性作用，例如可交換態的鎘元素能夠較為容易地被植物吸收，而其他形態的鎘元素，在一定的酸性條件下，可以轉化為可交換態，進而被植物吸收累積。

汞元素：高濃度的汞元素會抑制植物種子的萌發，減緩植物的生長進程，降低根部和莖部的長度和重量。但也有研究顯示，低濃度的汞在一定程度上能夠刺激植物根系的生長。汞元素在土壤中主要以有機質結合態存在，植物不僅可以從根部吸收土壤和土壤溶液中的汞，還能從葉片表面吸收。

砷元素：過量的砷元素會降低植物的蒸騰作用，影響植株的生長發育。土壤中，砷元素大多以砷酸鹽形態存在，同時，這些砷元素大部分被膠體吸附於黏粒表面，具有可交換性，易於被植物吸收。

鉛元素：鉛不是植物生長發育的必需元素，當其進入植物根部和葉片組織後，會影響細胞有絲分裂的速度，引起代謝系統受損，導致植物生長緩慢。

重金屬一旦進入土壤環境，既不易移動，又難以被微生物降解，因此在土壤中不斷累積，進而造成土壤汙染，影響農作物的產量及其產品品質。鑑於植物在吸收重金屬並轉移至地上部收獲物（花、果實和種子等）或者地下部收獲物（塊根和塊莖等）的過程中，需經過一系列的生理生化過程，因此，從形態、生理和分子水平解析植物對金屬離子的吸收、累積和解毒機制，進而將其應用於治理土壤重金屬汙染對植物生長的危害，具有重要意義。

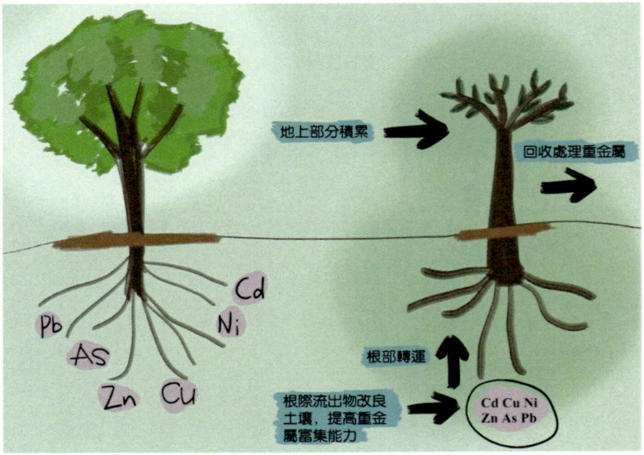

植物受土壤重金屬的汙染及其修復

植物的生長、發育、繁殖，甚至生存都會受到土壤中重金屬汙染的影響。 植物在重金屬汙染的環境中生長時，過量的重金屬進入植物體內，極易對植物細胞的膜系統造成傷害，進而影響細胞器的結構和功能，導致植物體內的各種生理生化過程發生紊亂。例如當植物葉綠素的合成受到抑制，相關的酶活性會受到影響，光合作用降低，供給植物生長的物質和能量就會相應地減少，最終抑制植物的生長。

植物受重金屬汙染後生長受到抑制

重金屬對人體有什麼危害呢？ 重金屬危害人體健康，會導致人體產生一系列生理性或者病理性的病變。被重金屬汙染的土壤，其隱蔽性極強，非專業檢測無法知曉。大多數情況下，重金屬元素隨著農產品食物鏈流動，最終到達人體，毒性積累到一定程度，會對人體健康造成危害，此時人們才後知後覺。有報導稱，長期接觸鎘元素會導致體內鈣的流失，引起骨負荷加大，從而導致骨質增生。2000年，廣西農業環境檢測站對受汙染的稻區進行檢測，報告顯示，鎘元素成分超過中國規定標準11.3倍，當地村民在不知情的情況下，持續5年食用了汙染地種植生產的大米，不少村民體內都檢測出鎘元素超標，生理上普遍表現為骨痛症狀。重金屬汙染引起的各種問題值得深思，我們日常食用的糧食是否符合安全指標？一旦發現問題，我們該如何改變這種現狀？對重金屬汙染，如何防患於未然？我們應該加強耕地重金屬汙染防治專案立法，確保有法可依；加強執法能力建設，違法必究；完善耕地重金屬汙染評價制度，從源頭嚴格控制；綜合應用多種技術途徑，推進修復和治理；建立資訊公開制度，擴大公民對耕地重金屬汙染現狀、趨勢、立法和整治的知情權、決策參與權和監督權。

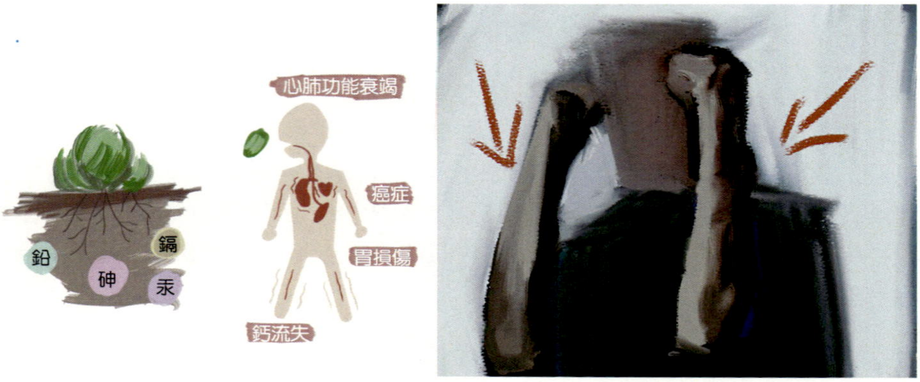

重金屬通過「土壤—植物—人體」途徑，危害人體健康

目前，科研工作者越來越重視對土壤重金屬汙染的修復，其措施主要包括物理修復、化學固定修復和植物修復技術三種。物理修復技術包括電動修復（重金屬離子在通電情況下定向移動）、電熱修復（被重金屬汙染的土壤受到高頻電壓處理，使重金屬元素受熱而揮發脫離土壤）、土壤淋洗（土壤固相中的重金屬通過淋洗轉移到土壤液相中，進而回收處理含重金屬的廢水）。化學固定修復技術是在土壤中加入外源物質（有機質和沸石等），改變土壤中重金屬的物理或化學性質，重金屬離子通過沉澱、吸附及氧化還原等一系列反應，與外源物質結合，減弱在土壤中的遷移性，最終降低植物對重金屬的吸收。植物修復技術是藉助某些植物對重金屬有良好富集作用的特性，去除土壤中的超標重金屬，這是目前主流的修復技術。需要強調的是，一般情況下，重金屬對植物的生長發育存在毒害作用，但是，仍然有大量的植物，因長期生長在富含重金屬的土壤環境中，通過體內發生一系列的形態、生理和分子水平響應等適應性演化，形成了特定的耐性機制，能夠對環境中的重金屬產生較強的耐受性。

植物修復技術是治理土壤重金屬汙染最重要的途徑之一，但缺乏高生物量超富集植物修復物種。研究報導，甘蔗、油菜、大豆、甜高粱、薄荷、蒔蘿和羅勒等多種植物，能夠有效應用於修復重金屬汙染的土壤，兼具能源、經濟和修復三個方面的價值，具有較好的發展前景。因此，應用能夠有效累積重金屬元素的植物，有望成為修復和治理土壤中重金屬汙染的新途徑。

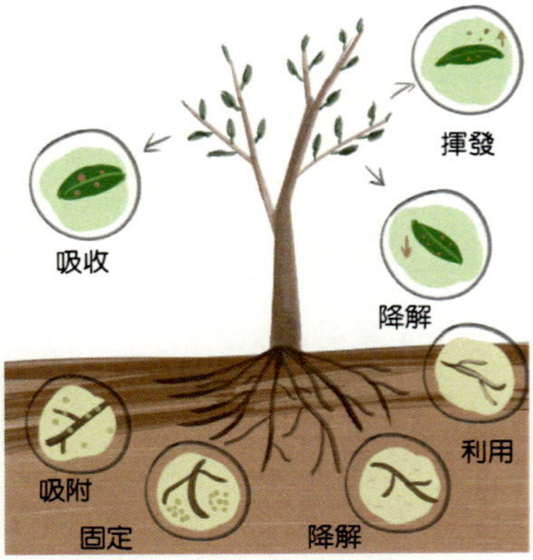

植物修復重金屬汙染土壤原理

甘蔗兼具高生物量、可多年宿根、重金屬超富集和區域化超富集（蔗汁中含量遠低於蔗渣且低於檢測值）及工業原料作物的特點，具有開發為土壤重金屬汙染修復新物種的潛力。與其他重金屬超富集植物相比，甘蔗作為重金屬汙染的植物修復物種，具有如下5個獨特優勢：①甘蔗是高生物量禾本科 C_4 作物，一般可達 150 ～ 225 噸/公頃，最高紀錄為280噸/公頃；②甘蔗根系發達，主要分布在 0 ～ 40公分土層，可深達 60公分，有利於吸收深層土壤重金屬元素；③甘蔗植株高大，可多年宿根，一次種植收獲 4 ～ 5 年，種植甘蔗修復土壤重金屬汙染成本較低；④蔗汁中重金屬元素的含量低於檢測值；⑤甘蔗既適合水田，也適合旱地種植，作為修復物種適應性廣。甘蔗的上述生物學特點以及體內重金屬元素分佈的區域化和作為加工原料作物的多種優勢，使得甘蔗成為極具潛力的修復重金屬汙染土壤的新物種，而且，在修復土壤重金屬汙染的同時，還具備低成本優勢和加工利用的經濟價值，尤其是修復過程中地上部作為能源利用優勢更加突出。甘蔗獨特的生物學特點、農藝特性和豐富的基因資源可為植物重金屬應答機制的研究提供新穎的視角。實踐證明，甘蔗能夠在各種類型的土壤，例如黏壤土、沙壤土和黃壤土中生存，甚至在一些較為貧瘠的土壤中也能獲得高產，但是，當土壤中的鹽鹼含量達到0.15%～ 0.30%時，生長會受到抑制。甘蔗在pH4.5 ～ 8.0的土壤中都能健康生長。研究發現，由於甘蔗的根系具有較強的更新能力，不斷地衰老與更新，長時間持續保持旺盛的吸收能力，所以對銅等重金屬脅迫有較強的耐受性和吸收能力。甘蔗較強的環境適應性使其被應用於修復和治理受重金屬汙染的土壤具有良好的前景。在保證食糖供應安全的情況下，在某些區域將甘蔗應用於重金屬汙染的植物修復，將重金屬從土壤移出，是修復重金屬汙染最為經濟有效的途徑。令人興奮的是，甘蔗渣中含有大量木質素、纖維素及半纖維素等較為穩定的成分，適用於製作高性能的吸附劑。研究發現，均苯四甲酸二酐改性甘蔗渣，對冶金廢水中 Pd^{2+}、Cd^{2+} 的吸附性能好、吸附容量高。還有報導發現，利用檸檬酸對甘蔗渣改性，可以大大增強其吸附能力，顯著提高其對重金屬物質的吸附率。因此，對於重金屬汙染治理而言，甘蔗渣也是個寶。

甘蔗發達的根系

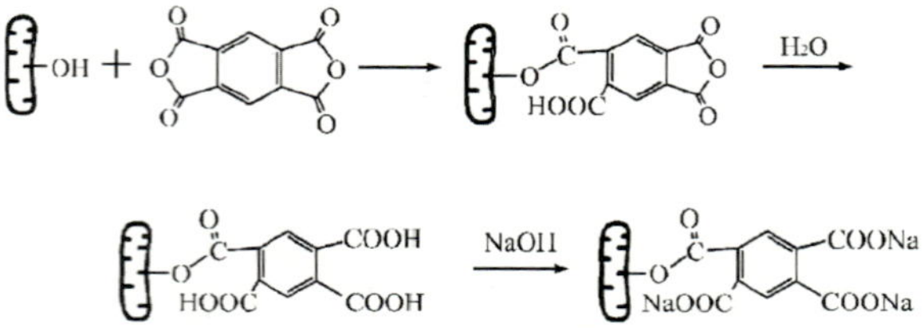

均苯四甲酸二酐(PMDA)改性甘蔗渣的製備路線

為了保證食糖安全，需要評價和篩選重金屬低累積且適合當地種植的甘蔗品種。廣西農墾甘蔗良種繁育中心及廣西南亞熱帶農業科學研究所根據當地土壤汙染程度和種植習慣發現，對於被砷元素汙染的土壤，甘蔗品種園林17最適合在當地種植；而對於鋅元素汙染的土壤，甘蔗品種園林9號最適合在當地種植。此外，筆者所在團隊揭示了甘蔗熱帶種中的金屬硫蛋白(metallothionein，MT)家族在重金屬解毒及細胞氧化還原調控中發揮的不同功能，且在緩解過量累積的Cd^{2+}、Zn^{2+}、Cu^{2+}對甘蔗組織造成的傷害方面有時空上的協同作用，這為進一步深入了解多倍體植物甘蔗中MT家族各成員基因在重金屬耐受過程的協同作用奠定了理論基礎。

「萬物土中生」、「食以土為本」、「有土斯有糧」。土地是人們賴以生存和發展的最根本的物質基礎，是一切物質生產最基本的源泉，而耕地是土地的精華，是人們獲取糧食及其他農產品最基本的、不可替代的生產資料。人類的繁衍，源於土地的養育功能。鑑於植物修復是一種人為修復重金屬汙染土壤的有效方法，且已被廣泛接受，而甘蔗作為植物修復的良好材料，篩選對重金屬高吸收量的甘蔗品種應用於植物修復，同時培育對重金屬低吸收量的甘蔗品種用於食糖生產，不僅可以為揭示隱藏在植物修復背後的機制提供理論參考，還對重金屬汙染的治理具有重要的實踐意義。未來，我們不僅要懂得保護土壤，還要學會培育土壤。我們期盼並堅信，人類終將可以擺脫重金屬汙染的困擾，讓作物生產和人類繁衍共同擁有一個更加美好的土壤環境！

撰稿人：陳　瑤　陳燕玲　趙振南　蘇亞春　吳期濱
高世武　郭晉隆　李大妹　許莉萍　闕友雄

甘蔗上山去 水自天上來

——藏於山水之間的「蔗」些事

中國是重要的食糖生產國和消費國，糖料作物種植在中國農業經濟中佔有重要地位，僅次於糧、油、棉，位居第四。食糖產業的原料主要是甘蔗和甜菜，其中中國甘蔗製糖已有2 000多年的歷史，其種植面積占中國常年糖料作物種植面積的85%以上，產糖量占食糖總產量的85%左右。但是，近年來，中國糖料作物種植面積逐年降低，2018—2022年，中國甘蔗種植面積從140.58萬公頃下降為128.92萬公頃，甜菜種植面積方面，2018—2022年，中國甜菜播種面積從21.61萬公頃下降至16.28萬公頃。

2018—2022年中國糖料作物種植面積變化情況
（資料來源：中國國家統計局）

糖料作物種植面積的下降，使得中國食糖市場的供需矛盾進一步擴大，中國糖業產能難以支撐國民消費需求。因此，中國消費市場的1/3需要依靠進口滿足。數據顯示，2017—2021年，中國食糖進口量從229萬噸成長至567萬

2017—2021年中國食糖進口量及進口額變化情況

噸。此外，根據海關數據顯示，2022年1—11月中國累計進口食糖475萬噸，同比減少9.8%，但累計進口金額達到了231億元，同比增加10.5%。

在中國遼闊的大地上，有雄偉的高原、起伏的山嶺、廣闊的平原、平緩的丘陵，還有四周環抱的群山，以及中間低窪的盆地。全球陸地上的5種基本地貌類型，中國均有分佈，這為中國工農業的發展提供了多種選擇和條件。中國山區面積占全國面積的2/3，通常人們把山地、丘陵和高原統稱為山區。山區面積廣大，提供豐富礦產、水能和旅遊等資源，為發展農、林、牧各業提供了有利條件，同時也為改變山區面貌、發展山區經濟提供了資源保證。

例如千百年來享有「桂林山水甲天下」美譽的桂林，現如今不但風景宜人，而且在金秋時節，微風輕拂，果蔗飄香。因此，面對蔗糧爭地，山地丘陵成了擴大甘蔗種植面積的首要選擇。中國作為世界第一人口大國和糧食生產大國，人均耕地面積不足世界水準的40%，總量不足全球的9%。甘蔗適合栽種於土壤肥沃、陽光充足、冬夏溫差大的地方，福建、廣東、海南都曾是主要的甘蔗種植區域，蔗糖業也一度是珠江三角洲的優勢產業。但隨著都市化的不斷推進，沿海地區的農業產業結構急劇變化，甘蔗由於其自身經濟比值較低於他經濟作物，所以有限的優質耕地用於種植單位產值更高的作物，同時為避免甘蔗與糧食爭奪種植地塊，甘蔗生產重心開始西移，逐漸向桂中南、滇西南、粵西、瓊北等甘蔗優勢種植區域集中。甘蔗種植地從平原向丘陵山地轉移，「蔗上山」、「上山蔗」成為一種必然的趨勢和不二的選擇。

中國各類地形占陸地面積的比例（%）

山地	高原	盆地	丘陵	平原
33.33	26.04	18.75	9.9	11.98

不同海拔高度占國土陸地面積的比例（%）

>3 000米	2 000～3 000米	1 000～2 000米	500～1 000米	≤500米
25.94	6.07	24.55	15.86	27.58

廣西和雲南是中國甘蔗的兩大主產區。在廣西，中山、低山、石山和丘陵的面積約占陸地面積的70.8%；在雲南，山地面積占全省陸地總面積的比例高達84%，為33.11萬千米^2。福建素有「八山一水一分田」之稱，丘陵山地面積約占陸地總面積的80%，只要甘蔗能夠順利上山，也許福建蔗糖業迎來第二春不再是夢想。因此，開發山地丘陵是解決中國耕地資源稀缺尤其是甘蔗種

蔗農獲得豐收

植面積限制的重要途徑。同時，甘蔗的適應性較強，且具有一定的經濟效益。

「上山蔗」雖然能提高甘蔗的種植面積，但也面臨一些問題。首先，最主要還是受地形的影響，由於山地丘陵的坡度大、石頭多、地塊較分散等因素，因此機械化操作難度大，大部分仍要依靠人工完成，而目前中國甘蔗種植中生產用工量大、勞動力嚴重短缺，導致成本居高不下，嚴重影響蔗糖產業的高效發展。其次，山地丘陵地區的土壤肥力有限，基礎設施建設相對滯後，缺少灌溉排水等基礎設施；甘蔗種植在無灌溉條件的乾旱、貧瘠的旱地、坡地，大多依賴自然降雨，抵禦自然災害能力低；此外，蔗區道路等級低，維護滯後，在少雨乾旱的冬春季節，運輸條件差。再次，小規模種植居多，農戶以一家一戶的生產模式為主，大多不願進行土地流轉，種植基地分散、種植模式多樣、種植行距過窄，不夠規範統一，不利於推廣機械收獲；同時，品種宿根性不足，特別是適合機收的品種的開發利用急需推進，耕作的機械化效率長期處於較低水準。最後，地膜殘留汙染問題，中耕管理時，小地塊種植的蔗地中地膜回收不便，殘留的地膜量較大，汙染日趨嚴重，不符合綠色生態、可持續發展的理念和要求。

山地甘蔗種植收獲

那麼應該如何解決這些問題呢？七管齊下，暢通有望。第一，可以通過增加基礎設施投入，改善蔗區生產條件，加大道路、橋梁、機耕道、灌溉排水設施等農業基礎設施建設。為了提高甘蔗機械化進程，可對坡度較緩的地塊進行土地整平，坡度較陡的地塊進行土地梯田化，形成標準化農田，高效統一耕種管收流程。第二，政府應引導農戶進行合作化生產，改變小而散的經營模式，加強土地流轉，推廣規模化、集約化的經營模式，促進農業結構的調整和優化，提高甘蔗生產的規模化水準，為甘蔗生產發展全程機械化打下良好的基礎。第三，因地制宜推廣機械化及其配套技術。開展實用性強、可靠性高、性能優越的丘陵山地中小型甘蔗收獲機的研製，著力突破甘蔗收獲環節機械裝備「瓶頸」，不斷提升標準化種植、深耕深松、中耕培土、植保等的機械化技術水準。第四，加強甘蔗農機農藝融合技術研究和推廣，如配套的地膜覆蓋技術、中耕結合的新型肥料及施肥方式、宿根甘蔗配套管理技術等，科學種植管理，保障機械化生產模式下甘蔗的高產、穩產及種植收益。第五，增大甘蔗新一代良種的推廣力度。改良甘蔗品種是提高甘蔗單產、蔗糖含量，農民增收、企業增效和政府增稅的重要手段。大力種植高產高糖優良品種，如柳城05-136、桂糖42、雲蔗08-1609等高產高糖抗逆性強的甘蔗新品種。第六，大力推廣應用先進科學生產技術，如深耕深松、測土配方、地膜覆蓋、蔗葉還田、病蟲草鼠害綠色防控等先進技術，確保糖料蔗穩產增產。第七，進一步加快推廣農膜回收技術和完全生物降解農膜。農膜所造成的「白色汙染」問題越來越突出，綠色發展亟須解決甘蔗產區的農膜汙染問題。大力加強宣傳，普及正確使用農膜的知識，規範農膜的生產、銷售和使用，杜絕不合格農膜上市、流通和使用，加強農膜回收管理，並提供政策支持，扶持廢舊農膜的回收利用，大力推廣降解農膜替代技術，保護蔗區生態，改善蔗區環境。

現代化山地蔗種植技術及其應用推廣

機械化是產業發展的「推手」，是節約勞動力、降低生產成本和提高經濟效益的最有效途徑。 1960、1970年代，美國、澳洲等國家就已經實現了耕、

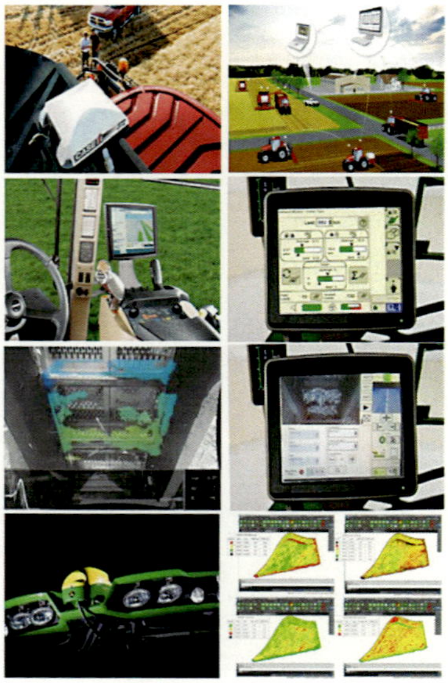

甘蔗機械化生產及聯合收獲機耕作系統 (AFS™)
(樊秋菊，2020)

種、管、收全程機械化作業。目前，巴西和澳洲等糖料蔗的生產實現了全程機械化，成本在人民幣70 ～ 80元/噸，而中國甘蔗生產成本比世界先進水準高出了近一倍，在110 ～ 150元/噸，這主要是由於機械化程度比較低。一方面，中國的甘蔗生產，受地形條件的嚴重制約，機械化水準較為低下，與已開發國家相比糖料產業的比較效益低，使得中國在國際糖市中面臨機械化程度高的對手時幾乎毫無競爭力。雖然近年來中國甘蔗種植的機械化水準有了顯著的提高，製糖原料成本明顯下降，但受疫情的影響國際糖價也隨之下跌，進而對中國市場造成強烈衝擊。中國甘蔗產業仍然面臨著巨大的危機。2022年，雖然中國甘蔗的綜合機械化率已經達到53％，其中耕整地機械化率95%，種植機械化率50%，然而關鍵的收獲機械化率僅為3.37%，其中多山的雲南異軍突起，收獲機械化率達到了5%。

笑容滿面的蔗農

撰稿人：陳燕玲　陳　瑤　蘇亞春　吳期濱　郭晉隆
高世武　李大妹　許莉萍　闕友雄

抗旱保甘蔗 祈雨護甜蜜

「赤日炎炎似火燒，野田禾稻半枯焦」，旱災乃農之所困，抗旱乃國之大事，古人通過挖渠排水治理水澇災害，但在重大旱災面前，唯有通過祈雨的方式，「桑條無葉土生煙，簫管迎龍水廟前」，以此來祈求風調雨順。全球氣候變幻莫測，洪澇、乾旱、高溫等自然災害頻繁發生，其中，乾旱的發生頻率最高、受害面積最廣、造成損失最為嚴重。乾旱對全球糧食生產是一個持續性挑戰，一方面，造成土地荒漠化、水土流失和生態退化等問題；另一方面，更讓農業生產蒙受嚴重損失。隨著科學技術的不斷進步，我們對乾旱的概念又有了新的認知與分類，一般將乾旱分為農業乾旱、氣象乾旱、水文乾旱和社會經濟乾旱四大類。我們這裡聚焦的主要是乾旱對農業的影響，即農業乾旱，指農作物在生長過程中，由於降水量嚴重不足，加之高溫蒸發過快，土壤水分不斷消耗無法得到應有的補給，造成作物生長受到嚴重抑制，出現減產甚至絕收的現象。

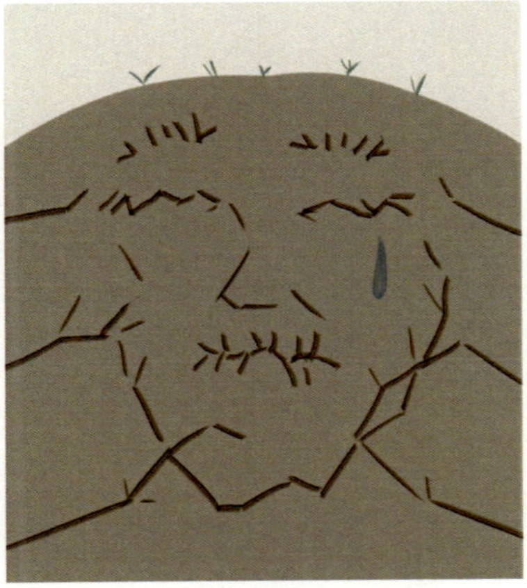

乾裂的大地

中國是世界上第三大甘蔗生產國，近年來，受全球氣候暖化的影響，乾旱頻繁發生、旱情逐年加重，加之中國85%以上的蔗區在旱坡地，因此，產量降低和品質劣化的問題尤為突出，嚴重制約中國蔗糖產業的可持續發展。甘蔗是世界上食糖和生物能源生產的重要原料，具有非常大的經濟價值。甘蔗為大田作物，生長週期長；植株高，葉面積大；需水量高，每生產8～12噸甘蔗要消耗百萬升的灌溉水，缺水可導致甘蔗產量損失高達60%左右，因此，甘蔗產量受到乾旱脅迫的影響非常大。縱觀其他國家，如澳洲、巴西、印度、南非等，甘蔗也在遭受乾旱的影響，大部分甘蔗在生長過程中嚴重依賴灌溉澆水，隨著乾旱程度的增強，對甘蔗水分和糖分積累的影響也越來越大。

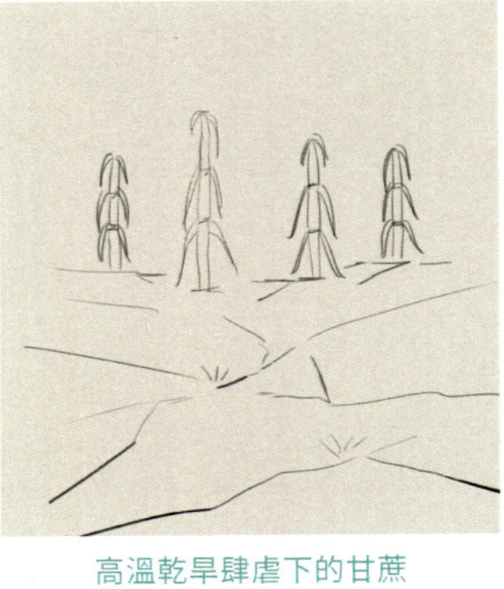

高溫乾旱肆虐下的甘蔗

乾旱缺水情況下，植物發生顯著的形態、生理和分子變化，導致功能紊亂，產量下降。對作物而言，首先，生長前期，尤其是種子萌發時期，對乾旱脅迫的敏感性很強，缺水條件下種子萌發困難；營養和生殖生長階段，當遇到乾旱缺水時，葉片萎蔫、植株矮小、花蕾發育中斷，甚至還影響到作物的成功結莢、籽粒的如期灌漿等，直接導致產量下降。植物光合作用主要發生在葉片上，乾旱脅迫會導致葉面積減少，葉綠素含量發生變化；高強度蒸發導致滲透增加，氣孔關閉、三磷酸腺苷（ATP）合成酶活性降低，限制植物進行光合作用，碳分配和代謝也隨之改變，最終導致能量消耗和產量下降。其次，乾旱脅迫條件下，植物產生過量的活性氧（reactive oxygen species，ROS），誘發氧化緊迫現象，導致細胞膜損傷、光合代謝功能紊亂，且植物細胞內的糖濃度變化也會導致滲透勢隨之發生變化。乾旱脅迫下，植物的新陳代謝也會受到抑制，呼吸作用增強，體內物質水解加快，合成能力下降，同時還導致細胞原生質膜的結構發生變化，細胞膜透性被破壞。缺水條件下，土壤養分的有效性降低，根系養分的遷移進一步降低了植物組織中的離子含量，例如植物對鉀離子（K^+）的吸收會減少，K^+的降低則導致K^+遷移率的降低、蒸騰速率降低和根膜轉運蛋白作用的減弱。此外，乾旱脅迫不僅影響根系分泌物，主要包括糖、胺基酸、類黃酮、激素等，還影響土壤微生物群落及根際群落。

乾旱環境下的水稻、玉米和小麥

面對乾旱脅迫，植物演化出自己的一套防禦策略，以應對和適應惡劣環境。植物適應乾旱的機制一般可分為：避旱性、禦旱性和耐旱性，其中禦旱性和耐旱性統稱為抗旱性。乾旱缺水時，植物會通過增強自身根的結構來尋求土壤深層中的水分，如長出更多的側根和根毛等；或增強特定器官提高儲水能力，如仙人掌的肉質儲水組織、甘薯的塊莖等；或減少葉面積，葉片捲曲和增加葉片表面蠟物質來減少水分散失，如乾旱脅迫下的玉米葉片會發生捲葉，葉片尺寸變小；或快速關閉氣孔，以此降低蒸騰作用；或改變植物由營養生長向生殖生長的轉變，以避免種子敗育。在生化反應方面，植

中國旱作節水農業技術

株也會通過滲透調節、水通道蛋白和抗氧化裝置來提高植株抗旱性。

為了緩解乾旱的壓力，目前，科學工作者開發了抗旱品種結合先進農藝種植技術，以及傳統育種方法結合基因工程等現代新興技術。傳統的育種方法已在水稻、小麥、玉米、高粱、大豆等重要作物上得到了應用。在現代育種技術中，藉助標記輔助育種、QTL（數量性狀基因座）定位、基因改造和基因組編輯等方法，可篩選出更多抗旱基因型作物。研究發現，植物可以受到一些耐受基因的調控，這些基因能平衡植物的生長與防禦機制的啟動，抵抗不利的環境條件，因此，可將這些候選基因應用到作物改良計劃中。利用現代育種技術，有望培育更多抗旱性強的作物品種，但育種時間較長，外界的環境條件又是不斷變化的，在這種情況下，先進的農藝種植手段是必不可少的，這些技術主要包括調節灌溉方式、改善肥料種類和施肥方式、調整作物種植時期等。研究還發現，乾旱脅迫下使用矽肥，可誘導作物抗氧化反應相關基因的表達，植株表現出較高的抗氧化活性和積累較多的光合色素，光合速率和水分利用效率提高，植株的分蘗能力增強、生長速度加快。此外，使用硒元素可以促進作物生長，增加因衰老而產生的抗氧化劑，並調節作物的水分平衡，增強抗旱性。植物根際促生菌（plant growth promoting rhizobacteria，PGPR）可用作生物肥料，通過提高根系的滲透調節能力和增強抗氧化防禦系統，有效減少ROS對作物的有害作用，從而減輕乾旱脅迫對作物生長的不利影響。噴施葉面肥、外源激素，也可提高作物的抗旱性。對於發生季節性乾旱的地區，可以調整作物的生長期、生命週期或種植時間，以防止生長季節遭遇當地的季節性乾旱；或選擇生命週期短的作物品種，避免或減少季節性乾旱的影響。

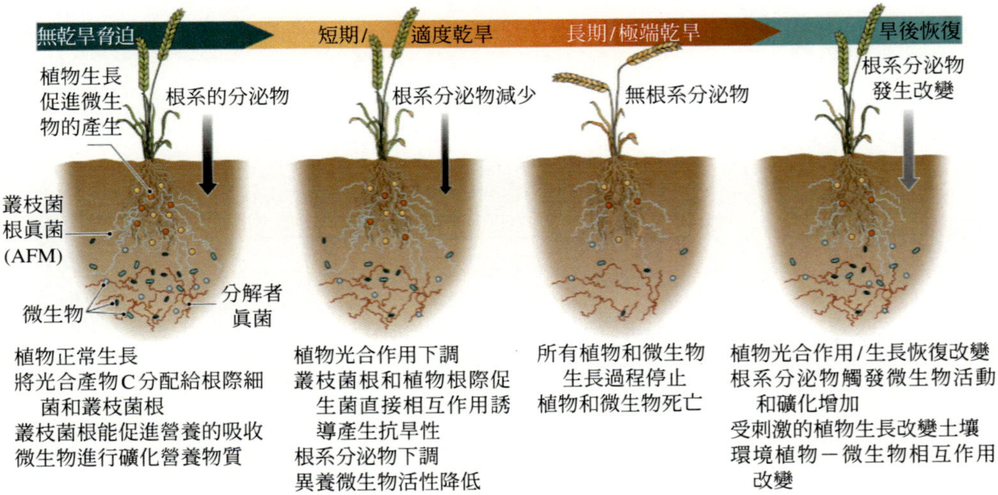

根際微生物可以增強作物的抗旱性並提高其產量
（Franciska et al., 2020）

農業乾旱、水資源短缺引起了人們的廣泛關註，促使越來越多的研究者投身到作物抗旱性的基礎科學研究中，抗旱分子機制陸續被揭露。當外部乾旱刺激植物細胞膜上的感測器，然後通過多個信號轉導途徑進行傳遞，最終活化轉錄因子，使響應乾旱的基因得以表達並產生乾旱適應。蛋白激酶（protein kinases，PK）在細胞信號辨識與轉導中起著至關重要的作用。乾旱脅迫下，植物體內多種蛋白激酶，如鈣依賴性蛋白激酶、絲裂原活化蛋白激酶，通過催化蛋白質的磷酸化作用來活化轉錄因子參與乾旱反應，如水稻中的OsCDPK7被證明能積極調節乾旱脅迫的耐受性。轉錄因子CBF/DREB、MYB、NAC、ZFPs等都與植物的抗旱性密切相關，它們能夠調控抗旱基因的表達，在轉錄水準上響應乾旱脅迫。這些與乾旱脅迫信號相關的基因和轉錄因子，有助於積累不同的代謝產物、信號分子和滲透物質，增強植物的抗旱性。植物生長調節劑，如水楊酸、茉莉酸、細胞分裂素和脫落酸，在抗旱中起著關鍵作用，尤其是脫落酸（ABA）被認為與植物乾旱脅迫最密切相關。ABA既是乾旱信號中的關鍵化學信使，也是乾旱信號轉導的重要信號分子。乾旱脅迫反應中，細胞內的ABA生物合成被誘導，轉錄因子的表達被活化，進而促進下游乾旱脅迫相關基因的表達。同時，ABA的積累，也有助於通過磷酸化/去磷酸化調節信號轉導途徑，控制保衛細胞中K^+和陰離子的運輸。滲透保護劑的使用是避免乾旱脅迫造成損害的廣泛適應性策略之一。目前，外源施用滲透保護劑提高水稻的抗旱性也已得到證實，如增加滲透保護劑如脯胺酸、酚類、生物鹼等，可

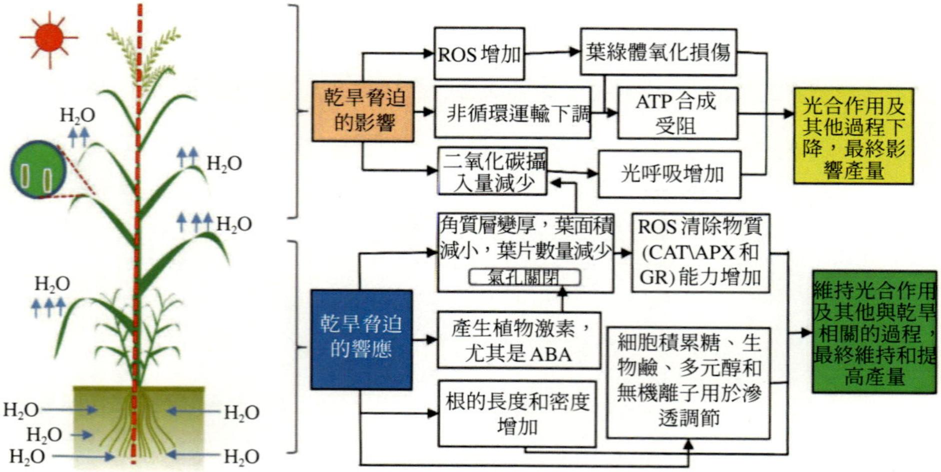

乾旱對水稻的影響及響應

ABA.脫落酸　APX.抗壞血酸過氧化物酶　ATP.三磷酸腺苷　CAT.過氧化氫酶
GR.麩胱甘肽還原酶　ROS.活性氧　SOD.超氧化物歧化酶
（Aslam et al., 2022）

調節細胞的滲透勢，保護細胞免受脫水危害，保護細胞內的蛋白質系統平衡，避免ROS對壓力細胞的毒害，進而緩解乾旱脅迫對植物生長的影響。

甘蔗的生長速度、產量和含糖量與水分密切相關。乾旱脅迫嚴重影響甘蔗形態特徵和生理代謝等過程。不同生育期的甘蔗，對水分的需求不同，應對乾旱的能力也不同。播種期、分蘗期和莖伸長期需水量較大；早期發育階段，乾旱脅迫會抑制莖的生長，生物量減少，生產力大幅下降。從生理角度看，乾旱脅迫下，甘蔗體內水分缺失，會嚴重影響光合作用、呼吸作用、蒸騰作用、代謝活動和根系吸收作用等，使得營養物質的運輸和積累減少，從而抑制其生長發育，造成嚴重減產。在乾旱脅迫下，甘蔗的生長發育遲滯，包括葉尖和葉緣捲曲，葉片萎蔫、變褐、焦枯、脫落；葉片中的葉肉細胞外膜破裂，葉綠體基粒消失、外膜破裂，胞質中出現脂質球，線粒體脊也消失。隨著葉面積減少，葉綠素含量下降，光合能力降低，對氮的吸收能力也下降，乾物質積累速度變慢；蔗莖中的水分含量減少，導致細胞壁軟化，細胞間隙增大、增厚，長期水分供應不足，還將直接導致組織壞死；根的吸收和向地上運輸的能力減弱，植株出現失水現象。長期乾旱下，甘蔗根部發育不良、變細，吸收根明顯減少或直接枯死，影響蔗莖的糖酸比等品質指標、蔗糖合成酶活性和蔗糖的合成速率，最終降低含糖量。

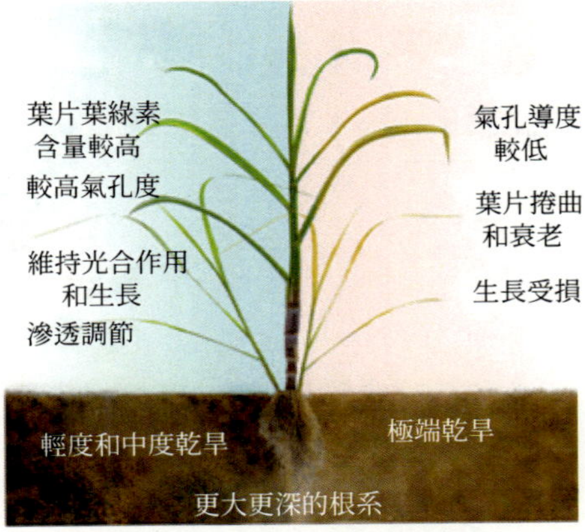

甘蔗響應乾旱的機制研究
（Ferreira et al., 2017）

甘蔗主要生長在熱帶和副熱帶地區，這些地區經常遭遇乾旱。為保持甘蔗產業的可持續發展，目前，主要的手段是選育和推廣高產、高糖、抗逆性強尤其是抗旱性強的優良甘蔗新品種。在受到乾旱脅迫時，抗旱性強的甘蔗品種能發生一系列生理生化變化或產生一些保護性物質，來降低乾旱帶來的傷害；當乾旱解除後，其各項生理功能又能迅速恢復到正常水準。在形態上，抗旱性強的甘蔗品種表現為葉片較厚、根系發達、根和莖中輸導組織發達、保水能力更強，光合和水分利用效率更高；一旦受到乾旱脅迫，葉片中的泡狀細胞，會快速失水使得葉片捲曲，抑制葉片中水分的過多損失。乾旱脅迫下，抗旱性強的甘蔗品種中，丙二醛的含量升高，質膜透性增大，質膜損傷較小；同時，脯胺酸含量顯著增加，對滲透調節有重要作用；抗氧化酶的活性也增加，如蔗葉中過氧化氫酶活性增加速率更快，有效抑制了氧化反應對細胞的傷害作用。

近年來，甘蔗抗旱分子機制的解析和抗旱關鍵基因的挖掘取得了許多成果。甘蔗為高度雜合的無性繁殖作物，遺傳背景複雜，基因改造技術的應用能夠突破常規育種方法難以實現的精準定向遺傳改良甘蔗品種抗旱性狀的缺陷。目前，基因槍和農桿菌介導法都在甘蔗抗旱基因改造技術中獲得了廣泛應用。根據作用方式，我們可以將作物抗旱基因分為兩大類，分別是功能基因和調控基因。甘蔗的抗旱性為多基因控制的數量性狀，抗旱基因改造的研究陸續從抗旱功能基因的複製、上下游調控元件的鑑定等方面展開。Rodrigues 等採用宏陣列方法，對在乾旱脅迫下的甘蔗基因進行了一系列研究，揭示了參與信號轉導、激素代謝、光合作用、轉錄和緊迫反應基因的差異表達，其中，功能基因包括滲透調節物質生物合成途徑中的相關基因（如脯胺酸合成酶基因）和抗氧化防禦體系相關酶基因（如超氧化物歧化酶基因、醛脫氫酶基因）。前人研究還發現，甘蔗乾旱耐受基因型表現出強大的抗氧化系統，對耐受長期乾旱脅迫至關重要。調控基因則主要包括感應和轉導乾旱脅迫信號的蛋白激酶（如促分裂原活化激酶、類受體蛋白激酶），以及 bZIP、MYB、EREBP/AP2、WRKY 和 NAC 等轉錄因子。

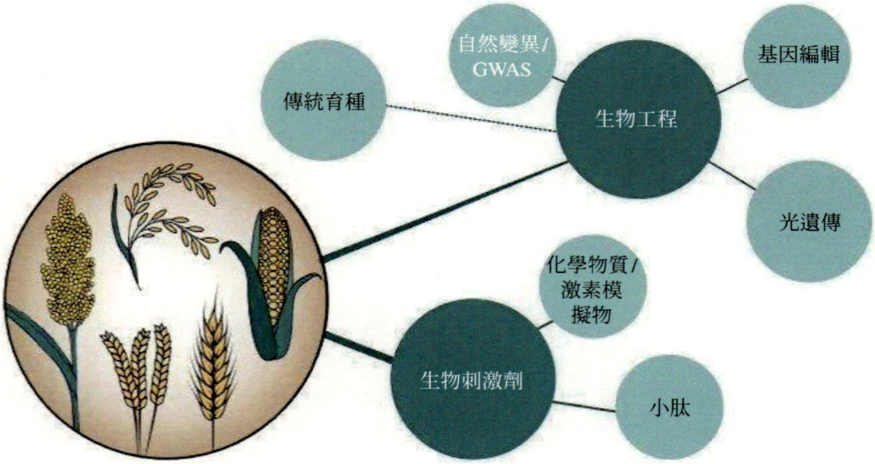

抗旱節水農業的希望
（Gupta et al., 2020）

抗旱節水的農藝措施是甘蔗高產穩產的重要保障，良好的栽培措施能有效增強甘蔗的抗旱性。甘蔗種植時，深松植溝、用草覆蓋蔗畦、間種綠肥、蔗葉還田等措施不僅可以減少水分的過度蒸發，還能抑制雜草的生長，提高蔗田的保水抗旱能力。另外，還能通過縮小株距、適當密植、增施有機肥、合理使用氮磷鉀肥、因地制宜推廣良種等方式增強甘蔗品種的抗旱性。此外，在乾旱脅迫下，生物刺激的應用，比如葉面施用基於海藻提取物的生物刺激劑，可有效提高甘蔗的蔗莖產量和蔗糖分，這為控制乾旱脅迫導致的產量損失提供了新的思路。一氧化氮作為能夠感知水分的化學信號，能刺激甘蔗根系的生長發育及其細胞壁重塑。前人研究發現，外源供給一氧化氮也能夠提高甘蔗植株的抗旱性。噴施外源乙烯利、脫落酸、矽、甲基環丙烯等，也能提高甘蔗對乾旱脅迫的耐受力。最新的研究表明，植物微生物群落可緩解乾旱脅迫，同時也發現甘蔗根際細菌群落能調節甘蔗植株的酶活性和光合作用，進而提高抗旱性，其中根瘤菌和鏈黴菌是甘蔗響應乾旱脅迫的核心菌群，在甘蔗品種的抗旱性中發揮重要作用。

優良甘蔗品種

宋代陸游在《太息》中感嘆，「太息貧家似破船，不容一夕得安眠。春憂水潦秋防旱，左右枝梧且過年。」中國甘蔗的主產區廣西、雲南、廣東等地經常遭受季節性乾旱的危害，每年都會發生不同程度的乾旱，嚴重影響甘蔗的生長發育，最終導致甘蔗產量降低和品質劣化。對於甘蔗產業而言，為了切實提高甘蔗品種的抗旱性，既要主抓品種改良，又要兼顧農藝措施，根際微生物群落的調節也可以齊頭並進，立足於現有技術和先進裝備等資源條件，加強甘蔗品種抗旱性的創新研究，突破生產中的關鍵技術環節，並將先進的農業技術成果應用到甘蔗抗旱生產實踐中。

撰稿人：崔天真　尤垂淮　蘇亞春　吳期濱　李大妹　許莉萍　闕友雄

抗寒用蔗招 殊途又同歸

生活中你見過非洲鴕鳥在南極海岸沖浪、南極企鵝在非洲草原上狂奔嗎？顯而易見，答案是否定的。地理起源往往影響生物對環境溫度的適應性，不同生態類型的生物或同一物種的不同地理種群對環境溫度的適應能力存在差異。例如，起源於熱帶水域的熱帶魚，通常要求不低於15°C的水溫，否則就有可能會出現被冷死的情況；世代生活在熱帶非洲的人種，通常要比長期居住在北極地區的因紐特人怕冷。與動物一樣，溫度同樣也限制了植物（農作物）的地理分布，輕則影響著它們的生長發育、產量和品質，重則威脅到它們的生存繁衍。根據作物對溫度的要求，習慣上把它們分為耐寒作物和喜溫作物。例如，小麥、大麥等屬於耐寒作物，大多生長於溫帶或寒帶地區，生長發育所需適溫較低，在2～3°C時也能生長，幼苗期能耐－6～－5°C的低溫。水稻、玉米、大豆、棉花、甘蔗等為喜溫作物，生長發育所需適溫較高，一般在10°C以上才能正常生長，幼苗期溫度下降到－1°C左右時，即造成危害。根據低溫的程度和植物受害情況，低溫危害可以分為凍害和冷害兩大類型。從溫度條件和受害機制看，植物生理學上的凍害是指氣溫低於0°C時，植物體冷卻至冰點以下，引起細胞間隙和（或）細胞內結冰而造成傷害或死亡；冷害是指植物遇到0°C以上低溫，物質代謝和酶促反應等生理活動失衡，作物生長發育遇到障礙導致減產甚至死亡的現象。此外，也有人將0°C以上10°C以下的低溫危害定義為寒害，而將10°C以上的低溫危害定義為冷害。作物受害的溫度條件往往因發生時的天氣條件、作物種類和生育狀況而有±（1～2）°C的變動。

形態多樣的芽

起源於熱帶的甘蔗也有點「怕冷」。類似的，遺傳背景不同的甘蔗品種對低溫的適應性存在差異，一些耐寒品種擁有各自的「招數」來抵禦寒冷。例如，從表型上，有的甘蔗品種或擁有包裹得更緊密的葉鞘，或更緻密的芽鱗，或更濃密的毛群，或更厚的蠟質等。毛茸茸的葉鞘緊緊地包裹著蔗莖和芽鱗，就如同寒風中的行人緊了緊身上的圍巾，而厚厚的蠟質就像甘蔗給自己搽了點防寒面霜。當然，毛群和蠟質等性狀在甘蔗育種實踐中並不提倡，它們的生物學意義也主要體現在抗蟲、抗病菌和減少水分損失。另外，甘蔗耐寒品種往往擁有更發達的根系和更加緊湊的株型。

甘蔗葉鞘上的毛群（左）及甘蔗莖上的蠟質（右）

咦？以上的這些套路聽起來怎麼有點熟悉啊？您是不是想到了——北極狐？聰慧如您！是的，北極狐與生活在其他氣候帶的狐狸相比，擁有更緊緻的身體（降低暴露在寒冷空氣中的表面積）、冬毛更加濃密多絨、皮下脂肪更厚。更有趣的是，甘蔗還會像人那樣「吃塊糖」、「來兩口」以補充體力並禦寒哦！從生理上，在低溫時，耐寒甘蔗品種的葉片往往能夠更迅速地積累可溶性糖和黃酮類化合物等滲透保護物質，而後者的積累讓甘蔗葉片如同「喝了點小酒的臉」那樣變紅了。這是不是有點像人們在寒冷的天氣，往往會「來一口」，再「來一口」，於是臉就紅了？從「搽點面霜」、「緊緊圍巾」到「來兩口」，甘蔗還是有不少「蔗招」呀！動植物對大自然的適應性有的時候還真是殊途同歸，讚美大自然的規律吧！

自然低溫下兩種甘蔗材料苗期的田間表型

經過科學家和育種工作者們的長期馴化，現代甘蔗栽培種對低溫有了一定的適應能力，熱帶起源的甘蔗現在可以也主要在副熱帶地區種植。從緯度分佈上看，甘蔗主要分佈在北緯33°至南緯30°之間，尤其集中在南北緯25°之間的區域；從等溫線上看，世界蔗區分佈在年平均氣溫17～18℃的等溫線以上。最適合甘蔗生產的水熱條件為年降水量1 500～2 000毫米，生長期內≥10℃積溫6 500℃以上。中國的甘蔗主產區主要分佈在北緯24°以南的熱帶、副熱帶地區，主要包括廣西、雲南、廣東、海南和福建等地。

現代甘蔗栽培種中含有近80%的甘蔗熱帶種的血緣，低溫對甘蔗生長的影響仍然比較突出。近年來，氣候形勢惡化導致全球極端天氣頻發，「水深火熱」、「冰火兩重天」等小氣候屢見不鮮，給農業生產造成巨大損失。中國蔗區也常在冬春季出現長時間的極端低溫和霜凍天氣，對原料蔗蔗糖分、宿根發株、春季新植出苗等產生明顯的不利影響，甚至還曾發生過較大面積的低溫凍害而給蔗農和糖廠帶來巨大的經濟損失。對甘蔗而言，根據低溫脅迫的成因、受害症狀和對甘蔗的影響可分為乾旱霜凍、陰雨霜凍或冰凍和陰雨冷害三種類型。乾旱霜凍，影響產量與梢部甘蔗用種，氣溫回升導致蔗芽萌動長側芽，蔗糖分下降；若霜凍後氣溫回升快則蔗汁品質迅速劣化，對甘蔗宿根影響則較小。陰雨霜凍或冰凍，對甘蔗的不良影響與甘蔗乾旱霜凍相似，並對甘蔗宿根有明顯影響，受害後還有綠色蔗葉，氣溫回升至12℃以上時，甘蔗從上向下逐漸恢復，若長時間處於低溫狀態，出現酒味或酸味，則較難恢復。陰雨冷害，屬低溫生理障礙而產生的災害，發生較輕時，若災後氣溫回升快，受害節間容易恢復；受害重時，若氣溫回升快，葉片枯死，中上部側芽萌動，基部節間甘蔗變質，蔗蔸老根受到傷害；若持續時間長對甘蔗糖分和宿根出苗都有較

甘蔗凍害症狀

大影響。根據受害等級，一般將甘蔗低溫危害劃分為輕度、中度、重度3級，輕度受害為-2.0 ～ 1.5℃，甘蔗植株葉片部分青綠，生長點死亡，側芽不受影響；中度受害為-5.0 ～ -3.0℃，整株蔗莖受凍害，莖節芽凍死，蔗莖基部側芽死亡；氣溫低於-6.0℃則為重度受害，整株甘蔗葉片枯死，生長點、側芽全部死亡，整個蔗莖縱切面呈黃色透明水煮狀；甘蔗凍後20 ～ 30天，蔗糖分損失可達5%～ 10%，同時還會出現還原糖成分增加以及蔗汁酸度和膠體增加的現象，使蔗汁品質降低。

面對低溫脅迫的挑戰，我們有什麼辦法嗎？科研工作者從甘蔗栽培耕作和遺傳育種的角度，總結了以下防範甘蔗低溫凍害的主要措施。①燻煙：可採取燻煙保溫防凍措施，在蔗地通風處的一邊設煙堆，於夜晚燃煙，使濃煙持續到淩晨，一般燻煙可以提高蔗田溫度1 ～ 3℃，達到保溫防凍的目的。②灌溉：對有灌溉條件的蔗田，在寒害發生前，採用淺水過溝灌溉，保持田間土壤溼度，提高土壤熱容量和導熱率，緩解夜間降溫，一般可提高田間溫度2℃左右。③增施肥料：多施釀熱性的有機肥和磷肥，能提高蔗田溫度和甘蔗的抗霜凍能力，並對甘蔗後期單產提高有促進作用。④調整品種結構：強調因地制宜，比如霜凍災害頻繁的蔗區，秋冬植蔗引種耐寒力強的品種，可有效迴避生產風險，防災減損。

培育並應用抗寒品種是應對低溫危害最經濟且有效的途徑，甘蔗生產上急需耐寒性強且綜合性狀優良的品種。前面提到，不同作物之間、相同作物的不同品種或生態類型之間的抗寒能力存在顯著的差異，這就給科研人員指出了研究的方向：挖掘作物適應和耐受低溫的祕密，進而有針對性地採取防寒措施，培育抗寒能力更強的作物品種。

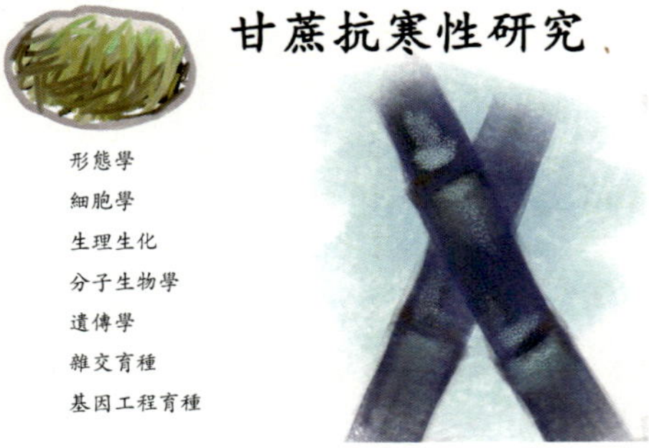

甘蔗抗寒性研究

目前，科研工作者在甘蔗抗寒性研究方面已經做了大量的工作。在甘蔗耐寒品種的選育方面，育成了一批在生產上廣泛應用的抗寒品種，例如桂糖42、桂糖28、桂糖21、贛蔗18、ROC16和FN39等。在甘蔗抗寒基因的挖掘方面，研究人員應用cDNA 文庫、基因晶片、組學定序及比較組學分析等技術，獲得了一批受低溫誘導差異表達基因和低溫響應的關鍵候選基因，例如*miR319*、*SsNAC23*、*SsDREBs*等。在甘蔗抗寒基因功能驗證與利用方面，一些關鍵抗寒基因，如異戊烯基轉移酶基因（*ipt*）、α微管蛋白基因（*SoTUA*），被證明有效提高了基因改造甘蔗對冷害的耐受性。筆者所在團隊發現，甘蔗乙醇脫氫酶基因（*ScADH3*）的異源表達提高了基因改造植物的抗寒性（Su et al., 2020）、*ScmiR393*在轉錄後水平調控和提高了基因改造植物的抗寒性（Yang et al., 2018）、啟動子甲基化介導了MYB類轉錄因子在轉錄水準調控甘蔗對低溫的應答，該MYB轉錄因子及其候選靶標基因*ScMT10*均提高了基因改造植物的抗凍性（Feng et al., 2022）。

我們清醒地認識到，儘管研究人員在甘蔗抗寒性研究方面取得了一定的進展，一些功能基因在提高甘蔗低溫耐受性方面的作用也得到基因改造證據

過表達*ScMT10*提高了基因改造菸草對凍害的耐受性

的支持，但相關研究尚不夠深入，涉及轉錄調控等更深層次的分子機制研究就更為罕見。顯然，我們對甘蔗響應低溫脅迫的信號轉導和調控機制方面的了解與應用還遠遠落後於擬南芥和水稻等植物。與模式植物不同，甘蔗作為基因組複雜的高多倍體和非整倍體C_4作物，其響應低溫脅迫的分子調控機制可能還有著自身不一樣的特點，因此需要加快甘蔗抗寒分子機制與育種應用研究的步伐，助力甜蜜甘蔗事業的發展。

撰稿人：郭晉隆　馮美嫦　歐秋月　羅　俊　蘇亞春
高世武　吳期濱　李大妹　許莉萍　闕友雄

漫畫 6 蔗最愛吃
甘蔗和糖的那些事
蔗寶，你是吃什麼長大的呀？
三寶
氮
磷
鉀
氮素促進甘蔗分蘗、提高蔗莖產量；磷素參與新陳代謝，影響蔗糖合成；鉀素增強宿根發芽，提升甘蔗品質。
矽素改善甘蔗形態結構、生理過程，增強營養元素的吸收，提高其抗逆性。
矽
硒
硒素調控甘蔗體內葉綠素合成，增強酶活力，促進種子萌發，是良好的抗氧化劑。
可不能光顧著吃，也要記得保暖呀！

甘蔗一枝花 氮素大當家

俗話說得好，「莊稼一枝花，全靠肥當家。」氮素是作物第一大必需營養元素，是細胞核酸、磷脂和蛋白質等物質的重要組成成分，在作物生長發育進程中具有不可替代的作用。作為作物產量的主要限制因子，氮素對作物產量的貢獻率高達50%左右。缺氮影響了作物體內的氮代謝和光合作用等生物學過程，植株往往表現出矮小、葉片呈黃綠色、莖稈細弱、分蘗少和早衰等現象，影響作物的產量和品質。土壤中的氮、磷、鉀等營養元素通常不能滿足作物生長發育的需要，須施用化肥來補足。目前，中國是全世界化肥施用量最高的國家，每年化肥的施用總量接近6 000萬噸，每畝化肥用量約為22.1公斤。在生產上，為了達到高產的目的，農民往往大量施用氮肥。然而，氮肥施用量也不是越多越好，過量施用氮肥，不僅作物的產量和品質得不到大幅度提升，還給生態環境帶來巨大挑戰，造成環境汙染和全球大氣暖化等現象。因此，適量施用氮肥對作物生長發育至關重要。

自然界中的氮素循環

甘蔗是世界上最重要的糖料作物，由甘蔗生產的食糖約占全球食糖總產量的80%，中國蔗糖產量占食糖總產量的85%以上。氮素同樣是影響甘蔗產量的重要限制性因素。合理施用氮肥可以顯著增加甘蔗分蘗，促進植株生長，提高蔗莖產量。正所謂，甘蔗一枝花，「氮」素大當家。

中國大部分甘蔗種植區已經連作20多年，每蔗季每公頃蔗田氮肥施用量為400～800公斤，是巴西和澳洲等國家的2～3倍，遠高於其他國家。甘蔗品種的氮利用效率（nitrogen use efficiency，NUE）相對較低，過多或過少施用氮肥均會影響甘蔗的正常生長。過量施用氮肥，甘蔗的產量並無法得到相應的提高，甘蔗的蔗糖含量則會顯著降低，不僅增加生產成本，還會導致土壤酸化、水體富營養化、面源汙染等一系列問題。研究報導，當每公斤土壤的純氮施用量在0.15克以上時，再增加氮肥的施用量，甘蔗的蔗糖分呈現下降趨勢，甘蔗的品質下降，製糖的效益降低。氮肥供應不足或不能及時供給時，甘蔗出現葉片狹小、蔗莖細、節間短等症狀，產量大幅度下降。如何在保持或提高甘蔗產量的同時，盡量減少氮肥施用量，已成為中國甘蔗產業面臨的重要科學問題。

糖料作物甘蔗

甘蔗生產過程中，主要從育種和栽培兩個角度來降低氮肥的過度施用。一方面，培育氮高效品種一直是甘蔗育種的重點目標。人們希望氮高效甘蔗品種的應用，在減少氮肥施用量的同時，仍然能達到穩產甚至增產的目的。此外，從作物育種途徑看，充分挖掘甘蔗氮素吸收利用潛力，探究低氮脅迫下甘蔗的生理與分子機制，挖掘和應用氮素吸收利用的關鍵基因，有助於輔助培育氮高效的甘蔗品種。甘蔗氮高效分子育種對減少甘蔗生產中的氮肥投入，促進生產成本下降和改善農業生態環境具有重要的現實意義和科學價值。另一方面，從栽培角度看，不同品種甘蔗的氮利用效率類型不同，可以根據甘蔗品種各自的氮肥吸收利用特點，合理施用氮肥。這就要求在前期研究中建立有效實用的甘蔗氮效率評價技術體系，較為準確地篩選和評價氮高效甘蔗品種和育種材料，從而指導生產上根據品種所屬的氮肥利用類型，進行合理的氮肥供應，同時還可為氮高效育種中親本選擇提供科學依據。

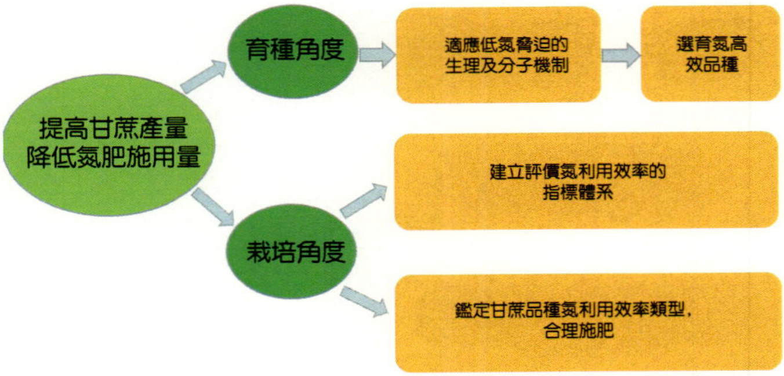

降低氮肥施用量提高甘蔗產量的途徑

甘蔗氮素吸收和利用的生理和分子機制研究是培育氮高效甘蔗品種的基礎。甘蔗根系對土壤銨態氮和硝態氮的吸收轉運分別由銨態氮轉運蛋白和硝態氮轉運蛋白介導。在甘蔗初級氮同化過程中，作物吸收硝態氮，經硝酸還原酶和亞硝酸還原酶催化，轉化為銨鹽，進而轉化為胺基酸。銨態氮轉化為胺基酸有兩種主要途徑：一種是由麩胺酸脫氫酶參與的麩胺酸合成途徑；另一種是由麩醯胺酸合成酶和麩胺酸合酶共同催化合成麩胺酸途徑。硝酸還原酶和亞硝酸還原酶是硝態氮同化的限速酶和關鍵酶，麩醯胺酸合成酶和麩胺酸合酶是銨態氮有機同化過程中的關鍵酶。這些氮代謝通路關鍵酶基因往往以基因家族的形式存在，家族中眾多基因成員可能共同參與植物氮素吸收和利用進程，並受到眾多轉錄因子（是一類與基因啟動子區域中順式作用元件互作，進而保證目的基因以特定強度在特定的時間與空間表達的蛋白質分子）和miRNA（microRNA，是一類非編碼小分子RNA，長度為21～23個核苷酸）在轉錄前和轉錄後水平上的調控（Yang et al., 2019b）。上述氮代謝相關基因構成的通路、網絡及其相互調控的關係已經成為氮素利用分子機制解析的熱點和難點。

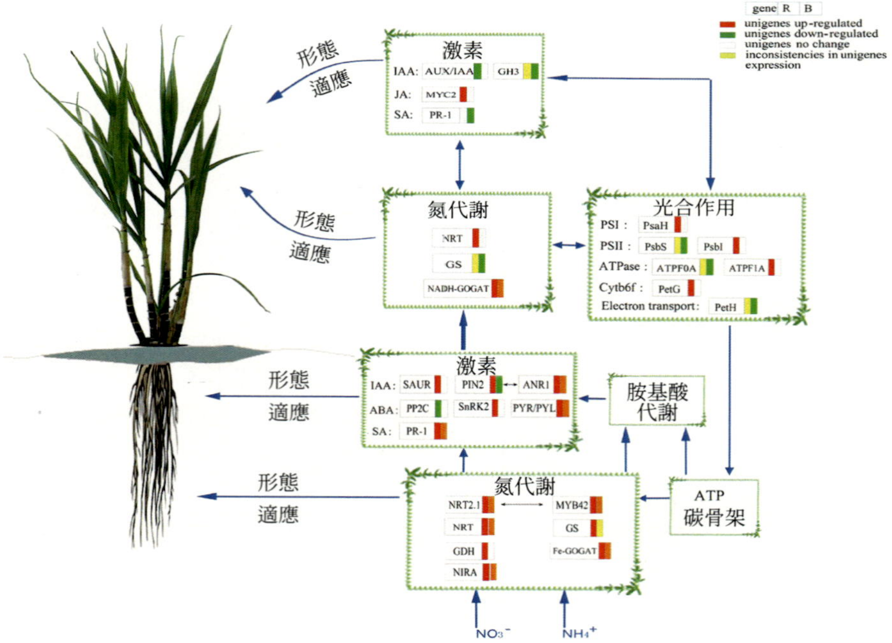

甘蔗葉片和根系響應低氮脅迫的分子模式圖

甘蔗種質資源氮肥利用效率評價與篩選。關於氮高效品種的評價和篩選，眾多學者從作物的農藝性狀、生物學特性和光合相關參數等方面對其進行了研究。Fageria以作物產量為衡量標準，將作物利用氮素效率的類型分為：低效低響應型、高效低響應型、低效高響應型和高效高響應型（Fageria and Baligar，1993）。低效低響應型：無論養分供應多還是少，作物產量一直都比較低。高效低響應型：當養分供應水準較低時，產量相對較高，但隨著養分供應量的增加，作物的產量增加較少。低效高響應型：當養分供應量較低時產量較低，但隨著養分供應量的增加，產量顯著增加。高效高響應型：當養分供應量較低時，產量相對比較高，而且隨著養分供應量增加，產量仍有顯著增加的趨勢。筆者所在團隊研究了低氮脅迫下甘蔗不同品種的株高、莖徑等主要農藝性狀，光合螢光相關參數，葉綠素相對含量，氮代謝關鍵酶的活性以及產量和品質指標，對甘蔗主要的種質資源進行了氮利用效率的評價和篩選，明確了甘蔗伸長末期麩醯胺酸合成酶、葉綠素含量（SPAD）和植物乾重（plant dry weight，PDW）能夠用於有效預測工藝成熟期氮利用效率（NUE），其中麩醯胺酸合成酶活性是預測NUE的最關鍵指標（Yang et al., 2019a）。

甘蔗高產種植的祕密——氮肥

氮高效分子育種是培育氮高效甘蔗品種的有益補充。氮高效分子育種的基礎是不同作物或同一作物的不同基因型在氮利用效率上存在明顯差異。甘蔗不同基因型的氮利用效率也存在明顯差異，為培育氮高效的甘蔗品種提供了可能。然而，甘蔗遺傳背景複雜，開花對光溫條件要求嚴格，採用傳統雜交育種的方法培育氮高效品種很困難。挖掘和鑑定能提高甘蔗氮利用效率的關鍵基因，研究其調控甘蔗氮利用效率的生理和分子機制，可為選育氮高效的甘蔗品種提供理論依據和實驗指導。

甘蔗氮素利用研究

筆者所在團隊聚焦甘蔗氮高效分子育種研究，先後針對甘蔗主要的種質資源進行了氮利用效率的評價和篩選，獲得了關鍵指標（Yang et al., 2019a），並構建了低氮脅迫下甘蔗mRNA和miRNA資料庫，挖掘出響應低氮脅迫的關鍵基因、轉錄因子和miRNA（Yang et al., 2019b）。

撰稿人：楊穎穎　高世武　郭晉隆　蘇亞春　吳期濱　李大妹　許莉萍　闕友雄

要想甘蔗好 磷素少不了

磷是作物三大主要營養元素之一，對作物生長發育和產量、品質的形成有著極其重要的作用。自然界中，岩石和天然的磷酸鹽沉積是磷的主要儲存庫，也是人類開採磷酸鹽的主要來源。岩石經由侵蝕、風化和淋洗等途徑釋放磷素。磷循環主要包括三個步驟：首先，植物從環境中吸收磷；其次，通過食草和食肉動物以及寄生生物在水體或陸地生態系統中進行循環；最後，通過微生物分解動植物屍體再回到環境中。但是，陸地生態系統中的一部分磷會進入湖泊和海洋，而磷從湖泊和海洋返回陸地是很困難的，因此磷循環是不完全的循環。

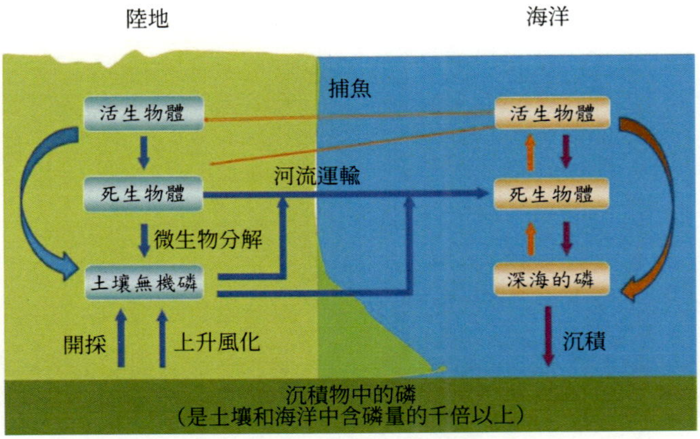

磷循環

磷肥是以磷為主要養分的肥料，其肥效主要取決於五氧化二磷的有效含量以及土壤性質、施肥方法和作物種類等因素。土壤中的磷含量很高，但這些磷絕大部分以難溶性的無機磷和有機磷的形式存在，無法被植物直接吸收利用。農業生產中，農民主要通過化學磷肥的施用來提高土壤中有效磷的含量，以促進作物的生長和發育，提高其產量和品質。磷肥不僅能促進植物根系生長，增加分蘗，還可以提高植物的抗旱能力，增強其抗寒能力和抗病性，同時施磷肥還能使植株提早成熟，提高作物產量，改善作物品質。缺磷時，植物生長緩慢，矮小，莖細，結實期延長，果實變小；磷過量時，則會出現磷中毒症狀，植物生長受到抑制，同時還會抑制植物對鐵、鋅、錳等其他有益元素的吸收。長期以來，農民經常施用大量磷肥，然而過量磷肥進入土壤後，當季作物

植物缺磷的表型

只能利用10%～25%，餘下的絕大部分磷肥會被固定在土壤中，造成土壤汙染和生態環境破壞等潛在問題。

要想甘蔗好，「磷」素少不了。磷是甘蔗生長發育最主要的必需營養元素之一，是組成核酸、磷脂的重要成分，磷通過各種形式參與甘蔗多種代謝活動，影響甘蔗蔗糖的合成。甘蔗光合作用過程中的光合磷酸化需要磷的參與，磷還能促進甘蔗氮代謝的進程，促進碳水化合物的合成以及糖的運輸等。此外，磷還與植物對其他元素的吸收有著密不可分的關係，比如，磷能有效促進甘蔗植株對氮和鉀的吸收。

甘蔗是世界上最重要的糖料作物，不僅是生產蔗糖的原料，也是生產生物燃料乙醇的重要原料。中國主要甘蔗種植區以酸性土壤為主，磷含量雖然很高，但有效磷含量較低，難以滿足甘蔗正常的生長發育，蔗農只能通過大量施用化學磷肥以達到提高產量的目的。然而，長期施用大量磷肥導致蔗區土壤的酸化程度更加嚴重，而且由於施入的磷肥（可溶性磷）更容易被土壤中的鋁和鐵等元素固定，磷肥當季的利用率只有10%～25%，限制了甘蔗產量的提高和品質的提升。如何促進甘蔗對磷的吸收，提高磷素利用率，是目前甘蔗產業發展急需解決的重要問題。

糖料作物甘蔗

育種和栽培是甘蔗磷素利用效率提升的兩個主要途徑。在甘蔗種植中，主要從兩個方面來降低磷肥的過度施用。一方面，從栽培角度上講，增加有機肥的施用，改善土壤中微生物的活性，促進土壤有機磷向無機磷轉化，增加甘蔗的吸收。需要註意的是，在施用化學肥料時，要合理配施氮、磷、鉀三種肥料，減少底肥一次性施入，通過水肥一體化，提高肥料的利用率。此外，蔗區土壤酸化，要採取措施調節其酸鹼度，減少土壤對施入磷肥的固定，提高磷肥利用率。在施用時期方面，由於甘蔗生長發育前期對磷肥吸收較多，所以磷肥要更多施用在甘蔗的生育前期和中期，也就是在甘蔗伸長期之前施用磷肥，這樣更能滿足甘蔗生長的需求。另一方面，從作物育種途徑上講，充分挖掘甘蔗磷素吸收和利用潛力，探究低磷脅迫下甘蔗的生理與分子機制，挖掘磷素吸收利用的關鍵基因，培育磷高效的甘蔗品種。生產上迫切希望在減少磷肥施用量的同時，仍然能達到穩產甚至增產的目的，因此培育磷高效品種一直是甘蔗育種的重要目標。甘蔗磷高效分子育種對減少甘蔗生產中的磷肥投入，促進生產成本下降和改善農業生態環境具有重要的科學意義。

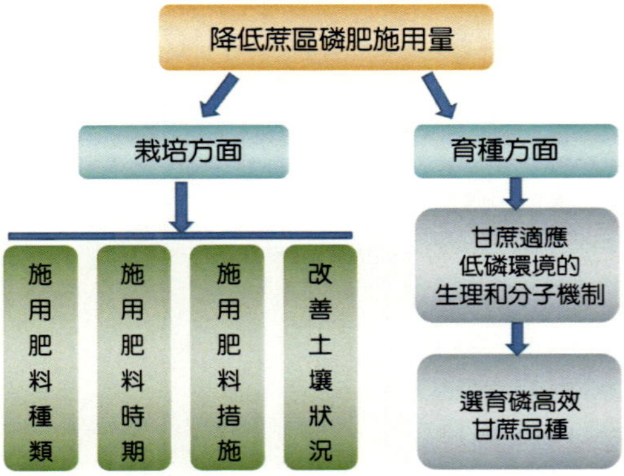

降低蔗區磷肥施用量

甘蔗的磷高效分子育種。不同作物或同一作物的不同基因型在磷利用效率上存在明顯差異。甘蔗不同基因型的磷利用效率也存在明顯差異。甘蔗遺傳背景複雜，開花對光溫條件要求嚴格，採用傳統雜交育種的方法培育磷高效甘蔗品種是一件很不容易的事情。探究甘蔗中磷利用效率調控的生理和分子機制，挖掘和鑑定甘蔗響應低磷逆境的關鍵基因，有望為甘蔗磷高效品種分子育種的開展提供科學基礎。甘蔗根據土壤有效磷含量的變化，通過改變根系形態結構，調控磷的吸收和利用，促進植株生長發育。甘蔗不同基因型磷吸收效率的差異是決定磷效率差異的主要因子之一。磷被根系吸收後，由轉運蛋白轉運到甘蔗體內。磷是否能被高效吸收和轉運是決定磷效率高低的重要因素。在甘蔗磷吸收和利用進程中有許多基因共同參與，並受到轉錄因子和miRNA的調控。挖掘甘蔗響應低磷環境的關鍵基因，並研究其調控磷利用效率的生理和分子機制是磷高效分子育種的基礎。

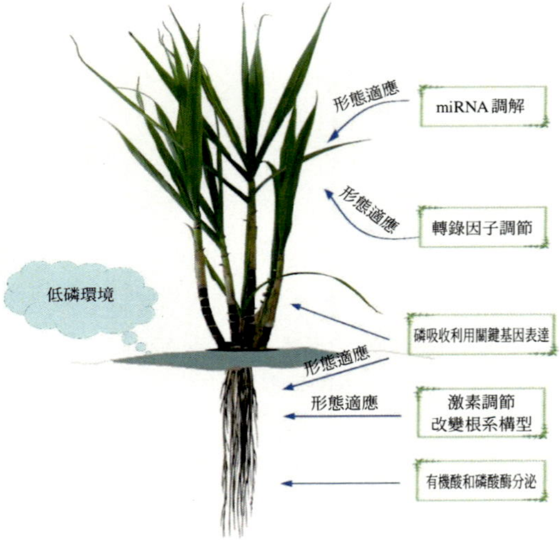

甘蔗葉片和根系響應低磷環境的模式圖

撰稿人：楊穎穎　高世武　翁夢靜　蘇亞春　吳期濱
羅　俊　郭晉隆　李大妹　許莉萍　闕友雄

只有鉀素在 甘蔗才自在

鉀素是影響作物生長發育所必需的礦質營養元素之一。鉀是植物體內多種酶的活化劑，能促進光合作用和蛋白質的合成，並增強作物莖稈的堅韌性，有效提高作物的抗旱和禦寒能力。在氮、磷、鉀三要素中，甘蔗對鉀的需求量最大，生產上每噸原料蔗通常需從土壤中吸收鉀（K_2O）2.0 ～ 2.7公斤。然而，全球蔗區土壤養分分佈不均衡，多數蔗區土壤鉀素含量仍處於低水準。中國廣西、雲南、廣東及海南甘蔗主產區的土壤中鉀素營養缺乏嚴重，處於低水準供應狀態；泰國、巴基斯坦、巴西、印度、非洲等國主產蔗區也存在類似現象。鉀素營養不充足不利於甘蔗的生長和蔗糖分積累，為滿足甘蔗對鉀素的需求，生產上常在甘蔗生長期施加大量鉀肥。

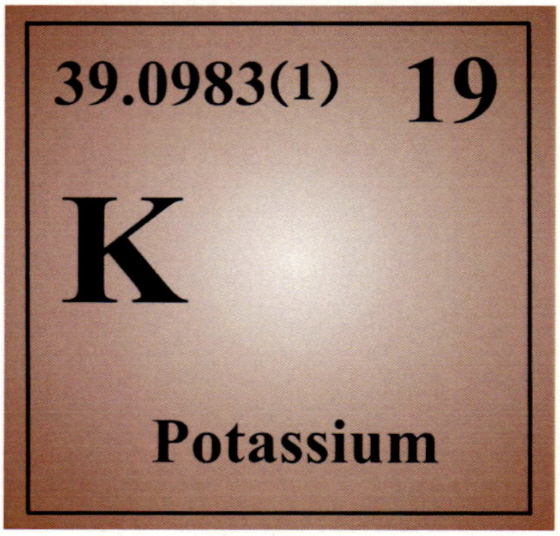

神奇的鉀素

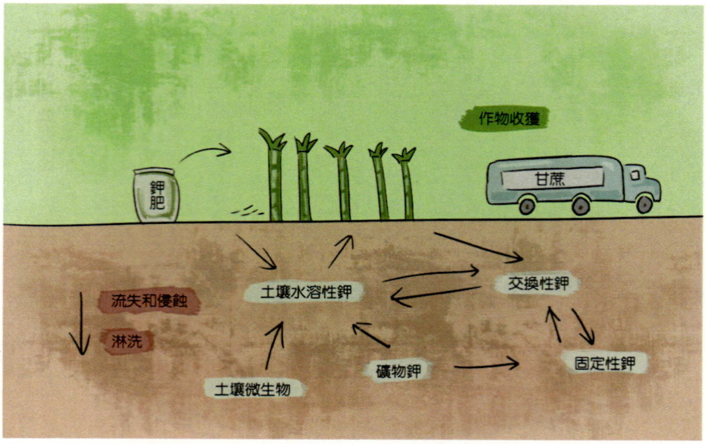

生物圈的鉀素循環

甘蔗是典型的喜鉀作物。適量施用鉀肥，能產生有利的農學效應，增加甘蔗植株的鉀素吸收量，提高鉀肥利用率，促進甘蔗生長，最終增加產量；過度施用鉀肥，對甘蔗產量和經濟效益的提高不僅無法起到促進作用，反而會降低鉀肥利用率、影響蔗株對鈣和鎂等元素的吸收，且在增加種植成本的同時，對環境也造成一定的汙染。中國鉀礦資源匱乏，農用鉀肥主要靠進口，鉀肥價格居高不下，為了降低種植成本，許多蔗農不施或少施鉀肥，加之鉀肥利用率低以及長期收獲會導致土壤鉀的耗竭，加劇了鉀短缺而成為限制中國甘蔗產業發展的重要因素之一。因此，提高鉀素利用率，滿足甘蔗對鉀素營養的需求，促進甘蔗產業高產、優質、高效和綠色發展，已經成為亟待解決的一道重要科學命題。

甘蔗鉀素營養特徵。鉀在甘蔗植株內以游離狀態的K^+和無機鹽的形式存在於細胞質或吸附在原生質體表面，其吸收、累積和分配呈動態變化（彭李順等，2016）。細胞質中的K^+主要影響酶活性和參與有機物合成、光合作用和呼吸作用、同化物的運輸等生化代謝過程；液泡中的K^+主要影響細胞水分狀況、葉片細胞生長和運動、電荷平衡等細胞生理功能。鉀素可加速甘蔗體內醣類的形成和養分的運輸，並能改善甘蔗的氮代謝，有利於有機物質的形成和積累，從而獲得高產。在甘蔗植株體內，鉀素均有分佈，在發育初期，莖葉中鉀的含量較高，隨著時間的推移，鉀的含量略有波動，但仍表現為地上部分含量較高；栽培管理中，結合蔗株體內含鉀量、鉀肥施用量及蔗株產量與品質之間的關係，確定蔗株正1葉中脈基部是鉀素營養診斷最適宜的部位。甘蔗在生育期中不分晝夜地吸收鉀，使其體內鉀含量隨著株齡的增大而減少，增施鉀肥後，蔗株體內鉀含量也隨之升高。

糖料作物甘蔗

甘蔗鉀素營養缺乏症狀。缺鉀導致甘蔗葉片保衛細胞膨壓下降、氣孔關閉及CO_2擴散阻力增加，進而光合作用降低，使甘蔗株高、有效莖數和莖徑受到抑制，最終影響甘蔗產量。此外，缺鉀使得呼吸底物利用、氧化磷酸化及光合磷酸化速率下降，能量水準銳減，雖然胺基酸與醯胺類可溶性氮增加，但阻礙了蛋白質合成，導致甘蔗品質降低。甘蔗下種後，最早2個月便可出現缺鉀症狀，表現為蔗株

甘蔗缺鉀時葉片褪色的典型症狀

矮小，生長勢減弱。 鑑於鉀在蔗株體內常以陽離子 K^+ 形式存在，流動性極強，能從成熟葉和莖葉流向幼嫩組織進行再分配，因而甘蔗缺鉀症狀最先出現在近莖下部的成熟葉片，先是老葉頂端褪綠和壞死，然後在中脈兩側或僅在中脈一側向下發展，中脈呈深色條狀變色，甚至出現局部壞死，其後幼葉變為灰黃色。

甘蔗增施鉀肥的效應。增施鉀肥可明顯改善低鉀脅迫導致的不利影響，在一定施鉀範圍內，有效莖數、單莖重、莖徑均顯著增加，蔗區增產效果明顯。隨著鉀肥施用量增多，有效莖數、單莖重降低，但總產量依舊增加，這或許是蔗株通過增加節間長度和莖徑來增產。在增施鉀肥的過程中，不僅淨光合速率、乾物質的量有增加，增施鉀肥後還會促進甘蔗宿根發芽、提高土壤鉀素有效性。此外，增施鉀肥除了會提高產量外，可以促進甘蔗還原糖轉化為蔗糖，促進蔗糖積累，提升甘蔗品質。然而，濫用鉀肥會對甘蔗品質產生不利影響，比如原材料加工熬製過程中鉀與蔗糖形成化合物，溶解度提高，形成的結晶較小，降低了蔗糖回收率。

鉀利用效率差異由遺傳基因控制且可以向子代穩定遺傳，因而選育鉀高效品種是提升甘蔗鉀利用效率的最有效途徑。模式作物擬南芥和一些作物

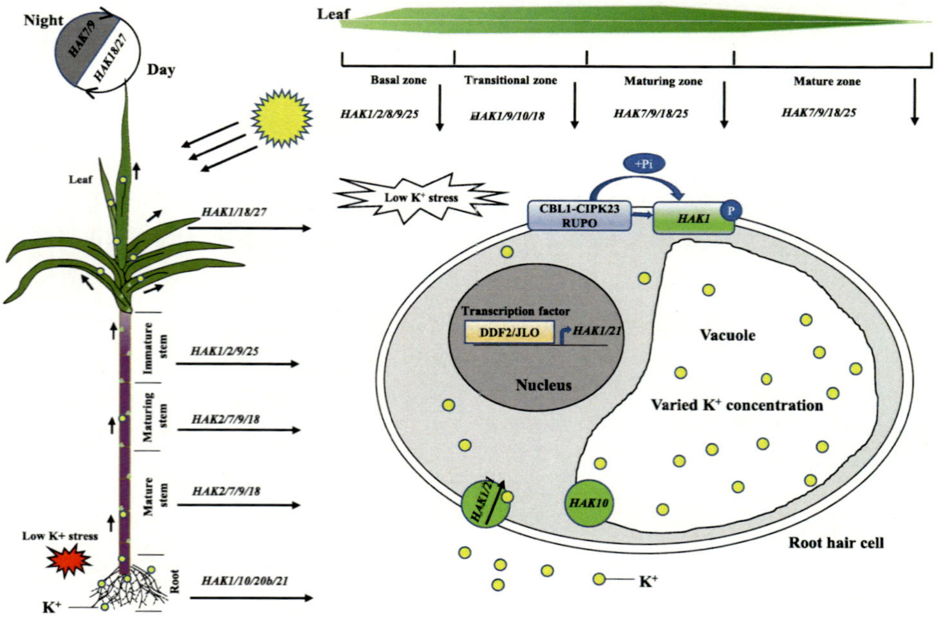

甘蔗 *HAKs* 轉運體基因家族在低鉀脅迫下的功能作用模式
(Feng et al., 2020)

中，發現了一些可用於分子標記輔助選擇育種的K^{+}積累相關數量性狀基因座(QTL)。在甘蔗中，參與代謝過程、陽離子結合、生物調控、轉運和轉錄調控的基因富集，且參與Ca^{2+}信號通路和乙烯通路的基因在低鉀脅迫下發揮重要作用。甘蔗*HAK*基因家族成員在不同發育階段特異表達，且具有晝夜節律，同時不同家族成員在不同葉段發揮作用（Feng et al., 2020）。根系形態與鉀吸收息息相關，提高植物對鉀素高效利用的機制還可從植物本身形態、內在親和力等探究。未來的研究中，除了常規雜交育種外，有望基於現代分子生物學技術推動對鉀素高效利用基因的挖掘與鑑定，進而開展基因改造作物改良，或者利用基因編輯技術對目標基因進行改造，以及利用鉀素高效相關基因進行分子標記輔助育種，最終篩選出鉀高效品種。

甘蔗常年單一連作對土壤鉀流失有一定影響，採用多樣化種植方式及適宜的農藝措施能夠一定程度上提高土壤中鉀素含量。甘蔗間作馬鈴薯較甘蔗單作消耗的土壤養分相對減少，土壤鉀含量提高。在甘蔗與花生間作和施矽處理下，土壤有機碳、磷、鉀和矽含量均有提升。輪作在甘蔗生長中也具有明顯增質作用，可促進土壤營養成分的加速釋放，提高土壤養分的利用率。土壤長期連作後易緊實，適當進行翻耕提高土壤通氣性、增加土壤孔隙度等，能夠促進蔗株根系生長，增大與土壤的接觸面積以吸收土壤養分。在甘蔗生產上，運用滴灌施肥技術配施鉀肥，可達到事半功倍的效果，施鉀量僅為常規一半即可，既經濟又環保。此外，種植及田間管理不當會促使養分吸收量不足，植物面臨多重脅迫，因而建立系統化甘蔗種植技術體系，提升甘蔗種植和管理的科學性，對保證甘蔗鉀素營養的平衡供給和有效吸收是非常重要的。鉀是如此重要，無論人類、動物還是植物，概莫能外，作為喜鉀作物的甘蔗，更是不可或缺。

含鉀高的水果和蔬菜

鉀是甘蔗生長發育過程中不可或缺的一種營養元素，不僅能夠增加甘蔗產量，還能增強植株抵抗病害和抗倒伏等能力。鉀是甘蔗植株代謝中多種酶的催化劑，對甘蔗葉片中糖分的合成（源）及其轉運和儲存到莖（庫）的過程中起著關鍵的作用，並在控制水合物和滲透壓方面扮演重要角色。缺鉀情況下，甘蔗莖稈較短，老葉的尖端與邊緣呈現焦枯狀，表面出現棕色條紋和白斑，中脈組織有時還會出現紅棕色條斑，甚至導致局部性壞死；幼葉濃綠，後逐漸變為灰黃色。鉀作為甘蔗需求量極大的元素之一，在海內外蔗區土壤中卻常缺乏流失而以施肥補充鉀素需求。目前，儘管植物鉀素利用機制已有不少有效研究，但甘蔗鉀素研究仍處於起步階段，是一個亟待提升的重要科學命題。甘蔗鉀素利用效率的提升，其核心因子正是甘蔗本身，以鉀高效甘蔗品種的培育為主、以科學合理的耕作栽培措施為輔，仍將是未來甘蔗產業中提升鉀素利用效率的主流路線。

撰稿人：羅　俊　張　靖　郭晉隆　楊穎穎　蘇亞春
吳期濱　高世武　李大妹　許莉萍　闕友雄

甘蔗喜上矽 鎧甲護輪迴

矽是一種常見的化學元素，其化學符號是Si。矽屬於元素週期表上第三週期，ⅣA族的類金屬元素，其原子序數為14，相對原子質量為28.0855，有無定形矽和晶體矽兩種同素異形體。矽的英文silicon，來自拉丁文的silex，silicis，意思為燧石（火石）。

矽——植物的矽質鎧甲

矽肥是繼氮、磷、鉀之後，被權威機構確認的第四大元素肥料。地殼中矽（Si）含量豐富（26.4%），是僅次於氧（49.4%）的第二大元素。然而，直到近年來，生物學家才深刻認識到矽作為植物營養物質的重要性。現在，越來越多的證據表明，矽在植物保持健壯植株和減輕一系列生物和非生物脅迫的不良影響方面發揮著不可或缺的作用，

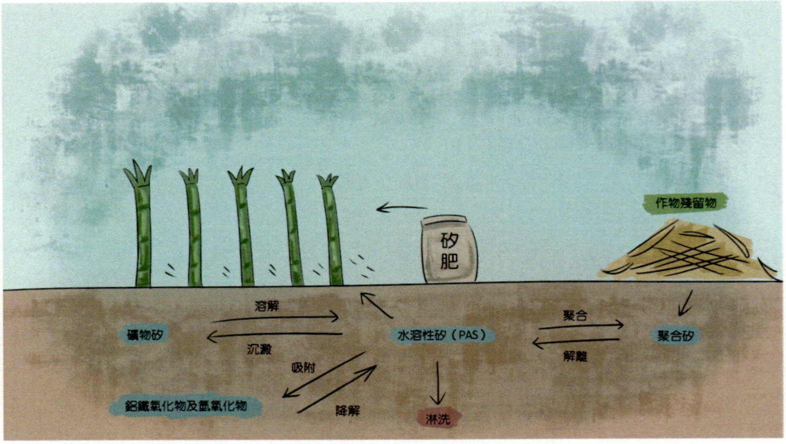

植物中的矽循環

包括水和鹽脅迫、金屬毒性、營養失衡、眞菌和細菌病原體及昆蟲食草動物侵害等。因此，矽肥不僅環保清潔，還優質高效，對農作物的生長起到較好的調節作用；同時，還能夠通過改善植物形態結構、生理過程，增加營養元素的吸

收，抑制重金屬等有害元素的吸收，從而有效提高植物對生物和非生物逆境的抗性。

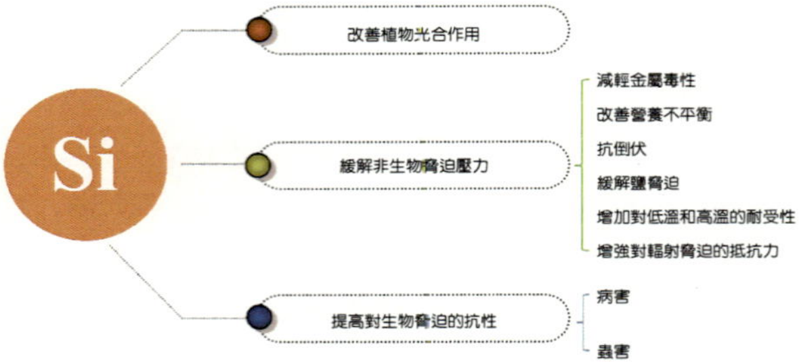

矽在生物和非生物脅迫下對植物生長的有益作用

在作物中，水稻和甘蔗是典型的喜矽作物，其植物莖稈甚至能夠積累大於1.0%的矽的乾物質。當將這兩種作物種植在高產、富含矽的土壤上時，矽的消耗量每年分別超過150公斤/公頃和400公斤/公頃。令人憂心的是，由於耕地面積的減少或不同作物之間對耕地的競爭性使用，不少地區的水稻和甘蔗只能種在風化的熱帶或副熱帶土壤上。在幾千年的風化作用下，經由濾出或脫矽，這類土壤中可溶性矽的含量大多已經枯竭。除了濾出或脫矽作用外，在原生矽酸鹽和鋁矽酸鹽礦物的化學風化過程中，還會伴隨著鹼性陽離子的釋放和淋失，這最終促使低鹼飽和土壤即酸性土壤的形成。同時，鋁（Al）和鐵（Fe）離子會與一些矽發生化學反應，形成以鋁和鐵倍半氧化物和高嶺石為主的次生黏土礦物。特別需要指出的是，這些高度風化的土壤，除了相對貧瘠之外，也是酸性的。因此，可能有大量的可溶性形式的鋁（土壤$pH<5.5$），可以與矽反應形成不溶性的羥基鋁矽酸鹽（HAS）。在降雨和溫度都很高的熱帶和副熱帶地區，風化過程中矽的損失最為嚴重，而在溫帶地區，矽的損失程度則要小得多。

喜矽作物水稻

單體矽酸（H_4SiO_4）是矽在土壤溶液中存在的主要形式，這也是植物能夠有效吸收的矽化合物。在植物體內部，當矽以矽酸的形式通過矽轉運體（Lsi）被吸收後，會聚合成水合無定形二氧化矽（$SiO_2 \cdot nH_2O$）；當植物被分解時，矽會返回到土壤中，從而被下一個作物季的植物所吸收。在土壤溶液中，矽酸的溶解度與土壤膠體的吸附/解吸反應密切相關。pH低時，土壤溶液中矽酸的溶解度和濃度最高；隨著pH升高，矽酸的溶解度和濃度都逐漸降低；當pH達到9.8時，矽酸鹽陰離子能夠被最大限度地吸附到土壤表面，而鋁和鐵的含水氧化物，導致土壤溶液中矽酸的溶解度和濃度大幅度下降。在風化酸性土壤的矽流失中，矽的溶解度和pH之間的這種關係是最主要的因素之一，且由於作物長期密集種植，矽的流失進一步加劇。

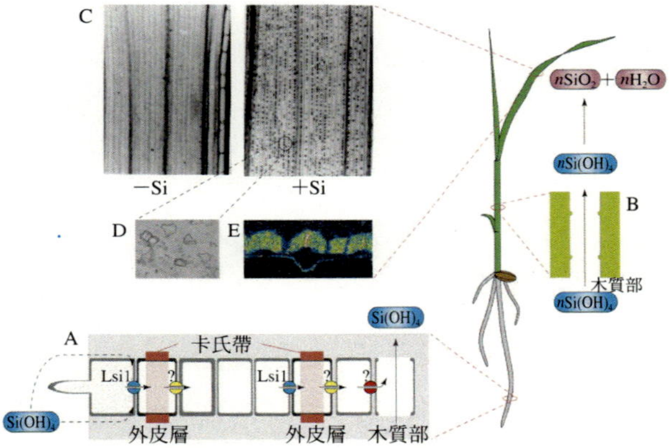

矽在水稻中的吸收、分佈和積累

[矽以矽酸的形式通過轉運體被吸收（A），然後以同樣的形式被轉移到芽中（B）。在芽中，矽被聚合成二氧化矽並沉積在球狀細胞（二氧化矽體）（C、D）和角質層下（E）。軟X射線（C）和掃描電鏡（E）檢測到矽]

(Ma and Yamaji, 2006)

矽能夠在物理、生化和分子三個維度上啟動植物防禦機制，介導形成植物抗性，以應對生物和非生物因子的脅迫。其中，物理機制通過細胞壁加固和胼胝質沉積，在導管處產生膠狀物質和侵塡體，在葉表面等部位形成角質或蠟質層，在脅迫受傷組織的周圍形成木栓組織，以形成機械屏障，相當於第一道防線，抵禦外源生物和非生物脅迫；生物化學機制歸結於啟動防禦相關酶、刺激抗微生物化合物的產生以及調節複雜的信號通路網絡，協同防禦生物和非生物因子繞過/突破物理屏障後造成的傷害；分子機制則主要包括與防禦反應相關的基因和蛋白質的調節，比如提高植物抗性相關基因和蛋白的表達水準，促進不同抗性基因和蛋白之間的相

機制	物理	形成角質層 加固細胞壁 形成乳狀突起
	生理	啟動防禦相關酶 生成抗菌化合物 調節系統信號
	分子	轉錄組調控 蛋白質組學調控

矽在植物與病原體互作中的作用

(Wang et al., 2017)

互作用等，並通過這些基因或蛋白產物來適應或抵抗各種生物和非生物逆境的脅迫。

對於能夠有效積累矽作物的甘蔗來說，其生長發育離不開矽元素的滲透。甘蔗作為重要的糖料作物和可再生生物質能源作物，具有很大的產業發展潛力。甘蔗對矽的吸收特性及其產量的增加和品質的提升會受到土壤中有效矽含量的影響。據測定，生長12個月的甘蔗可吸收大約380公斤/公頃的矽，大於甘蔗對土壤中氮、磷、鉀等其他元素的吸收量。矽是植物細胞壁的一個非常重要的組成成分，施用矽肥可以使植物細胞壁增厚，促進植株保持直立姿態生長。甘蔗從土壤中吸收矽營養元素後，葉片中矽的含量會顯著增加，形成更多的矽酸和矽化細胞。蔗葉中的含矽量與其葉片光合強度和葉綠素含量相關，施用矽酸鈣能夠有效增加蔗葉的光合速率、蒸騰速率與氣孔導度。此外，矽肥能消除或減輕酸性土壤中錳、鋁、汞等重金屬汙染，還能增加甘蔗根系對磷的吸收，減少甘蔗倒伏，改善葉和莖的直立性，提高甘蔗植株的水分利用率，並增強甘蔗抗凍性。

矽肥在施用過程中具有對環境友好、長效性和對病蟲害具有多元抗性等特點，可作為甘蔗現有生物化學防治手段的有效補充。研究者認為矽肥能增強甘蔗對褐鏽病的抗性。在巴西，甘蔗科學工作者使用矽肥對三種典型土壤類型的甘蔗褐鏽病的防治進行觀察，在一年新植和兩年宿根試驗中，發現矽肥能夠在不同程度上降低褐鏽菌的發生率（防治效果為20% ~59%）。在甘蔗對莖蛀蟲的抵抗力方面，矽還可以通過提高蛀蟲天敵對植物的寄生率來增強甘蔗對莖蛀蟲的抵抗力，從而在一定程度上控制螟蟲的危害。適量的矽肥還能夠大大提高甘蔗植株中矽的含量，提升整個生育期甘蔗對條螟的內源抗性，不但干擾條螟的正常生長發育，降低種群數量，而且能提高甘蔗對條螟的耐害性，減輕甘蔗的受害程度，有效促進甘蔗增產增收。另有研究表明，與抗蟲甘蔗品種相比，矽對易感甘蔗品種的保護效果更明顯。施用矽肥後甘蔗黃蟎的數量顯著降低，且捕食性甲蟲也減少了。此外，矽具有控制爪哇根結線蟲的潛力，能夠降低甘蔗環斑病的發生率。

矽酸鈉（Na_2SiO_3）和矽酸鉀（K_2SiO_3）均會影響甘蔗黑穗病菌的生長。眾所周知，甘蔗黑穗病是一種重要的全球性甘蔗真菌病。自1877年南非納塔爾首次報導甘蔗黑穗病以來，該病已成為一種全球性的甘蔗病害。在過去的20年裡，黑穗病已成為中國最具經濟危害的甘蔗病害之一。目前，中國主要甘蔗品種普遍感染黑穗病，嚴重影響產量和品質。在澳洲甘蔗沙植地，連續三年在田間小區試驗中，使用高爐礦渣（矽含量14%～18%）作為矽源。初步結果表明，高爐礦渣能顯著降低田間甘蔗黑穗病的發生率，促進甘蔗生長。施矽顯著提高了黑穗病敏感品種ROC22和抗病品種Badila的抗黑穗病能力，甘蔗黑穗病發生率分別下降了11.57%～22.58%（ROC22）和27.75%～46.67%（Badila）。進一步研究發現，矽通過調節甘蔗的病程相關蛋白活性、次生代謝和活性氧代謝，從而積極調控對黑穗病的抗性。

增加蔗葉光合速率、蒸騰速率、氣孔導度
緩解錳、鋁、汞等金屬毒性
增加甘蔗對磷的利用率
改善葉和莖的直立性
減少甘蔗倒伏
提高甘蔗抗凍性和植物水分利用率
Si
增強甘蔗對褐鏽病的抗性
控制螟蟲的危害
降低甘蔗黃螨的數量
控制爪哇根結線蟲
降低甘蔗環斑病的發生率
提高甘蔗對黑穗病的抗性

殊途同「矽」——矽在甘蔗生產實踐上的應用成效

甘蔗喜上矽，殊途又同「矽」。矽的性質是複雜的，植物從外部環境中吸收矽的能力有很大的不同，它們從矽中獲得的益處也有所區別。近年來的研究表明，矽已被提升到植物有益物質的地位。對甘蔗而言，施用矽肥可以改善土壤的理化性狀，提高肥料的利用率；協調甘蔗植株的生長，提高甘蔗生物產量；調節甘蔗的生理代謝，提高甘蔗蔗糖分；作為細胞壁組分，提高甘蔗的抗性；甚至還可以促進還原糖向蔗糖轉化，加快甘蔗的成熟。

撰稿人：蘇亞春　尤垂淮　吳期濱　羅　俊　高世武　郭晉隆　李大妹　許莉萍　闕友雄

物以稀為貴 糖以硒為最

1779年8月20日，瑞典南部一個名叫威菲松達的小鄉村裡，誕生了一位男嬰。此時，大家還不知道，這個孩子——貝吉里斯，將在化學發展歷史中畫下濃墨重彩的一筆，並在化學發展的名人榜上佔有重要的一席之地。1817年，貝吉里斯發現硫酸廠鉛室中有一種紅色的沉澱物，這種物質在燃燒時會發出與碲化物（碲與金屬或非金屬的一種化合物）燃燒時相似的味道，在此之前他一直認為這個紅色的沉澱物也是一種新型的碲化合物。令人興奮的是，一年後，即1818年，他發現這種物質中並沒有碲元素的存在，據此他判斷這是一種具有與碲元素相似性質的新元素。鑑於碲(tellurium)的名字來源於tellus (拉丁語意為土地，在羅馬神話中是大地母親的名字)，而這種新元素與碲元素的性質形似，所以他將這種新元素命名為selenium (硒)（Selene為希臘神話中的月亮女神)，從此以後，硒元素便有了一個優雅而浪漫的名字。

硒是一種非金屬元素，化學元素符號是Se，在化學元素週期表中位於第四週期VI A族（第34號元素）。普通話和客家話讀xi，粵語念sai，潮州話則為si。硒具有與硫元素相似的性質，其氧化態分為四種：－2、0、4、6價。該元素用途廣泛，可以用作光敏材料、電解錳行業催化劑、動物體必需的營養元素和植物有益的營養元素等。

硒——健康的守護者

硒大致可分為硒單質、無機硒和有機硒三類。在自然界中，硒元素的存在方式有兩種：無機硒和植物活性硒。無機硒多從金屬礦藏的副產品中獲得，一般指的是亞硒酸鈉和硒酸鈉，以及其他大量無機硒殘留的酵母硒、麥芽硒。無機硒通常有毒性，不適合人和動物直接食用。植物活性硒通常是指植物從土壤中吸收的硒元素，是可以被人體利用的。在植物體內，這種形態的硒元素主要是通過光合作用以及植物體內的生物轉化，以硒代胺基酸的形態存在。在地殼中，硒的含量很少，僅約一億分之一，且分佈極不均勻，屬於一種極度稀散分佈的元素，通常極難形成工業富集。在全世界範圍內，共有44個國家硒元素稀缺。中國是一個嚴重缺硒的國家，有72%的國土面積屬國際公認的缺硒地區，包括東北、西北、西南等二十多個省份，其中30%是嚴重缺硒地區。

硒元素不僅是聯合國衛生組織確認的人體必需微量元素之一，還是植物生長過程中極為重要的調控因子。對人體而言，硒元素是一種良好的抗氧化劑，它可以清除人體內過量的氧自由基，防止過氧化的破壞作用，有效保護視力、提高人體免疫力，因其對癌細胞的生長有抑制作用還被認為具有輔助抗癌的功能，因此又被稱為「健康的守護者」和「生命的保護神」。在植物體內，硒的生物活性可以分為三個層次：第一，最低濃度，這是正常生長和發育需要的；第二，中等濃度，可以儲存在體內，以維持體內平衡功能；第三，高濃度，會導致毒性效應，影響生長和發育。硒元素能夠提高植物的生物產量，這主要通過調控植物體內葉綠素的合成與代謝，增強植物的呼吸作用等來實現。同時，硒元素還可以增強植物體內的酶活力，有效促進種子的萌發。此外，研究還發現，硒元素具有拮抗有害金屬物質和協調運輸其他物質的作用。與其在人體中的作用類似，硒元素也能調控植物的抗氧化能力，提高植物對生物和非生物逆境的抗性。

富硒食品

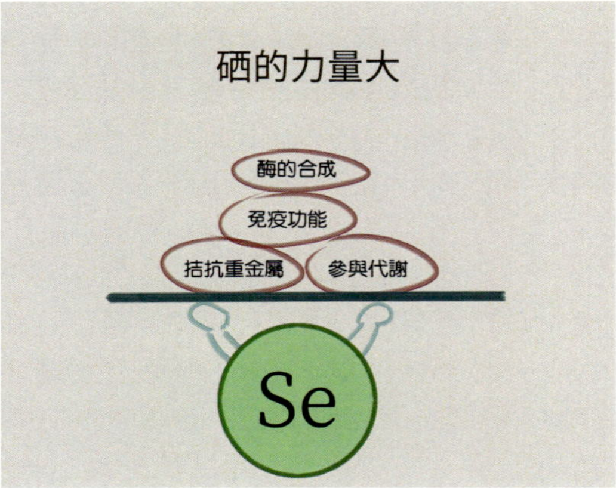

硒的生物效應

微量元素專家奧德菲爾德博士也說過，硒像一顆原子彈，量很小很小，作用和威懾力卻很大很大。一旦被人們認識利用，將對人類健康產生深刻的影響。民以食為天，除了五穀（稻、黍、稷、麥、菽）之外，蔗糖亦是人類基本的糧食之一，已有幾千年的歷史。亙古通今，衣食住行，歷來都是貫穿人生的四件大事，其中又以「食」最為重要。古代，生產力低下，人們最樸素的願望便是能夠有的吃，而能夠吃飽肚子「飽腹」常常成為奢望。隨著時代的變遷，現代社會勞動生產力的進步，人們對食物的要求更高了，吃飽後希望吃好，這導致對有機、天然、健康等綠色食品的需求越來越強烈，尤其是各種富含微量元素的綠色食品已經成為大衆期望的必需品。硒在人的體內無法合成，為了滿足人體對硒的需求，就需要每天補充硒。因此，培育和種植富硒作物，以滿足人民群衆不斷成長的對富硒產品的需求，已經成為擺在科研工作者面前的重要課題。

富硒農業的發展

甘蔗是人類攝取糖分最為重要的經濟作物，對食糖供應安全有著舉足輕重的作用，培育和推廣富硒甘蔗並生產富硒紅糖有望大幅提高甘蔗的營養價值和增強甘蔗產業的競爭力。甘蔗屬於禾本科作物，在中國是生產食糖的主要原料，具有喜高溫、喜溼和喜肥的特性以及生長週期長的特點，在中國廣西和雲南等副熱帶地區廣泛種植。說到富硒農業，就不得不提「富硒甘蔗」。「富硒甘蔗」是衆多富硒作物中的一員。中國根據硒元素含量，對不同地區土壤進行了分級，平均硒含量在0.40毫克/公斤以上的為富硒土壤區，此標準線也是劃分富硒與貧硒地區的重要基礎。目前，國際上推廣的富硒農業主要有兩種：一種是利用天然/自然富硒地區土壤種植農作物；另一種是在農作物種植過程中人工施加外源硒。由於中國富硒土地僅占耕地的3.5%左右，因此在貧硒地區發展富硒農業，其外源硒的應用也成為不二選擇。富硒甘蔗的栽培，一般選址在富硒土壤地區，富硒地區生產的甘蔗有著更高的硒含量，因此生產的甘蔗享有「生命糖漿」的美稱。而在貧硒地區，如果想要生產富硒甘蔗，主要途徑為施用外源硒，利用這種方法生產的甘蔗，也能夠富含較高的硒元素。值得期待的是，目前在不少蔬果類作物中，廣大科研工作者已經發掘出許多「富硒基因」，未來可望在甘蔗中也開展相關研究，在保證安全環保和健康的前提下，從基因層面改良甘蔗對硒的富集效率。

富硒甘蔗產業正在蓬勃發展。廣東蕉嶺的蕉城、廣福、長潭、新鋪等多個地區，富硒甘蔗的種植面積已達3 000多畝。2019年，廣州甘蔗現代農業產業園富硒甘蔗的種植面積高達8 500畝。此外，海南地區由於土壤含硒量集中在0.45～2.00毫克/公斤，屬於富硒土壤，其生產的紅糖品質更是上乘。有報導稱，在海南傳統土法生產工藝製作的紅糖中，天然硒含量高達62.06

硒是人體重要的微量元素

微克/公斤，口感甚佳。紅糖被譽為「東方的巧克力」。紅糖「凝結如石，破之如沙」，泡一杯紅糖水，慢慢溶化，混合著甘蔗的清香味道，蔗香濃郁、口感細滑。古籍《醫林纂要》記載紅糖功效:「暖胃，補脾，緩肝，去瘀，活血，潤腸。」毫無疑問，富硒紅糖有著更高的營養價值。

富硒紅糖

物以稀為貴，糖以硒為最。硒元素不僅是參與植物生命活動的重要元素，還在人類健康方面發揮重要作用。富硒甘蔗產業，蓬勃發展；甜蜜甘蔗事業，正當其時！

撰稿人：趙振南　蘇亞春　吳期濱　李大妹　許莉萍　闕友雄

漫畫 1 病菌來襲
甘蔗和糖的那些事
饒命！
我是黑穗病菌，我要入侵至蔗芽內部，破壞你的生長點，產生黑色鞭狀物，高溫高溼更能展現我的實力！
我是花葉病菌，讓你的宿根年限縮短，降低你的蔗莖萌芽率和產量。
我是葉枯病菌，讓你病斑密布、葉片枯死，減少糖分積累。
天吶！我的甘蔗怎麼都生病了，沒有收成可怎麼辦啊？！
你們不要過來啊
躺平！

圍剿黑穗病 端穩糖罐子

甘蔗屬於禾本科甘蔗屬，是多年生高大實心草本C_4植物，稈直立，枝不分杈，高度2～6公尺。甘蔗主要分佈於熱帶與副熱帶地區，是全球最重要的糖料作物和最具潛力的生物能源作物。俗話說「無糖無甜、無鹽無鹹」，作為日常生活必需的調味品，它給人們帶來了生理上的愉悅和心理上的幸福感；作為人體三大營養物質（醣類、脂肪、蛋白質）之一，糖是人體最重要的供能物質，人體一切活動消耗的能量，大部分是由醣類提供的。生活中加一點糖，會變得更甜蜜。

近年來，中國食糖總產量位居世界第三，食糖消費量位居世界第二，且呈剛性成長。其中，蔗糖總產量占中國食糖產量的85%左右，甘蔗栽培面積約140萬公頃，甘蔗產業的良性健康可持續發展直接關係中國的食糖安全。中國食糖自給率為60%～70%，剩餘缺口由進口填補，其中2020/2021榨季中國食糖進口量全球占比接近11%。俄羅斯和烏克蘭之間發生衝突後，俄羅斯政府決定2022年3月10日至8月31日禁止出口糖類，包括白糖和原蔗糖等；同時，烏克蘭政府也已經實行出口管制，對食糖實行零配額出口，這更加凸顯了在當前國際形勢下，提高食糖自給率的重要性。

與人類和地球上的其他生物一樣，甘蔗也會生病，而且病原五花八門，

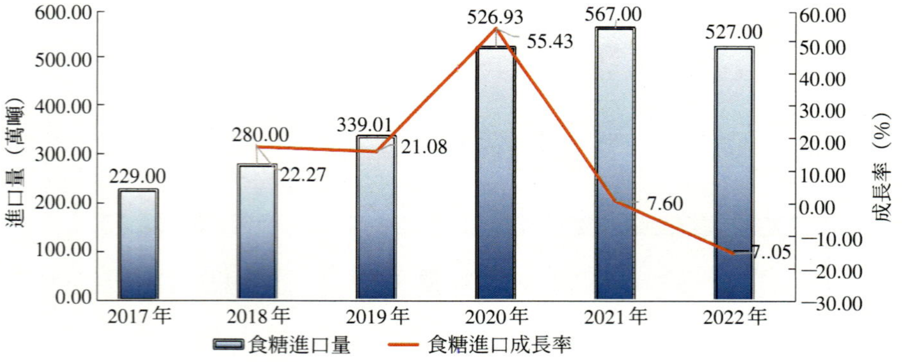

2017—2022年中國食糖進口量及成長情況
（資料來源：海關總署）

名目衆多。已知的甘蔗侵染性病害在中國有50多種，其中甘蔗黑穗病是一種全球性的重要甘蔗病害，也是中國甘蔗生產中危害最為嚴重的真菌病害，其最明顯的特徵是病蔗梢頭具一條向下內卷的黑色鞭狀物，號稱「甘蔗癌症」，一

旦發病，輕則造成蔗莖損失、蔗糖分降低，重則導致品質劣化，甚至絕收。目前，中國蔗區甘蔗主要栽培品種普遍感染黑穗病，給中國甘蔗產業造成了嚴重的經濟損失。

甘蔗黑穗病是由鞭黑粉菌（*Sporisorium scitamineum*）引起的一種真菌病害。其致病性菌絲體由蔗芽入侵至蔗莖內部，通過胞間連絲傳播至蔗株生長點，導致生長點變異，產生黑色鞭狀物，且分蘖增多、莖葉細長、葉色淺綠，分蘖上也會長出黑鞭，終成無用的原料蔗莖。每個甘蔗黑穗病菌的孢子囊每天可釋放約1億個冬孢子，其孢子體積小，重量輕，能在空氣中長距離傳播，在炎熱和乾燥的條件下存活超過6個月。高溫高溼、雨季或蔗田積水，旱後較多雨水等，為該病發生的有利條件。

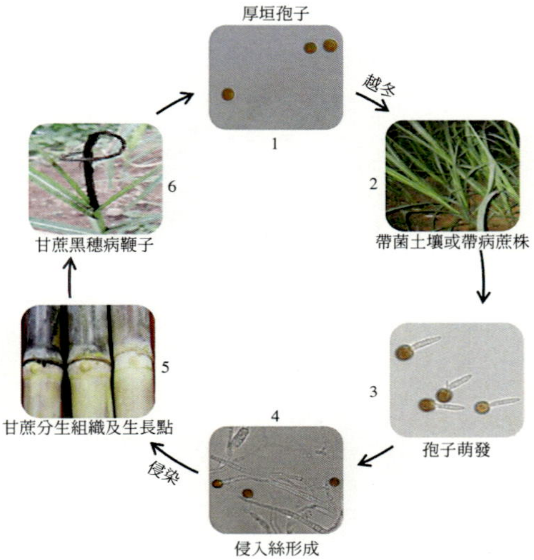

甘蔗黑穗病菌的侵染循環

甘蔗生長週期長，植株高大，在甘蔗生長季的夏初和秋末冬初有兩次病害流行季，加上黑穗病菌產孢量大，病原孢子隨氣流傳播，甘蔗種苗帶菌潛伏期長，客觀上甘蔗黑穗病的防控難度較大。抗病育種是從根本上控制該病害最經濟有效的技術路徑。

甘蔗黑穗病的防治方法：①選育和應用抗病品種；②應用健康種苗或種苗消毒；③改良栽培措施，促使甘蔗早生快發；④實行輪作，發病區不留宿根；⑤及時發現病株，並拔除燒毀。

甘蔗黑穗病田間發病症狀

甘蔗的收獲物是營養體，表型性狀與環境的互作效應大，抗性的表現是基因型、環境和病原菌三者互作的最終產物，所以同一基因型在不同年分的同一地點或者同一年分的不同地點間，抗性的表現都可能不一致，加上甘蔗遺傳背景複雜導致的眾多優良基因聚合到同一基因型中的機率很低的現狀，因此，單純依賴雜交育種和表型選擇的現行傳統育種技術，難以選育出高產、高糖和抗病性兼具一身的甘蔗品種。

甘蔗抗黑穗病研究

闕友雄研究員領銜的甘蔗生物育種研究團隊，以歷史積澱為基礎，瞄準甘蔗產業實際，聚焦甘蔗生物學與遺傳育種的關鍵科學問題，長期致力於甘蔗抗黑穗病性狀評價及其形成和調控機制研究。團隊以寄主甘蔗品種的抗病機制和病原黑穗病菌的致病機制研究為切入點，全方位解析甘蔗與黑穗病菌互作的形態、生理和分子機制並取得重要進展，為創新性開發甘蔗黑穗病的防控策略奠定了較為重要的理論和實踐基礎。

撰稿人：蘇亞春　吳期濱　尤垂淮　郭晉隆　高世武　李大妹　許莉萍　闕友雄

糖若遇花痴 苦澀蔗自知

病毒是目前人類已知的最簡單的生命體，一般由蛋白外殼及其包裹的遺傳物質形成蛋白－核酸複合體。病毒因其簡單而難以防治，給人類健康和農業生產造成了不可估量的損失，近者，如新冠病毒、流感病毒，與我們近在咫尺；遠者，如甘蔗花葉病，對絕大多數人而言，聞所未聞。

甘蔗花葉病是一種在生產實際中嚴重危害甘蔗生長並導致產量及含糖量下降的主要病毒性病害。1892年，Musschenbroek在印度尼西亞爪哇，首次記述了甘蔗花葉病，當時稱為「黃條病」。1920年，Brandes在美國路易斯安那州發現玉米蚜（*Rhopalosiphum maidis*）能傳播此病。20世紀初，甘蔗花葉病在古巴、巴西和美國的廣泛流行曾經造成許多製糖工廠的破產。在中國，甘蔗花葉病於1918年和1947年曾兩次大流行，對甘蔗和玉米種植造成了極為嚴重的危害。甘蔗花葉病在中國南方主要蔗區的甘蔗染病率達到了30%，一些感病品種在花葉病爆發期的感病率甚至達到100%，這直接導致了種莖萌發率、蔗莖產量和蔗糖含量的下降。甘蔗花葉病毒就像「花」痴，百折不撓地糾纏著甘蔗，給蔗糖產業帶來無窮無盡的苦澀。真可謂「糖罐子」上的裂痕。

甘蔗花葉病田間發病症狀

A.健康蔗葉　B.感病蔗葉　C.嚴重感病蔗葉　D.部分蔗葉頂部異常扭曲　E.高溫時症狀減弱

甘蔗花葉病的病原主要是馬鈴薯Y病毒科的甘蔗花葉病毒（*Sugarcane mosaic virus*, SCMV）、高粱花葉病毒（*Sorghum mosaic virus*, SrMV）和/或甘蔗條紋花葉病毒（*Sugarcane streak mosaic virus*, SCSMV）。其中，SCMV和SrMV屬於馬鈴Y病毒屬（genus *Potyvirus*），而SCSMV屬於禾本科病毒屬（genus *Poacevirus*）。玉米矮花葉病毒（*Maize dwarf mosaic virus*, MDMV）、

約翰遜草花葉病毒（*Johnsongrass mosaic virus*, JGMV）、玉米花葉病毒（*Zea mosaic virus*, ZeMV）、鴨茅條紋病毒（*Cocksfoot streak virus*, CSV）和狼尾草花葉病毒（*Pennisetum mosaic virus*, PenMV），都同屬於馬鈴薯Y病毒屬，在人工接種條件下，也能夠侵染甘蔗。

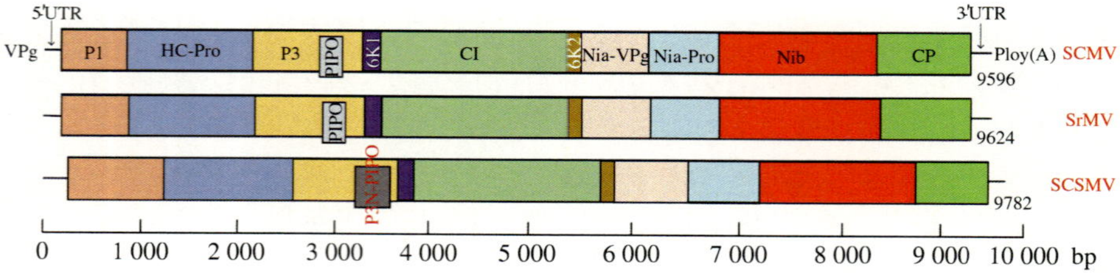

甘蔗花葉病毒的基因組結構

在電子顯微鏡視野下，從甘蔗花葉病毒病葉片中純化獲得的病毒顆粒由外殼蛋白包裹其長長的基因組RNA分子而形成一條「桿狀」複合物。被侵染蔗株體內，病毒在細胞間轉移速度很慢；然而，在維管束中，則可隨營養流動迅速轉移，使病毒擴散至全株，乃至整個蔗叢。該病毒侵入甘蔗後造成植株系統性感染，潛伏期一般為10天左右，長的可達20～30天，甚至翌年才表現出病症。

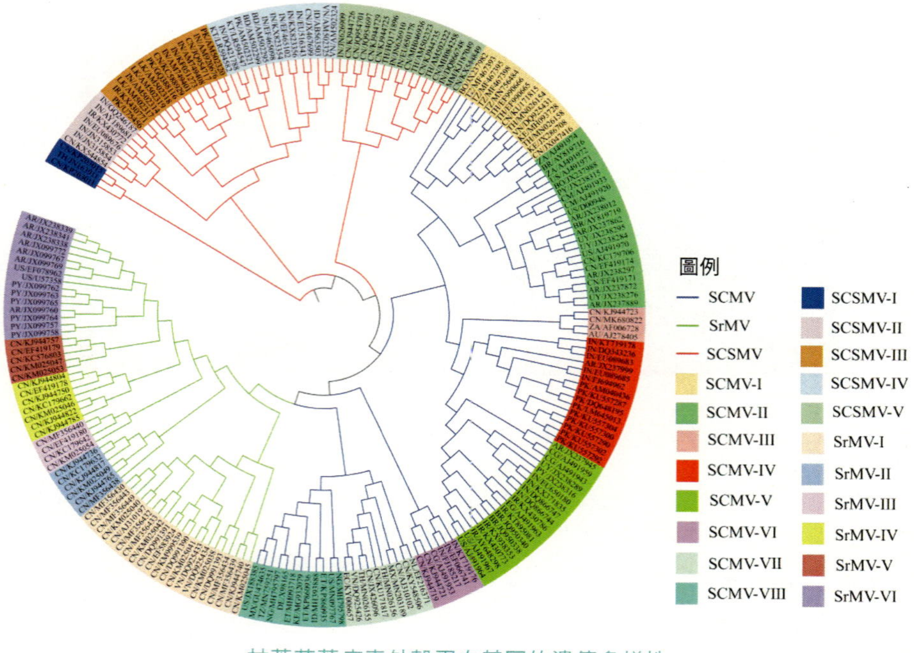

甘蔗花葉病毒外殼蛋白基因的遺傳多樣性

甘蔗花葉病的初侵染源主要包括帶毒種莖、田間病株和其他染病禾本科寄主植物。在自然界中，SCMV和SrMV可由豚草蚜（*Dactynotus ambrosiae*）、狗尾草蚜（*Hysteroneura setariae*）、高粱蚜（*Longiunguis sacchari*）、玉米蚜（*Rhopalosiphum maidis*）和麥二叉蚜（*Toxoptera graminum*）等多種蚜蟲以非持久方式傳播；蔗田中的螞蟻若與蚜蟲一起活動，也具有間接傳毒作用。然而，SCSMV的傳毒蟲媒目前還不清楚，但與其同屬且序列相似性很高的小麥條紋花葉病毒（*Wheat streak mosaic virus*, WSMV）和小麥花葉病毒（*Triticum mosaic virus*, TriMV）可通過鬱金香瘤癭蟎（*Aceria tosichella*）傳播。但是，SCMV、SrMV和SCSMV等3種病毒均易通過農機具、汁液摩擦等方式進行傳播，其長距離傳播則主要通過感病種蔗調種攜帶。

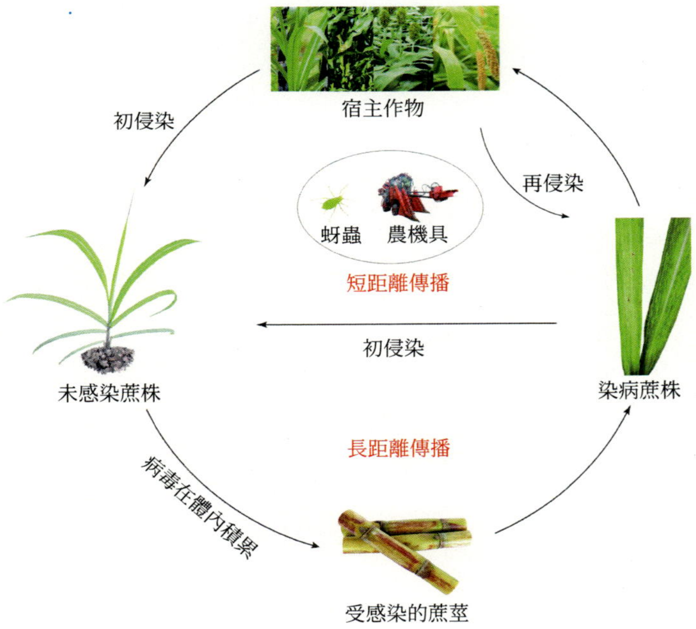

甘蔗花葉病毒的侵染循環

甘蔗一般由蔗農自留種莖進行無性繁殖，十分有利於花葉病毒的傳播和流行。種莖截斷過程中的切口是除了蚜蟲傳播外，在蔗區造成病毒傳播的最為廣泛的途徑。甘蔗感染花葉病後，其植株的葉綠素被破壞、光合作用減弱，生長受到明顯抑制，導致節間變短、有效莖數減少、宿根年限縮短、蔗莖萌芽率和產量明顯降低，汁液量減少，而汁液中還原糖增加，蔗糖結晶率下降，可造成甘蔗減產10%～50%，有時甚至高達60%～80%。就像流感病毒一樣，這些花葉病毒同樣會由於環境因素的影響而變異，甚至產生不同的病毒株系。當不同株系的病毒或者不同種病毒同時複合侵染同一株甘蔗植株時，往往會引起更明顯的病症、更嚴重的危害，表現為植株葉片出現枯死斑，甚至全葉死亡，而且在健康種苗生產中更加難以完全消除病毒的複合侵染。

甘蔗花葉病毒的基本特性

病原種類	粒體大小	滅活溫度	存活時間	稀釋限點	標準沉降常數和浮力密度
SCMV	(630～770)奈米×(13～15)奈米	53～57℃	在27℃，體外可存活17～24小時，－6℃低溫可存活27天	10^{-5}～10^{-3}	160～175S, 1.285～1.342克/毫升
SrMV	620奈米×15奈米	53～55℃	20℃，體外可存活1～2天	10^{-3}～10^{-2}	—
SCSMV	890奈米×15奈米	55～60℃	在室溫和4℃低溫下，可分別存活1～2天和8～9天	10^{-5}～10^{-4}	—

甘蔗花葉病的防治方法：①選育和種植抗病品種；②應用健康種苗或種苗消毒；③加強栽培防控和加大監測與調種檢疫；④改良栽培措施，切斷傳播途徑；⑤實行輪作，發病區不留宿根；⑥及時發現病株，並拔除燒毀。生產實踐和研究表明，利用植物自身演化的遺傳抗性，選育和合理種植抗病品種是防治甘蔗花葉病最為經濟有效的策略。隨著基因改造農作物的推廣種植，借鑑同為馬鈴薯Y病毒屬的番木瓜環斑病毒的防治經驗，運用標靶病毒基因組的小分子干擾RNA進行基因改造抗病毒品種的選育，也有望成為一種高效快捷的防治措施。

甘蔗抗花葉病研究

撰稿人：凌　輝　路貴龍　吳期濱　蘇亞春　許莉萍　闕友雄

葉枯就是病 真要甘蔗命

病害是影響甘蔗產量和蔗糖分積累的重要因素。在中國甘蔗產業現代化發展進程中，各蔗區之間交流增多，境外引種和國內調種更為甘蔗病害的傳播和蔓延創造了條件，導致蔗區病害和病原種類的複雜多樣，給中國的甘蔗安全生產帶來了嚴重隱患。目前甘蔗病害種類已多達130多種，其中大多數為真菌性病害。葉枯病菌（*Stagonospora tainanensis*）屬子囊菌門（Ascomycota）座囊菌綱（Dothideomycetes）格孢腔菌目（Pleosporales）孢黑團殼科（Massarinaceae）殼多孢屬（*Stagonospora*）真菌，其有性型為*Leptosphaeria taiwanensis*，主要寄主為甘蔗。

葉枯病菌為死體營養型病原真菌，危害甘蔗造成葉片乾枯，引起甘蔗葉枯病（sugarcane leaf blight，SLB），又名葉萎病、條枯病。1934年研究者松本和山本第一次描述了葉枯病的存在，並報導該病害曾在蔗區廣泛流行（Matsumoto，1934）。在甘蔗上，葉枯病主要危害葉片，但也會侵染葉鞘。甘蔗感染葉枯病菌後，病害發生初期，水漬狀小點開始散佈在葉片上，並逐漸形成淡黃色的近似圓形斑點，其典型特徵為形狀細長，長梭形，長1～50毫米，寬1～3毫米，隨葉片的生長，病斑逐漸增大，數量不斷增加。當病害發展到中後期時，病斑中間出現一紅色斑點，隨著病程發展，紅色斑點不斷擴展並向兩端拉長，整個病斑則呈現淡黃色、微紅色、鮮紅色、紅褐色等不同變化，到後期整個病斑顏色從微紅色加深至鮮紅色、紅褐色等不同程度。

甘蔗葉枯病的田間症狀

A. 甘蔗葉枯病葉片局部表現（a. 早期　b. 中期　c. 中晚期　d. 晚期　e. 葉枯病導致葉片開始早枯　f. 葉枯病致葉片完全枯死）

B. 感染葉枯病的整棵甘蔗植株（a. 早期　b. 中期）

葉枯病的病斑較為通透，正面與背面表現近乎一致。葉枯病嚴重流行時，病斑密布於甘蔗葉片，多個病斑合併在一起連接成片，形成帶狀病部組織，促使甘蔗葉片乾枯死亡，從遠處看，呈現出一幅紅棕色的景象。甘蔗葉枯病容易在溫涼潮溼的氣候條件下爆發流行，通常在 3—4 月和 9—10 月發病最為嚴重。葉枯病主要危害甘蔗葉片，較少發生在葉鞘。在不同甘蔗品種上，葉枯病的病斑表現略有不同。葉枯病可造成甘蔗葉片提前乾枯死亡，降低葉片光合效率，減少糖分物質的積累，進而整棵植株停止生長。

筆者所在團隊積極開展甘蔗葉枯病菌的分離和培養工作，取得了良好進展。葉枯病菌經純化後生長在 PDA 培養基上時，菌落為圓形，菌落外緣為白色，內部為灰白色，培養 7 天後菌落直徑為 4 ～ 5 公分並停止生長；葉枯病菌接種在甘蔗葉片浸出液培養基（sugarcane leaf decoction agar, SLDA）上，生長前期菌絲為灰白色，菌落為圓形，從中央向四周呈輻射狀生長，菌絲發達且疏鬆，約 7 天可覆蓋整個培養皿，後期菌絲體顏色逐漸加深變為灰色，菌落中部微微隆起；葉枯病菌在甘蔗葉片水瓊脂培養基（sugarcane leaf water agar, SLWA）上於 18°C的培養條件下進行培養，能穩定形成有性孢子和無性孢子。將病原菌接種在 SLWA 培養基上，菌落也呈圓形，菌絲生長發達，為灰白色，形態與在 SLDA 培養基上相近。在菌絲覆蓋下葉片內部產生許多黑色的顆粒，挑取菌絲製成玻片於顯微鏡下觀察，檢測到大量無性的分生孢子和有性的子囊孢子，取黑色顆粒輕敲壓實後可在顯微鏡下觀察到病原菌的有性結構子囊散佈在視野中央，黑色顆粒為子實體。

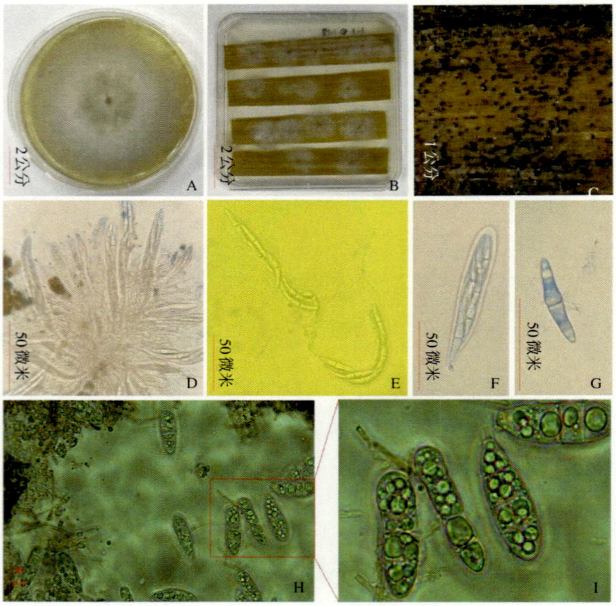

甘蔗葉枯病菌的形態結構

A. 葉枯病菌生長在SLDA培養基上　B. 葉枯病菌生長在SLWA培養基上　C. 葉枯病菌在SLWA培養基中的甘蔗葉片上形成黑色顆粒　D. 黑色顆粒輕輕壓碎後子囊散開　E、F. 子囊　G. 子囊孢子　H、I. 分生孢子

甘蔗葉枯病菌的全基因組定序和致病機制解析是解析甘蔗對葉枯病的抗性機制和葉

枯病菌對甘蔗的致病機制的最重要基礎工作。為了應對可能大規模爆發的風險，培育抗葉枯病品種已經成為共識。然而，甘蔗對葉枯病的抗性表型不穩定，加上甘蔗育種依賴上百萬的實生苗大群體，急需深入了解甘蔗抗葉枯病的機制和葉枯病菌的致病機制。筆者所在團隊在國際學術期刊*Journal of Fungi*發表了題為「The first telomere-to-telomere chromosome-level genome assembly of *Stagonospora tainanensis* causing sugarcane leaf blight」的學術論文（Xu et al., 2022）。研究報導了首個甘蔗葉枯病菌端粒到端粒的染色體水準的基因組，並基於轉錄組數據進行了致病性相關基因和次生代謝產物合成基因簇等功能註釋，為理解葉枯病菌對甘蔗的致病機制，開發病原的特異性檢測分子標記等提供了基因組資源。

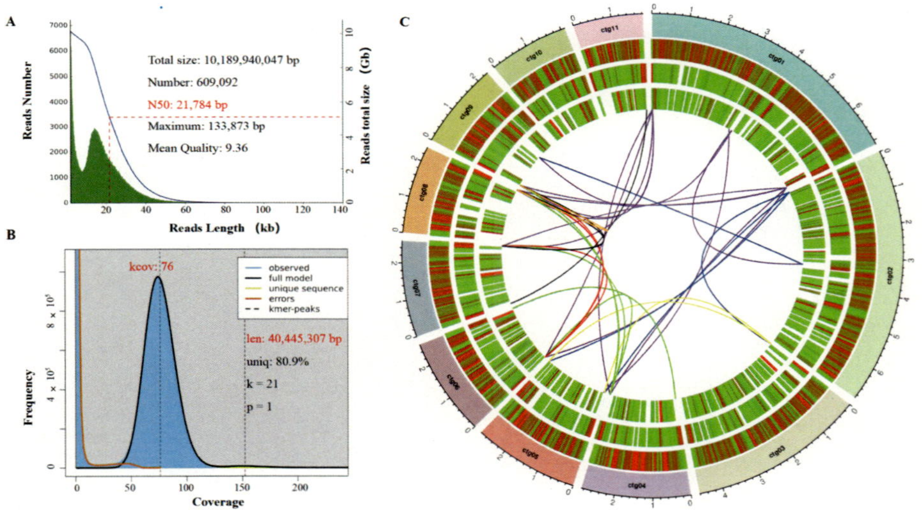

甘蔗葉枯病菌的基因組特性

A.ONT概況　B.基因組大小　C.Circos圖

基因組資訊是物種分類鑑定，也是病原遺傳與演化研究的重要基礎。筆者所在團隊利用第三代奈米孔（oxford nanopore technology ，ONT）定序技術（基因組10.19 Gb）結合第二代Illunima定序技術（基因組3.82 Gb+轉錄組6.08 Gb），首次報導了甘蔗葉枯病菌的高品質基因組，大小為38.25 Mb，由12個contig組成（ctg12為線粒體序列），N50 為2.86 Mb，最長為7.12Mb。有9個contig末端檢測到了端粒重複序列，其中5個雙端都能檢測到端粒重複，達到了端粒到端粒染色體水準。BUSCO基因組完整性和基因組讀序比對率均達到99%以上。基因組重複序列含量為13.20%，過半是LTR類轉座子。結合轉錄組數據，一共註釋到了12 206個蛋白編碼基因，共編碼12 543個蛋白。功能註釋顯示，所獲得的基因組序列中，有2 379個病原與宿主互作相關基因（PHI）、599個碳代謝相關基因（CAZys），以及248個膜轉運蛋白（membrane transport proteins）、191個細胞色素P450酶（cytochrome P450 enzymes）、609個分泌蛋白（包括333個效應子）和58個次級代謝產物合成基因簇。本研究將為開發葉枯病菌特異檢測分子標記，挖掘致病效應蛋白的功能，以及探究葉枯病菌與寄主甘蔗之間的互作機制奠定基礎。本研究對甘蔗葉枯病菌的全基因組定序、基因組的組裝和功能註釋，為進一步深入解析其致病機制奠定了重要基礎。本研究首次報導了葉枯病菌的高品質基因組，並詳細闡述了該基因組的結構特徵，為今後進一步研究該病原的致病機制、篩選該病原的特異性檢測引物提供了序列基礎。進一步的研究還可以從葉枯病菌的基因組序列中篩選特異性的基因，設計並開發檢測引物；挖掘鑑定效應蛋白的功能，從寄主甘蔗基因和病原葉枯病菌效應蛋白之間的互作角度，解析甘蔗抗葉枯病菌的機制。

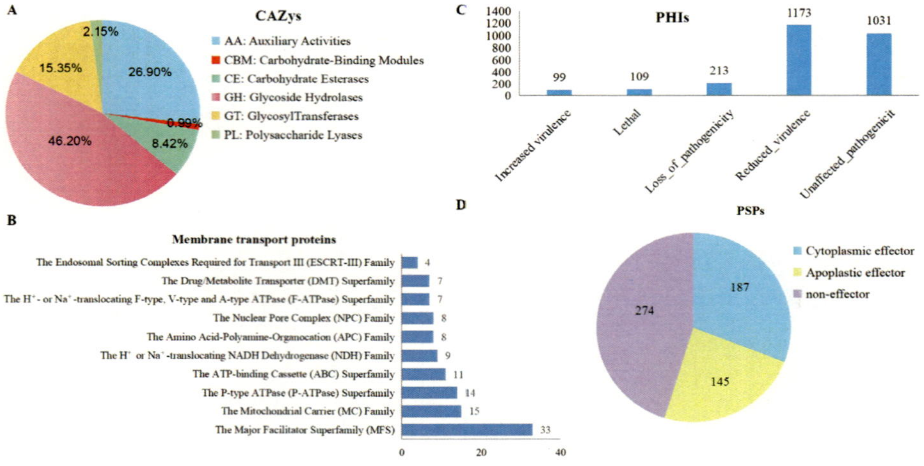

甘蔗葉枯病菌的致病相關基因

A.CAZys　B.膜轉運蛋白（top10）　C.PHIs　D.推測分泌蛋白

甘蔗對葉枯病的抗性表型不穩定，加上甘蔗育種依賴上百萬的實生苗大群體，急需開發基於基因組的鑑定與輔助選擇技術。現代甘蔗栽培種為同源高多倍體，基因組結構複雜且基因組尚未破譯，導致遺傳圖譜構建的難度和成本明顯高於二倍體和異源多倍體。迄今，高品質、高密度的遺傳圖譜仍是甘蔗遺傳學研究的稀缺資源。筆者所在團隊在國際學術期刊*The Crop Journal*發表了題為「Isolating QTL controlling sugarcane leaf blight resistance using a two-way pseudo-testcross strategy」的研究論文（Wang et al., 2022a），通過SNP晶片分型和雙假測交策略，構建了甘蔗主栽品種兼精英親本粵糖93–159和ROC22的高密度遺傳圖譜，並定位到6個葉枯病抗性QTL。通過SNP晶片分型，在粵糖93–159和ROC22中分別獲得了1 814個和929個單劑量標記，並基於這些標記構建了長度為4 485厘摩和2 120厘摩的遺傳圖譜，其平均密度（標記平均遺傳間距）都不超過3.0厘摩，並且與熱帶種（*Saccharum officinarum*）和高粱（*Sorghum bicolor*）的基因組都保持著高度的共線性。

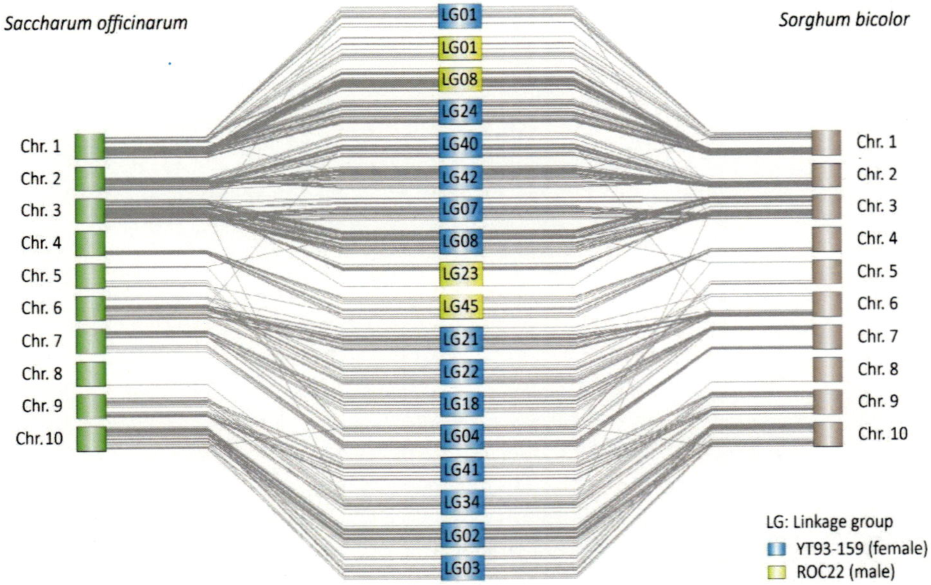

甘蔗品種粵糖93-159和ROC22的遺傳圖譜及其與熱帶種和高粱基因組的共線性

筆者所在團隊還通過兩個遺傳圖譜檢測到6個與葉枯病抗性連鎖的QTL，其中3個QTL的貢獻度都高於10%，最高達16.4%。繼而，研究者使用轉錄組對最高貢獻度QTL附近的基因進行表達定量，發現多個病原受體類基因（pathogen receptor gene）保持著高表達，包括6個富亮胺酸重複受體類激酶/蛋白（leucine-rich repeat receptor-like kinases/protein）。甘蔗抗葉枯病相關QTL的定位將為今後分子輔助抗葉枯病育種和抗病機制研究提供重要基礎，所構建的遺傳圖譜還將為甘蔗遺傳研究提供技術工具。

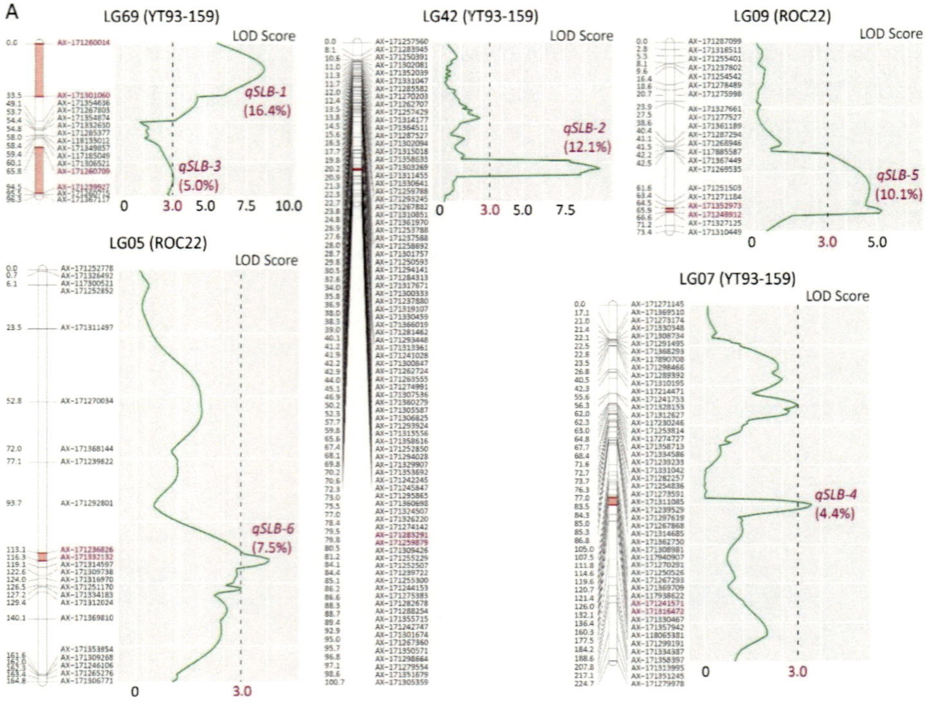

B

Gene expressions in the *qSLB-1*

	ROC22 H-1	ROC22 H-2	ROC22 H-3	ROC22 I-1	ROC22 I-2	ROC22 I-3	FN12-047 H-1	FN12-047 H-2	FN12-047 H-3	FN12-047 I-1	FN12-047 I-2	FN12-047 I-3	Gene name	annotation
TF	10.9	7.3	11.0	6.1	4.6	7.0	6.4	5.5	4.1	9.3	13.1	13.3	*Soffic.06G0001120-1A*	NAM, ATAF, and CUC (NAC)
	19.9	22.3	20.7	16.3	14.0	20.3	18.7	22.4	18.8	19.0	15.4	16.1	*Soffic.06G0010920-1A*	Cysteine3Histidine (C3H)
	49.2	57.1	40.7	55.0	57.9	53.1	55.4	54.6	49.6	51.0	47.3	48.3	*Soffic.06G0007710-1A*	Auxin responsive factor (ARF)
	39.0	37.9	42.3	49.8	50.2	44.9	52.5	51.1	49.4	53.4	51.1	58.3	*Soffic.06G0009510-1A*	ARF
	49.8	56.5	54.9	41.7	45.9	40.8	24.6	27.4	32.2	59.1	46.9	38.0	*Soffic.06G0011540-1A*	Cys2/His2 finger protein (C2H2)
	33.6	60.1	48.3	81.5	113.4	73.0	161.0	142.8	110.6	164.2	144.9	166.6	*Soffic.06G0011640-1A*	Trihelix (helix-loop-helix-loop-helix)
	155.1	138.6	117.9	167.0	175.9	175.4	142.0	131.1	135.9	143.9	157.8	153.2	*Soffic.06G0007870-1A*	Double B-box zinc finger (DBB, DOUBLE B-BOX)
	159.0	141.9	120.9	172.6	180.4	178.5	143.0	134.4	139.6	147.3	162.4	156.4	*Soffic.06G0007870-1P*	Nodule inception (Nin)-like
	295.0	249.8	339.0	290.0	319.6	250.6	438.0	443.8	391.1	326.8	268.3	268.3	*Soffic.06G0011390-1A*	CONSTANS (CO)-like
PRG	8.4	7.7	7.2	13.0	10.3	10.1	5.3	5.9	7.6	10.9	10.1	7.3	*Soffic.06G0012530-1A*	Wall-associated receptor kinase (WAK)
	2.8	2.4	4.6	3.5	4.2	3.4	2.5	2.5	4.2	17.4	17.9	12.5	*Soffic.06G0012830-1A*	Leucine-rich repeat receptor-like protein kinase (LRR-RK)
	13.1	8.0	6.9	18.9	16.3	10.8	7.6	10.9	10.3	12.5	8.4	7.9	*Soffic.06G0009060-1T*	Leucine-rich repeat receptor-like protein (LRR-RP)
	14.0	8.6	8.7	22.0	19.4	15.1	9.5	13.7	13.6	13.0	8.6	8.9	*Soffic.06G0009060-1A*	LRR-RK
	6.0	11.2	8.6	15.5	14.4	21.3	22.3	19.0	15.0	11.8	13.4	20.8	*Soffic.06G0009410-1A*	LRR-RK
	12.0	27.1	20.9	24.7	26.5	22.8	24.5	26.2	25.1	31.3	23.8	31.3	*Soffic.06G0010370-1A*	LRR-RK
	124.4	123.2	133.3	241.2	242.8	221.1	188.3	161.9	191.0	258.6	233.9	245.9	*Soffic.06G0011000-1A*	LRR-RK

TF: Transcription factor
PRG: Pathogen receptor
H: Healthy leave
I: Infected leave

Color scale: 400, 300, 200, 100, 0

與甘蔗葉枯病抗性連鎖的6個QTL（A）與主效QTL附近的基因及其表達（B）

長期以來，因甘蔗的高倍性，QTL定位主要依賴高成本的遺傳圖譜構建，導致傳統的基於二倍體開發的快速定位QTL或篩選連鎖標記的BSA-seq方法無法應用於甘蔗。甘蔗抗病性狀需要適宜的氣候條件和充分的病原脅迫才能進行有效的選擇，導致抗病性選擇的有效性不高，效率也很低，急需開發相應的分子標記輔助選擇技術。筆者所在團隊在國際學術期刊*Theoretical and Applied Genetics*發表了題為「An autopolyploid-suitable polyBSA-seq strategy for screening candidate genetic markers linked to leaf blight resistance in sugarcane」的研究論文（Wang et al., 2022b）。該研究首次從甘蔗遺傳圖譜QTL定位的策略中汲取靈感，利用單劑量多態性標記，優化完善了傳統的BSA-seq方法，所建立的方法稱為polyBSA-seq。與傳統的遺傳譜圖或GWAS定位法相比，作者所建立的polyBSA-seq方法，能夠更簡便更快捷地應用於同源多倍體物種中重要目標性狀連鎖標記的篩選，該研究將有助於推進甘蔗重要目標性狀連鎖標記的篩選及分子育種研究的進程。

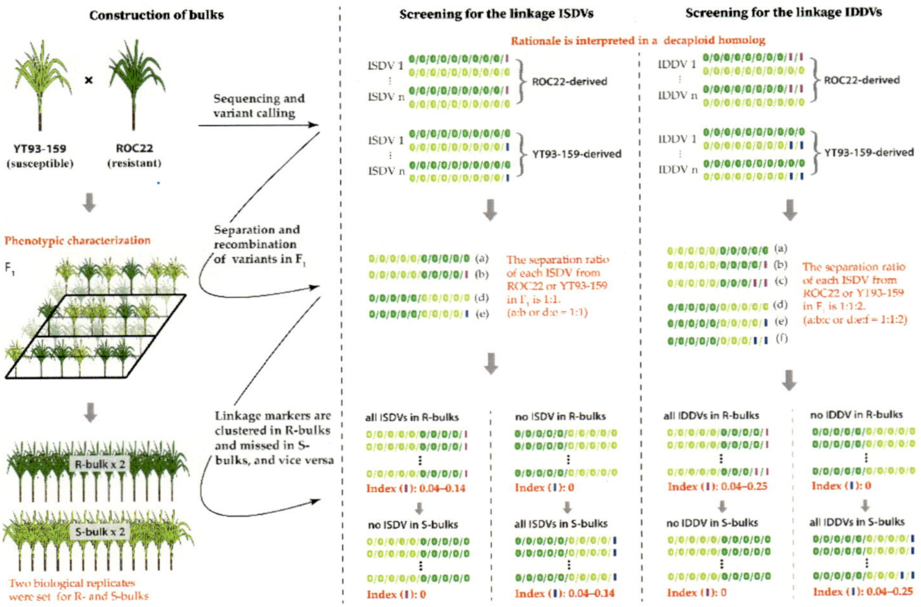

基於polyBSA-seq策略篩選獲得甘蔗抗葉枯病連鎖標記的原理

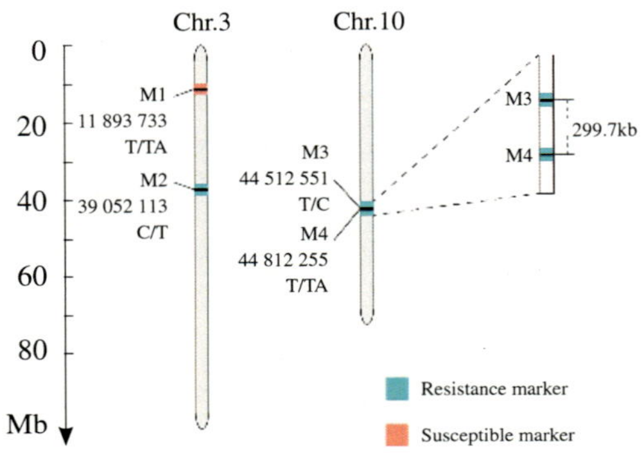

與甘蔗葉枯病抗性緊密連鎖的4個標記

採用所建立的polyBSA-seq技術，進一步篩選並獲得甘蔗中與葉枯病抗性基因緊密連鎖的4個分子標記，包含3個抗病性關聯標記和1個感病性關聯標記。作者比較了抗病親本ROC22和感病子代FN12-047的轉錄表達譜，在4個標記（1.0 Mb）內，篩選得到12個在抗、感葉枯病甘蔗品種中差異表達的基因。這些基因預測與甘蔗葉枯病抗性密切相關，有望作為葉枯病抗性遺傳改良的重要候選靶標基因。

甘蔗葉枯病菌的特異性檢測體系，能夠為葉枯病的發生流行提供有效的監測和嚴重度評估手段。甘蔗葉枯病的發生可以導致葉片提前乾枯死亡，使整株植株枯萎變黃，危害的嚴重性不可忽視。為避免在具備葉枯病流行條件的國家和地區傳播，提前預測和預防葉枯病的流行，筆者所在團隊在完成葉枯病菌基因組定序的基礎上，首次建立了甘蔗葉枯病菌的檢測體系，設計了三對特異性引物 6219-F/R、7533-F/R、8527-F/R，均可在檢測體系中應用，其中 8527-F/R 的反應靈敏度最高，可檢測濃度達 1.0 皮克/微升，另兩對引物可檢測的最低濃度為 10.0 皮克/微升。

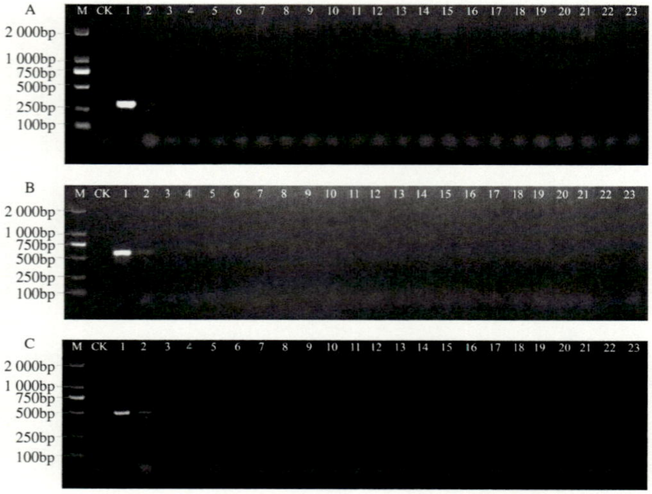

甘蔗葉枯病菌三對檢測物引物的特異性

A. 引物 6219-F/R　B. 引物 7533-F/R　C. 引物 8527-F/R

葉枯就是「病」，真要甘蔗命。葉枯病多發生在氣候相對潮溼的環境，曾在日本沖繩、菲律賓等地有記載。但同樣是降水量豐富、氣候溼潤的臺灣東部和臺灣南部，葉枯病在東部常年爆發，在南部卻偶有發生。在溫涼潮溼的環境下，該病能在感病甘蔗品種上迅速大面積地擴散流行，給甘蔗產業造成極大的經濟損失。甘蔗葉枯病曾被認為是最重要的葉部病害，其流行取決於天氣條件和甘蔗品種的敏感性，因此，對於甘蔗葉枯病的控制有望通過提高品種抗性來實現。一直以來人們對葉枯病的關註較少，葉枯病相關的流行報告、病理學及分子研究罕見報導。除筆者所在團隊的工作外，有關該病最近的研究報導也遠在 1979 年（Hsieh, 1979）。甘蔗葉枯病導致葉片早衰，嚴重影響葉片光合作用，並最終造成葉片提前乾枯死亡，顯著降低甘蔗產量和蔗糖分。目前，甘蔗葉枯病的防治，主要有三個思路。第一，遺傳育種途徑：培育和選用抗病品種，利用品種抗性。第二，耕作栽培措施：雨後及時排水，防止溼氣滯留，以阻隔葉枯病菌增殖。第三，植物保護策略：在葉枯病發病初期，儘快噴灑50%苯菌靈可溼性粉劑1 000 ～ 1 200倍液或36%甲基硫菌靈懸浮劑600倍液，抑制葉枯病菌的菌群數量，降低病情指數。近年來，甘蔗葉枯病在中國廣西、雲南、廣東等蔗區的大面積發生，已經成為甘蔗生產上一種主要流行性病害，且對甘蔗生產造成嚴重危害，引起了甘蔗科技工作者對葉枯病研究的高度重視。然而，甘蔗葉枯病的研究較為匱乏，研究工作亟待進一步持續推進，這也導致本科普文章僅能立足課題組研究進展的分享，拋磚引玉，以吸引更多團隊和科研人員投身到甘蔗葉枯病的研究中。

撰稿人：汪洲濤　許　孚　任　慧　蘇亞春　吳期濱　許莉萍　闕友雄

宿根就矮化 甘蔗難長大

世界上有100多種甘蔗病害，其中甘蔗宿根矮化病（ratoon stuning disease, RSD）是一種細菌性病害，不僅影響甘蔗的宿根性，還影響新植蔗的種植，從而造成世界各植蔗區甘蔗產量的銳減。在生產中，由於甘蔗品種生長週期長，並以攜帶腋芽的種莖無性繁殖，寄生於甘蔗維管束中的宿根矮化病菌就通過種苗進行傳播，導致全世界甘蔗品種幾乎都感染宿根矮化病菌。甘蔗宿根矮化病菌在木質部的生長和繁殖堵塞了輸導組織而影響水分的正常輸送，影響植株的生長，導致蔗莖產量、蔗糖分和宿根能力下降，最終引起品種的種性退化。

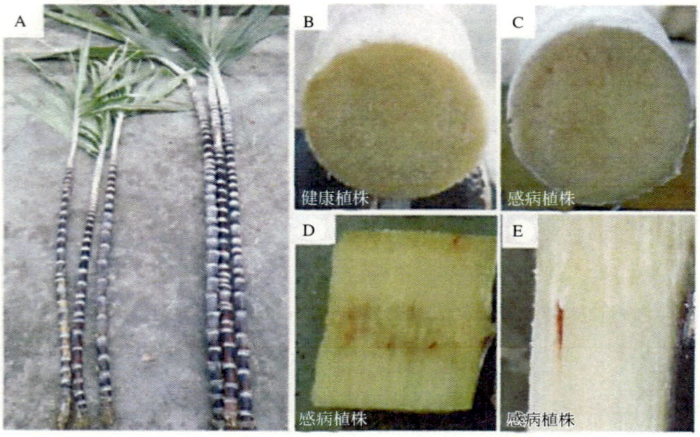

甘蔗感染宿根矮化病症狀
A. 植株形態　B、C. 節部橫切面　D. 節部縱切面　E. 節間縱切面
（張小秋，2017）

甘蔗宿根矮化病於1944—1945年首次在澳洲昆士蘭州的甘蔗品種Q28上發現（Steindl, 1951）。中國分別於1954年和1986年報導此病害在當地的發生情況。之後，針對廣東、福建、廣西、雲南在內的中國主要植蔗區的宿根矮化病發病情況進行普查，結果表明中國主要植蔗區均存在甘蔗宿根矮化病。1984年，Davis等根據宿根矮化病菌的表型特徵將其命名為*Clavibacter xyli* subsp. *xyli* (*Cxx*)；2000年，Evtushenko等根據其rRNA基因的特點將其命名為*Leifsonia xyli* subsp. *xyli* (*Lxx*)。此病原為革蘭氏陽性桿狀細菌，不易分離培養，菌體大小為（0.25 ～ 0.50）微米 ×（1.00 ～ 4.00）微米，是一種木質部限制性病原（Kao and Damann, 1980）。目前，僅能從甘蔗上檢測到宿根矮化病菌，尚未見從其他植物上檢測到該病原的報導。

甘蔗宿根矮化病是一種種苗傳播的細菌性病害，主要通過蔗莖傷口侵染寄主，隨汁液侵入寄主內部，其侵染性極強，帶菌汁液稀釋幾百倍後依然有很強的侵染力。感染宿根矮化病的蔗株一般表現為宿根發株少、植株矮化、

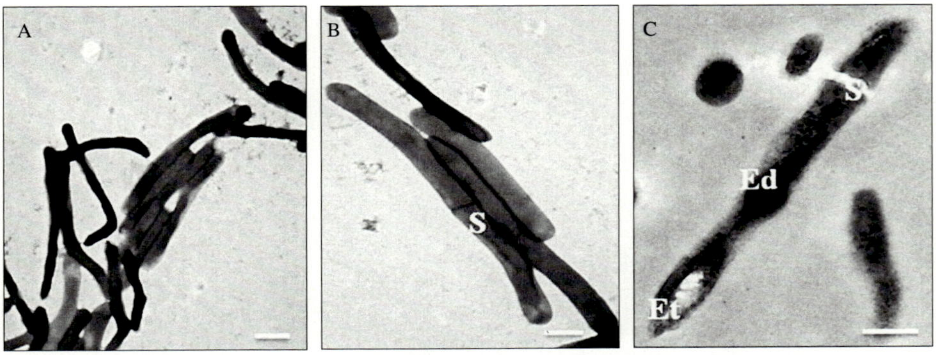

甘蔗宿根矮化病菌形態
A. 棒形和V形宿根矮化病菌（30 000×） B. 細胞間隔的形成（30 000×）
C. 宿根矮化病菌的超薄切片圖（40 000×）
S. 隔膜 Ed. 電子稠密物 Et. 電子透明物
（張小秋等，2016）

分蘗少、生長緩慢等症狀，但沒有獨特的外部症狀，且這些症狀易與水肥不足、管理粗放等造成的植株生長不良的狀況相似，從外觀上難以判斷是否發病（Grisham et al., 1991），更談不上判斷是否帶菌，從而導致病害經種莖傳播蔓延現象極為普遍。在甘蔗生長早期，有些品種感染*Lxx*後幼莖頂端維管束節部生長點呈淡粉色，成熟蔗莖的基部節位維管束組織呈粉紅色至橙紅色等變色症狀，顏色深淺因品種而異。但是，當蔗株感染其他病害如甘蔗紅點病也會表現相似的變色症狀，因此通過蔗株的內部症狀也不容易判定該病害。在甘蔗收獲的季節，攜帶病原的砍收刀具或機械將病原傳給健康的蔗株。若以帶病的蔗種作為種莖，會在種植田塊通過刀具等工具將病害擴散，也會在下一輪收獲時繼續傳播病害，並通過帶病的蔗種進行跨區域傳播。此外，咀嚼甘蔗的動物在咬食染病蔗株後再咬食健康蔗株也會造成病害的傳播。感染宿根矮化病的蔗區一般減產10%～30%，乾旱缺水時可達60%以上，還可導致品種退化。中國甘蔗的種植區80%為旱地，因此，宿根矮化病嚴重影響中國甘蔗生產，並造成極大的經濟損失。

甘蔗宿根矮化病診斷技術經歷了從剖莖觀察、顯微鏡檢測、免疫技術和以DNA為基礎的分子檢測技術等四個階段。宿根矮化病沒有特有的表型病症，人眼難以分辨蔗株有無感病。研究早期，*Lxx*小且分離培養困難，傳統的診斷方法準確性差，使得宿根矮化病診斷極其困難。起初，研究者在甘蔗成熟期是用銳刀剖開染病或疑似染病的甘蔗莖基部的幾個節間，觀察節部維管束上是否有變色小點。這種方法簡單易行，然而該方法對許多品種不適用，容易對生長期甘蔗造成毀滅性破壞，而且準確性較差。後來，使用暗視野顯微鏡觀察

*Lxx*引起寄主誘導反應後木質部自發產生的紅色螢光來進行檢測，但同樣靈敏度和準確性差。宿根矮化病菌形態被確認後，使用相差顯微鏡可以直接觀察到蔗汁中的病原，該方法能對病原量進行定量，但缺點在於操作煩瑣，運用在低病原量材料上準確性差。

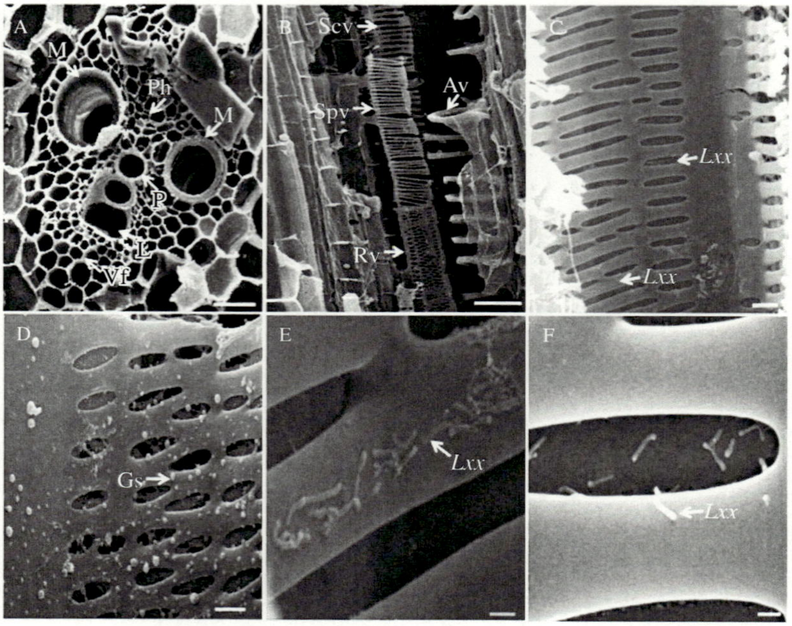

甘蔗宿根矮化病菌在維管束中的定殖
A. 健康蔗莖維管束橫切面（M. 後生木質部導管　P. 初生木質部導管　Ph. 韌皮部　Vf. 纖維細胞　L. 氣腔）B. 健康蔗莖導管縱切面（Av. 環紋導管　Rv. 網紋導管　Spv. 螺紋導管　Scv. 梯紋導管）C. 梯紋導管中的*Lxx*　D. 網紋導管壁及網孔存在大量圓形顆粒狀物質（Gs）E. 梯紋導管壁上的*Lxx*　F. 梯紋導管紋孔中的*Lxx*
（張小秋等，2016）

1980年代，血清學技術在致病菌的檢測上應用廣泛。主要的血清學檢測技術有組織印跡酶標免疫法（tissue blot enzyme immunoassays，TB-EIA）、蒸發結合酶標免疫法（evaporative-binding enzyme immunoassays，EB-EIA）、斑點酶標免疫法（dot blot enzyme immunoassays，DB-EIA）、濾膜螢光抗體直接計數法（fluorescent antibody direct-count on filters，FADCF）等。每種方法在成本、精確度和檢測樣品數量方面都各有其優點和缺點。血清學檢測雖然方便、快捷，但受免疫學方法自身缺陷限制，靈敏度不高，必須在*Lxx*數量密度達到10^5~10^6個/毫升時才能夠檢測出來，且在對甘蔗進行早期檢測時，這種檢測結果不可靠。

目前，PCR（聚合酶鏈式反應）檢測技術是應用最為廣泛的檢測技術。Pan等（1998）、Fegan等（1998）、鄧展雲等（2004）、沈萬寬等（2006）、周凌雲和周國輝（2006）以及Carvalho等（2016）分別設計*Lxx*的特異性引物，建立了病原*Lxx*-PCR檢測體系，並對PCR擴增獲得的目的片段核苷酸序列進行定序與分析，均獲得了*Lxx*的特異擴增片段。經過多年的不斷完善和優化，應用於宿根矮化病檢測的PCR檢測技術主要包括常規PCR、優化PCR、巢式PCR和即時螢光定量PCR（real-time quantitative PCR，RT-qPCR）。周丹等（2012）和李文鳳等（2011）對PCR的反應體系和反應程序條件進行了大量的優化研究，結果表明優化後的PCR更為靈敏且節約時間。Falloon等（2006）、周凌雲等（2006）和潘萬寬等（2012）都曾先後建立了甘蔗宿根矮化病巢式PCR檢測技術，該技術較常規PCR特異性更好、靈敏度更高。利用RT-qPCR不僅可以定量檢測甘蔗早期幼苗葉片中的含菌狀況（Grisham et al., 2007），還能初步對品種進行易感性分級，且適於對甘蔗健康種苗體內*Lxx*進行即時動態監測（淡明等，2011）。綜合來看，採用PCR技術檢測宿根矮化病，高效便捷，特異性敏感，自動化較高，重複性較好。

環介導等溫擴增檢測技術（loop-mediated isothermal amplification，LAMP）是近年來檢測甘蔗宿根矮化病的新型快速且可視化的技術（Naidoo et al., 2017；Ghai et al., 2014）。劉婧等（2013）建立了一種新型、快速、簡便、靈敏度高且實用性強的甘蔗宿根矮化病菌LAMP檢測技術，這是甘蔗檢測上的第一次嘗試。該技術以甘蔗宿根矮化病菌的特異序列為靶序列設計了4條引物，在65℃恆溫條件下反應60分鐘即可完成。且在25微升的*Lxx*-LAMP檢測體系中，當內外引物濃度比為4 ∶ 1，Mg^{2+}濃度為5.75奈摩/升時，該檢測方法具有良好的特異性，靈敏度是常規PCR檢測的10倍。在此基礎上，吳期濱等（2018）比較了PCR、RT-qPCR和LAMP三種檢測技術的靈敏性，結果表明，在檢測感染*Lxx*的甘蔗汁時，LAMP技術的靈敏度分別是RT-qPCR和PCR的10倍和100倍。此外，吳期濱等還對LAMP檢測體系進一步優化，認為反應體系中*Bst* DNA聚合酶的最佳添加量為6.0單位，且添加0.4微摩/升環引物可以加速反應，縮短檢測時間。

目前，甘蔗宿根矮化病的防治方法有種植健康種苗、蔗種處理、檢驗檢疫、加強田間管理、抗病育種等。在甘蔗生產中，種植健康種苗是防治甘蔗宿根矮化病的主要措施。健康種苗是通過溫湯浸種或組織培養等技術對種莖或種苗進行去毒除菌處理，可明顯控制病害發生率，減緩甘蔗品種種性退化。蔗種處理中，一般採用50℃熱水對蔗種浸泡2 ～ 3小時或將蔗種在54 ～ 58℃的熱空氣處理8小時，可在一定程度上減少蔗種的帶菌量。在從境外或不同蔗區引種時，通過檢疫檢測技術可以很大程度上控制宿根矮化病的侵入和傳播蔓延。

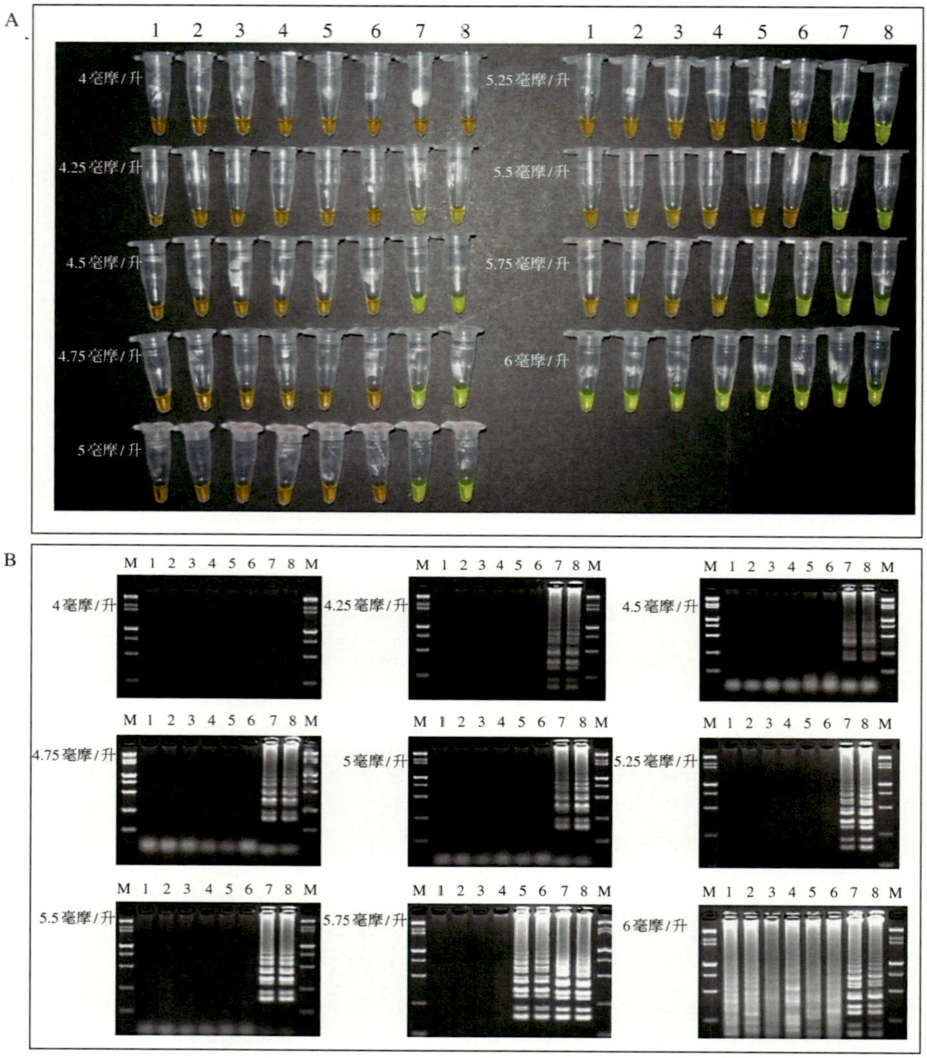

甘蔗宿根矮化病菌 LAMP 檢測體系的建立

A. 通過顏色變化檢測 LAMP 產物；黃綠色樣品為陽性，橙色樣品為陰性　B.LAMP 產物的 PCR 檢測
M.15000+2000 bp marker　1、2. 無菌水　3、4. 陰性蔗汁 DNA　5、6. 陽性蔗汁 DNA；7、8. 陽性質粒

在栽培管理中，要加強肥料管理，施足氮肥作為基肥，並適時追施磷、鉀肥，促使蔗株生長健壯以提高其抗病性。另外，感病的蔗株遇到乾旱的環境條件會加劇宿根矮化病對蔗株的危害，導致產量嚴重下降，因此要適時灌溉，保持大田溼度，減少旱情以盡可能降低甘蔗產量的損失。當然，鑑於宿根矮化病菌的寄主單一，只侵染甘蔗，因此可以通過輪作其他作物以減少病原侵害寄主的機

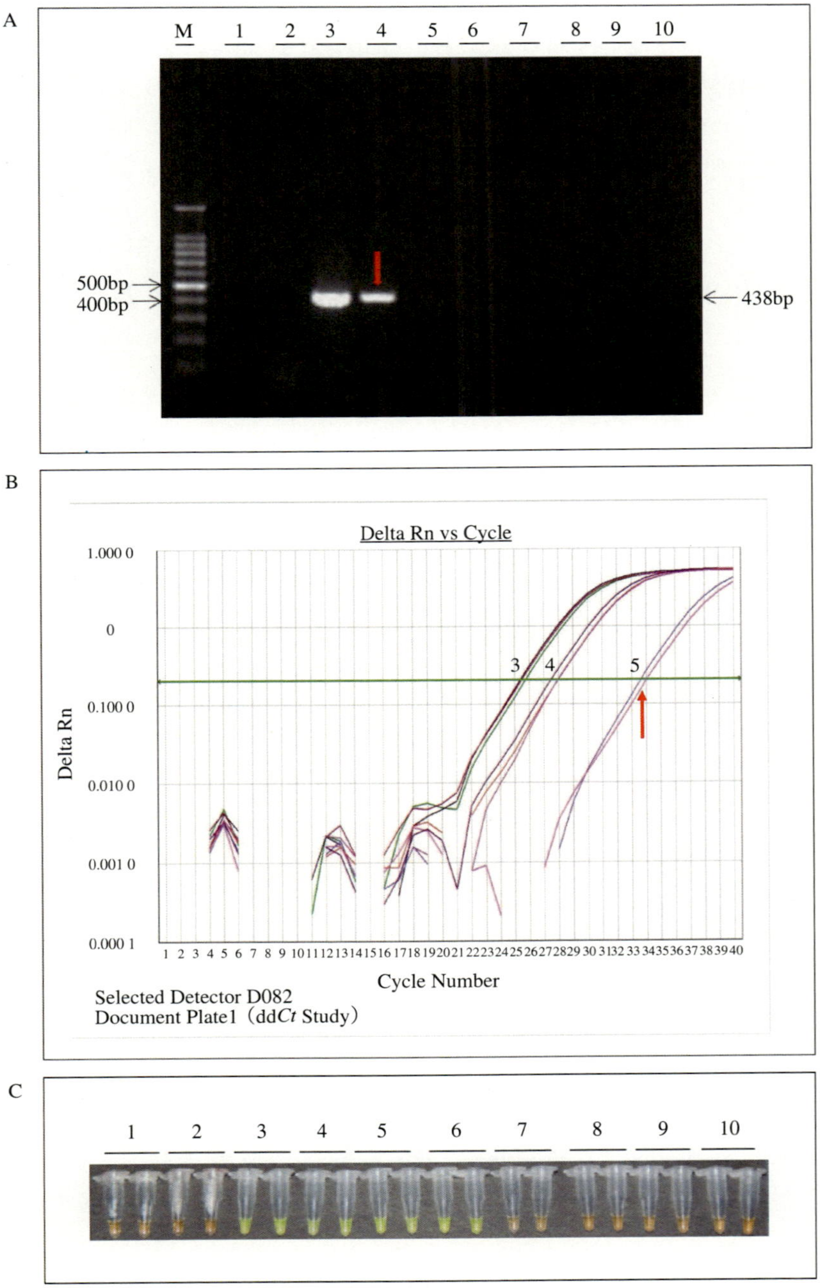

甘蔗宿根矮化病菌三種檢測技術靈敏度的比較

A. 普通PCR檢測技術　B.RT-qPCR檢測技術　C. LAMP檢測技術　M.100bp marker　1. 無菌水　2. 陰性蔗汁DNA　3～10. 10倍稀釋梯度的陽性蔗汁DNA（4.0 × 10^{-7}～4.0奈克/微升）

會，從而減輕病害的發生。抗病育種是防治作物病害最為經濟有效的方法，甘蔗病害的防治也是如此。近年來，甘蔗宿根矮化病的抗性育種研究進展緩慢，主要原因是缺乏對宿根矮化病抗性較好的種質資源，現階段，尚無可供大面積推廣和應用的抗宿根矮化病甘蔗品種。近年來，海內外甘蔗科研工作者在積極開展甘蔗宿根矮化病的基礎研究和應用研究工作，取得了一系列成果。

撰稿人：吳期濱　蘇亞春　郭晉隆　高世武　李大妹　許莉萍　闕友雄

白條一道道 減產糖分掉

「如果說我們無法成為天生神童的愛因斯坦，那麼，你一定還有機會做自己的雷文霍克。」一個沒念過書的裁縫、光學顯微鏡之父、微生物首次發現者、英國皇家學會會員……，這就是安東尼·菲利普斯·范·雷文霍克。1683年，荷蘭顯微鏡學家安東尼·菲利普斯·范·雷文霍克（Antonie Philips van Leeuwemhoek，1632—1723）在一位從未刷過牙的老人牙垢上發現了細菌，這是世界上最早的細菌發現。廣義的細菌為原核生物，是指一大類細胞核無核膜包裹，只存在稱作擬核區（或擬核）的裸露DNA的原始單細胞生物，包括眞細菌和古生菌兩大類群。我們通常所說的即為狹義的細菌（眞細菌）。對人類和動植物而言，生存環境中的細菌讓你又愛又恨，既有用處又有危害。研究發現，某些細菌在食品發酵和汙染物降解中發揮積極作用；有些細菌則成為病原體，在人類中導致了破傷風、肺炎、霍亂和肺結核等疾病；還有些細菌，在植物中引起蘋果和梨的火疫病、黃瓜萎蔫病以及葉斑病等，給農業生產造成極大損失。

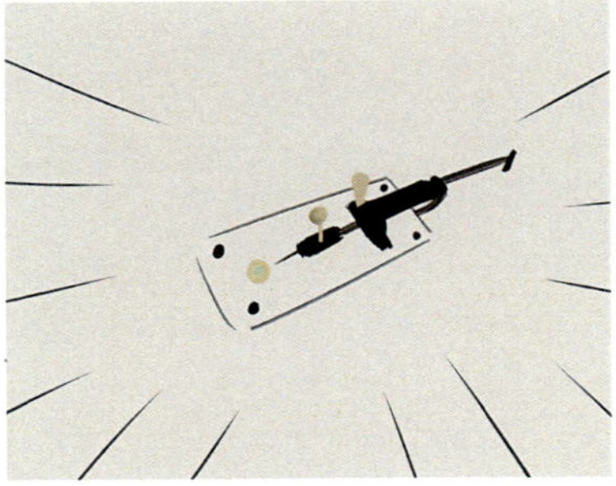

雷文霍克發明顯微鏡

在甘蔗中，由白條黃單胞桿菌（*Xanthomonas albilineans*）引起的甘蔗白條病（leaf scald disease, LSD）是甘蔗生產上影響最嚴重的細菌性病害之一。*X.albilineans* 屬γ變形菌綱黃單胞菌屬，為革蘭氏陰性菌，該菌不僅有抗

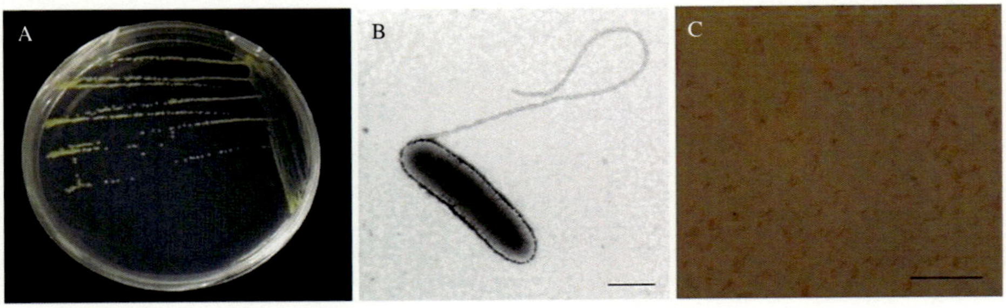

甘蔗白條病致病菌的菌落與細胞形態

A. 在XAS培養基上培養獲得Xa-FJ1菌株單菌落形態　B. 通過投射電子顯微鏡觀察Xa-FJ1菌株細胞形態（比例尺=500微米）　C. 在顯微鏡下觀察菌株Xa-FJ1革蘭氏染色陰性細胞形態（比例尺=20微米）

(Lin et al., 2018)

生素抗性，還具有較強的傳染性。其菌體呈細長桿狀，大小（0.25～0.3）微米×（0.6～1.0）微米，單生或成鏈，極生單根鞭毛；菌落顏色呈淺黃色或蜜黃色，形態為圓形，邊緣整齊，中間隆起，無流動性，專性好氧，生長的最適溫度為25～28℃。

甘蔗白條病是由白條黃單胞桿菌引起的一種細菌性維管束病害。甘蔗植株受*X. albilineans*侵染後，產生黏液，導致蔗莖的維管束被堵塞，甘蔗體內的水分和養分運輸速度減緩，進而導致甘蔗的生長速度緩慢，嚴重時造成植株壞死，該病的發生可以導致10%～34%的甘蔗產量損失，對甘蔗產業的經濟效益造成極大影響。1911年，該病害在澳洲被首次報導，隨後，在印度尼西亞（爪哇）、菲律賓、模里西斯、美國夏威夷等地相繼發生。目前，世界上已經有超過66個甘蔗種植國家受其影響，如巴西、印度、中國、泰國等甘蔗主產國，以及北美洲和非洲一些國家。在中國，1980年代，甘蔗白條病在福建、廣東、江西等地的蔗區就有發生；2007年，該病病原*X. albilineans*被列入《中華人民共和國進境植物檢疫性有害生物名錄》。近年來，甘蔗白條病在中國廣西、雲南、海南、浙江等蔗區均有報導發生，且在中國甘蔗主產區尤其是廣西和雲南呈現出蔓延擴大的趨勢。

甘蔗白條病

甘蔗白條病的發病症狀分為慢性型和急性型兩種。潛伏侵染是甘蔗白條病的一個重要特點，表現為植株可以耐受病原數周、數月，甚至幾年都不出現任何發病症狀，或者因症狀不顯眼而被忽視，當遇到外部環境脅迫時，特別是天氣乾旱或營養不良，潛伏期就會結束，從而表現出外部症狀。這就導致當白條病處於潛伏期時，病原檢測會比較困難。因此，在世界各國或者同一國家不同省份或區域間進行甘蔗種質資源交換時，如何對處於白條病潛伏期的甘蔗材料進行有效檢測就顯得尤為重要。一般來說，慢性型的病症表現為，在蔗葉和葉鞘上，產生與葉脈平行的白色或萎黃的鉛筆線狀般的縱向條紋，新長的葉子還會出現大範圍的褪色變白。當病症進一步加重時，褪色的葉片條紋開始壞死，直至葉片全部黃化枯死。此外，由於病原產生的代謝廢物堵塞木質部，慢性型病症還表現為甘蔗節上的維管束變紅，發病嚴重時蔗株莖內會出現空腔，蔗莖節間縮短，甘蔗植株整株萎蔫甚至死亡。相比較而言，急性型的主要特點是，甘蔗植株突然萎蔫直至最終死亡，然而之前只表現出很少甚至未表現出任何症狀。這種急性症狀主要在高感白條病甘蔗品種上才會發生，尤其在遭受長時間的乾旱脅迫後突遇降雨的時期更容易發生此病症。

甘蔗白條病的發病等級和發病植株症狀
A.LSD發病等級（score 0.嚴重度0級　score 1.嚴重度1級　score 2.嚴重度2級　score 3.嚴重度3級　score 4.嚴重度4級　score 5.嚴重度5級）（傅華英等，2021）　B.LSD發病植株症狀(Lin et al., 2018)

病原的快速檢測和準確鑑定是植物病害診斷中非常重要的環節。迄今，甘蔗白條病病原的鑑定和檢測技術主要包括病原分離培養和回接觀察、免疫學方法以及分子生物學檢測等三種，其中病原分離培養和回接觀察指的是利用選擇性培養基分離培養甘蔗白條病菌，並將其回接到甘蔗植株上觀察其致病症狀是否與白條病相符的鑑定方法。1997年，Davis等首次以白條黃單胞桿菌毒素基因設計特異引物，利用PCR方法成功檢測甘蔗白條病菌，該方法對體外培養的白條病菌和感病甘蔗蔗汁均有很高的檢出率。XAS培養基是通過改良Wilbrink培養基而來的，通過增加幾種抗生素和眞菌抑制劑，可以簡便地對生長速度較慢的甘蔗白條病菌進行選擇性分離培養。與其他方法相比，病原分離培養和回接觀察需要耗費更多的時間，但該方法對檢測已感染病原但未表現症狀的植株是非常有效的。在獲得甘蔗白條病菌特異性抗體基礎上，利用免疫學方法能夠有效檢測和鑑定甘蔗白條病菌，其對病原的檢測限高達10^5～10^6 CFU/毫升。目前，越來越多的研究者們利用PCR和RT-qPCR的方法進行甘蔗白條病菌的快速檢測，比如Garces等（2014）研發了標靶白條病菌毒素生物合成基因簇的TaqMan探針和引物，建立了RT-qPCR檢測方法，其檢測靈敏度達100 CFU/毫升。此外，王恆波等（2020）利用甘蔗白條病菌Harpin編碼基因設計引物用於檢測病原，該方法的最低檢測限也為100 CFU/毫升。

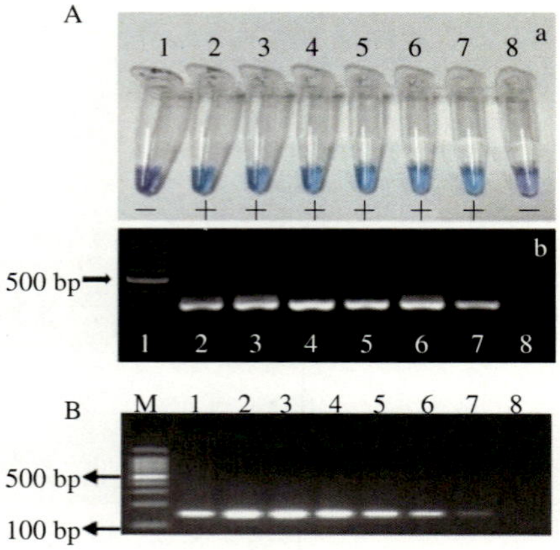

甘蔗白條病菌的LAMP和PCR體系檢測

A.通過LAMP (a)和巢式PCR (b)在病原體純培養物的水懸浮液中檢測白條黃單胞桿菌；帶有「—」符號表示反應混合物呈紫色的試管為陰性，帶有「+」符號表示反應混合物呈天藍色的試管為陽性（Dias et al., 2018） B.hrp-10引物對不同模板濃度的敏感性測試（Wang et al., 2020）

甘蔗白條病不僅可以通過感染病原的種莖進行長距離傳播，還能經由收獲工具進行機械傳播。越來越多的研究表明，甘蔗白條病菌可以通過植株的葉與葉、根與根的接觸以及在土壤間傳播；其次，該病原還可以通過氣流的帶動傳播。通常來說，如果缺乏嚴格的隔離檢疫條件或靈敏的分子檢測技術，甘蔗種質中攜帶的病原非常容易以調種和引種的方式，在不同國家或同一國家不同地區之間傳播。在病害侵染循環中，帶菌的甘蔗殘茬和中間寄主雜草是其主要的初侵染源。病害的發生和流行程度，與甘蔗品種抗性、病原致病性、蔗田環境條件和栽培管理措施等因素密切相關。當帶菌植株遇到環境脅迫如天氣乾旱或營養不良等，特別容易發病，颶風期的強降雨或者低溫也都會加重病害的發生和流行。有趣的是，甘蔗白條病在大陸性氣候區和溫溼度變化明顯的氣候區發病較重，但在溫暖海洋性氣候區發病較輕。

抗病品種的選育和推廣及健康種莖的使用是防控甘蔗白條病的最好策略和最有效方法。抗病品種的培育和推廣種植是控制甘蔗白條病最為經濟有效

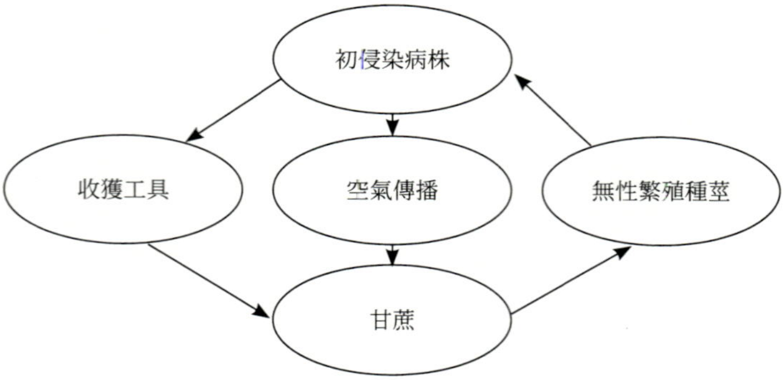

甘蔗白條病的病害循環
（孟建玉等，2019）

的措施。然而，由於甘蔗白條病具有較長的潛伏期並且病原容易發生變異，使得抗病品種的選育面臨較大困難。因此，利用白條病診斷技術對未表現症狀但已被病原侵染的甘蔗進行快速檢測和準確鑑定，在抗性品種的篩選中就顯得尤為重要。研究表明，白條病的防控還可以通過基因改造的方法來培育抗病植株，例如可以利用來自泛菌（*Pantoea dispersa*）中對白條病菌毒素具有解毒作用的*albD*基因，其過表達基因改造植株表現出對甘蔗白條病良好的抗性。目前，在生產上，主要通過組培去毒或種莖熱水處理的方法獲得健康種莖。研究表明，利用15～25℃的流動冷水浸泡甘蔗種莖48小時後，再用50℃熱水浸泡3小時，可以有效去除蔗莖內的白條病菌。除此之外，白條病的防控措施還包括用殺菌劑（如季銨鹽）消毒收獲工具和拔除染病的甘蔗苗以及在交換種質時進行嚴格檢疫。

甘蔗白條病的主要防控措施

白條一道道，減產糖分掉。甘蔗白條病是一種全世界範圍內發生的細菌性病害，具有廣泛的傳播性和潛在的毀滅性。近年來，海內外甘蔗科技工作者在甘蔗種質對白條病的抗性鑑定、甘蔗白條病菌的全基因組定序及其致病性分析以及該病原與甘蔗互作的研究方面，取得了可喜的進展，這為該病害的防控提供了理論參考和實踐依據，但相關研究仍有待進一步深入。

撰稿人：臧守建　龐　超　蘇亞春　吳期濱　李大妹　許莉萍　闕友雄

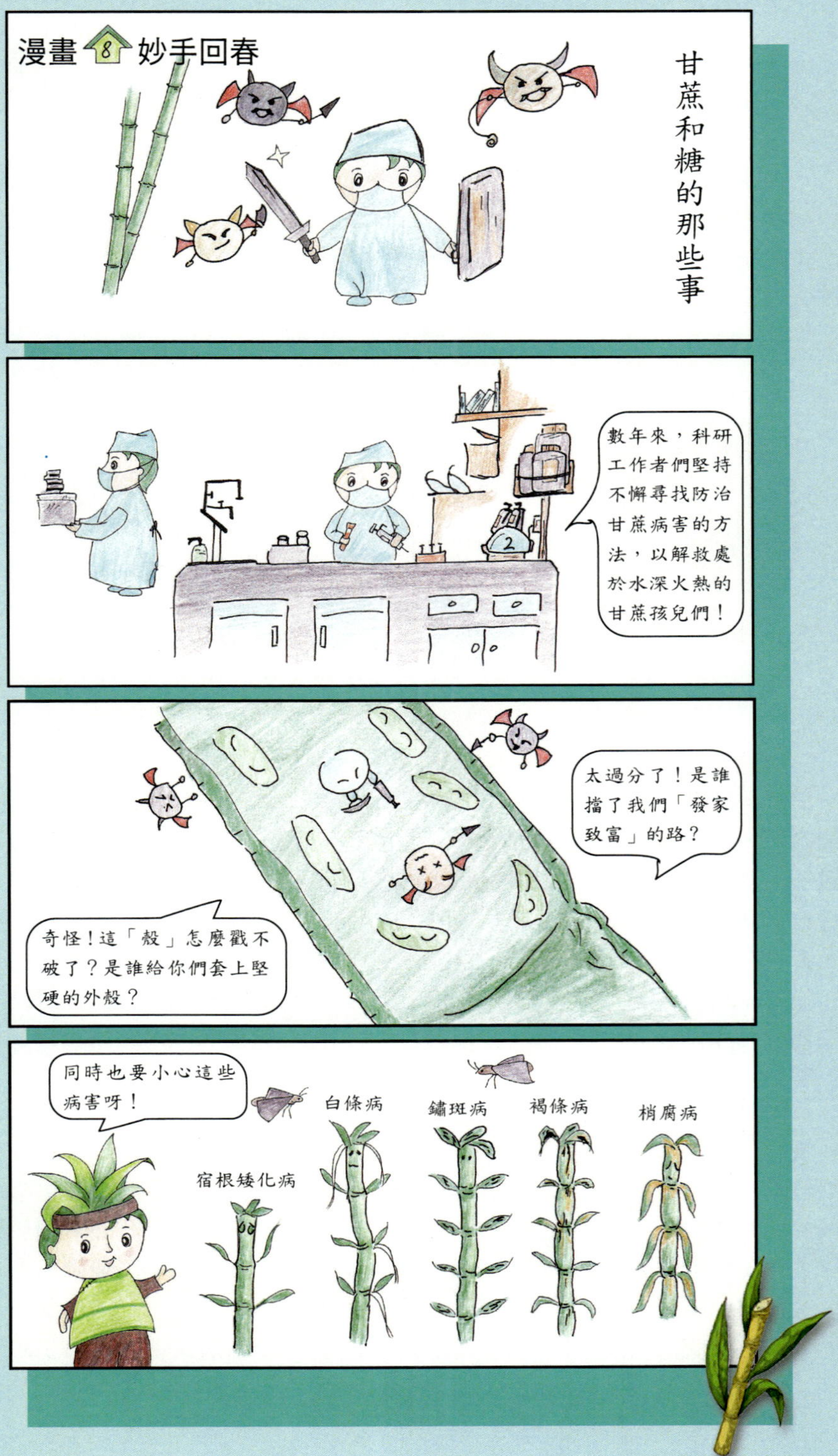
漫畫 8 妙手回春
甘蔗和糖的那些事
數年來，科研工作者們堅持不懈尋找防治甘蔗病害的方法，以解救處於水深火熱的甘蔗孩兒們！
太過分了！是誰擋了我們「發家致富」的路？
奇怪！這「殼」怎麼戳不破了？是誰給你們套上堅硬的外殼？
同時也要小心這些病害呀！
宿根矮化病
白條病
鏽斑病
褐條病
梢腐病

若葉一片鏽 甘蔗要急救

大家都知道鐵會生鏽，可是，你知道植物也會生鏽嗎？鐵生鏽本質上是一種化學反應，即金屬的氧化反應。鐵鏽的成分主要是氧化鐵、氫氧化鐵與鹼式碳酸鐵等。當鐵放在無水的空氣中，幾年都不生鏽。光有水，鐵也不會生鏽。只有在氧氣與水同時作用時，或者空氣中的二氧化碳溶在水裡，鐵塊才會生鏽。那麼植物為什麼會生鏽？植物什麼情況下才會生鏽？眞菌是一種眞核生物，有眞核、能產孢子、無葉綠體，主要包含黴菌、酵母、蕈菌以及我們所熟知的菌菇類。迄今人類已經發現了12萬多種眞菌。在自然界中，眞菌自成一界，獨立於動物、植物和其他眞核生物。眞菌可以通過無性和有性兩種繁殖方式產生孢子。眞菌無處不在，它是人類農業與食物生產安全與可持續發展的重要參與者，但是，眞菌作為一種常見病原物，也會造成嚴重的植物病害，鏽病就是其中最為普遍的一種。

鏽跡斑斑的鐵塊

鏽病是眞菌中的鏽菌寄生引起的一類植物病害，嚴重危害植物的葉、莖和果實。鏽菌可以產生多種不同類型的孢子，主要包括5種，分別是性孢子、鏽孢子、夏孢子、冬孢子和擔孢子。甘蔗鏽病是一種世界性眞菌病害，主要對甘蔗葉片造成危害。當甘蔗受到鏽病危害後，葉片上產生鏽跡病斑，其後隨著病害發展，病斑合併成片，發展為不規則的斑塊，葉片呈褐紅色乾枯，光合速率下降，分櫱減少，甘蔗生長進程緩慢甚至停滯，最終導致甘蔗減產15%～30%，同時蔗糖分降低10%～36%，給甘蔗產業造成巨大的經濟損失。根據系統發育分析，甘蔗鏽病可以進一步劃分為黃鏽病、褐鏽病和黃褐鏽病三種類型。

生產上，甘蔗鏽病往往是多種類型混合發生，這更加劇了該病害的危害及其防控的難度。黃鏽病主要發生在澳洲、美國、印度等地，其病原是屈恩柄鏽菌（*Puccinia kuehnii*）。2014年，王曉燕等在中國雲南蔗區首次發現甘蔗黃鏽病。該病典型的症狀是初期為淡黃色的斑點，隨著病程發展，病斑聚集成片，在葉片正反面形成橙黃色夏孢子堆。夏孢子的形狀為梨形或倒卵形，顏色呈金黃色至淡栗褐色，表面有刺；冬孢子堆則為黑色，冬孢子的形狀為長橢圓形，頂端圓或平，深褐色。與黃鏽病相比，褐鏽病在廣泛的蔗區發生，對甘蔗

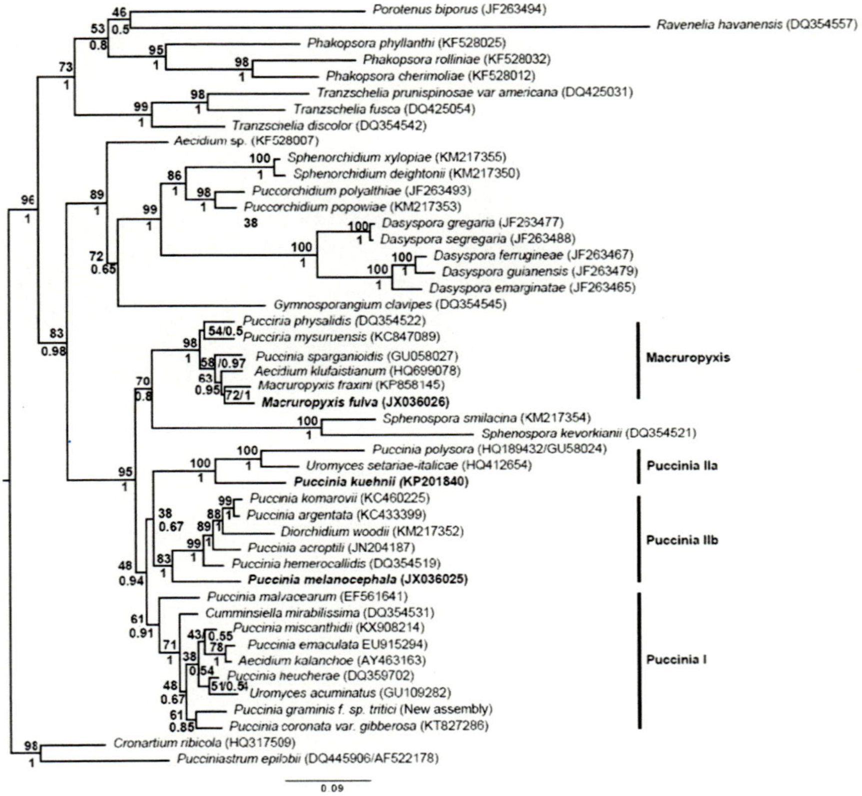

部分鏽菌的系統演化樹

Macruropyxis. 黃褐鏽病病原 *Macruropyxis fulva* sp. nov.

Puccinia II a. 屈恩柄鏽菌　Puccinia II b. 黑頂柄鏽菌　Puccinia I. 已報導柄鏽菌屬其他鏽菌

（Martin et al., 2017）

的產量造成更加嚴重的威脅，其病原是黑頂柄鏽菌（*Puccinia melanocephala*）。1890年，在爪哇首次發現甘蔗褐鏽病，其後迅速蔓延至世界各甘蔗種植區域，並逐漸發展成為甘蔗生產中常見的病害。1982年，中國雲南蔗區首次報導了黑頂柄鏽菌的發生，其引起的褐鏽病多發於葉片頂端，典型病症是初期為淡綠色至黃色的長形病斑，且病斑較為分散，病斑周圍有黃色的暈環，病斑一般長2～10毫米，寬1～3毫米。夏孢子的形狀為球形或倒卵形，顏色呈現褐色至深褐色，表面密布小刺；冬孢子為雙細胞，壁光滑，棍棒狀，褐色。黃褐鏽病是一種新型的甘蔗鏽病，其病原是 *Macruropyxis fulva* sp. nov.，典型病徵是黃褐色病斑與葉脈平行呈長條狀。該病害2008年在南非地區首次發現，目前發病地區也僅限於南非等地。

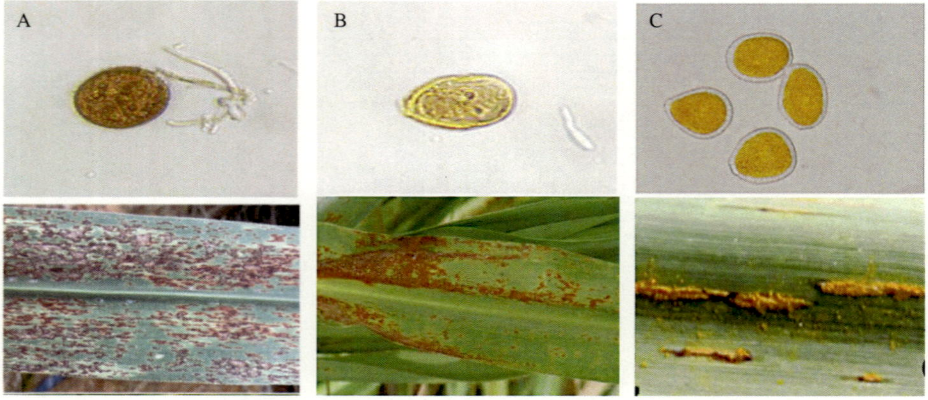

甘蔗鏽病田間症狀及其病原的顯微形態特徵
A. 甘蔗褐鏽病及夏孢子（陳俊呂，2020） B. 甘蔗黃鏽病及夏孢子（陳俊呂，2020）
C. 甘蔗黃褐鏽病及夏孢子（Martin et al., 2017）

在甘蔗產業現代化發展的進程中，不同國家和同一國家不同地區的引種、調種以及不同蔗區之間越來越多的交流，為甘蔗鏽病的傳播和蔓延創造了條件。近年來，中國廣西、雲南、廣東等主要甘蔗產區均發現鏽病，大部分為褐鏽病。鏽菌夏孢子在褐鏽病的流行與傳播過程中扮演著重要角色。在褐鏽病的傳染過程中，田間病葉以及宿根蔗為初侵染源。在甘蔗生長季節，病葉上的褐鏽病菌不斷產生夏孢子，通過風雨傳播等方式，到達並附著在健康的甘蔗葉片表面，進一步通過氣孔進入葉肉細胞，逐漸在葉片上形成包狀突起，最終病斑密布致使周圍葉片組織死亡，完成一個侵染循環，表皮破裂後則散放出密集的紅褐色的夏孢子，進入新一輪侵染循環。中國在每年的11月至翌年的5月，易流行鏽病，其中2—4月是鏽病的發病高峰期。

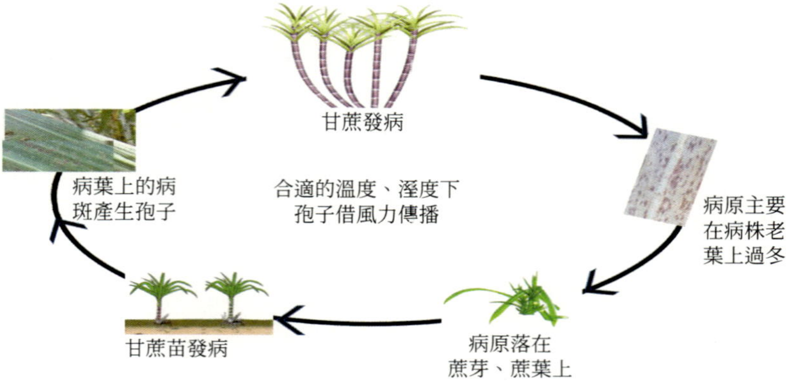

甘蔗鏽病的病害循環

鏽菌夏孢子的存活與溫溼度息息相關。2010年，韋金菊等的研究發現，夏孢子在10～35 ℃的溫度範圍內均能萌發，且25 ℃為其最適宜的萌發溫度。同時，高溫不利於夏孢子的存活和萌發，適當的水分則能夠提高病原孢子的萌發率，也會影響孢子堆的形成。當甘蔗長期處在雨水多、露水重、大霧、溫涼的環境中時，容易引起鏽病的流行。

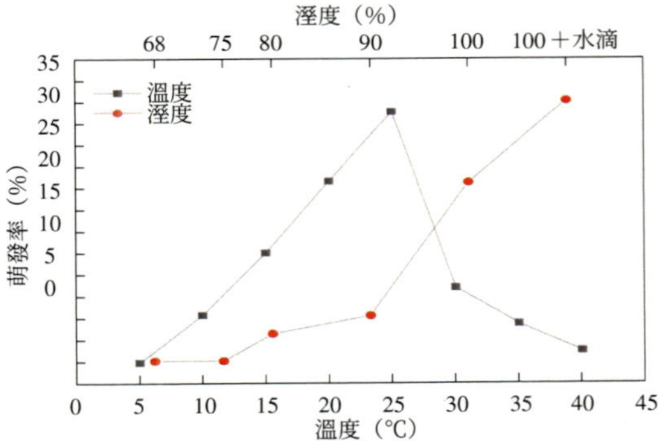

溫度和溼度對夏孢子的影響

甘蔗鏽病的判別主要包括傳統的田間症狀觀察、免疫學診斷和分子檢測等手段。但是，在發病早期，甘蔗褐鏽病難以單純依靠傳統的症狀學來辨別，主要原因在於該病發病初期與甘蔗褐斑病、眼點病、葉枯病等的症狀高度相似，比如都呈現淡黃色的斑點。通過製備甘蔗鏽病病原的特異性抗體，則能夠通過免疫學技術，快速診斷該病原的存在。近年來，分子生物學技術的發展方興未艾，通過該技術在發病早期快速檢測出病原物已經成為現實。目前，已開發應用的甘蔗鏽病檢測技術包括基於PCR技術的DNA檢測、LAMP檢測和DNA探針法等。針對甘蔗鏽病，多採用PCR檢測技術，比如Glynn等（2010）設計了特異性引物Pm1-F/Pm1-R和Pk1-F/Pk1-R，同時進行甘蔗黃鏽病菌與褐鏽病菌的鑑定，進一步針對兩種病原設計了RT-qPCR引物和探針，可以有效用於早期病害辨識。2020年，陳俊呂等利用Pm1-F/Pm1-R和Pk1-F/Pk1-R兩對引物，對中國七個省份的疑似甘蔗鏽病葉片樣品進行PCR檢測，發現褐鏽病菌（480bp）和黃鏽病菌（527bp）的檢出率分別為17.9%和34.8%，並證實了存在兩種病原複合侵染的現象。

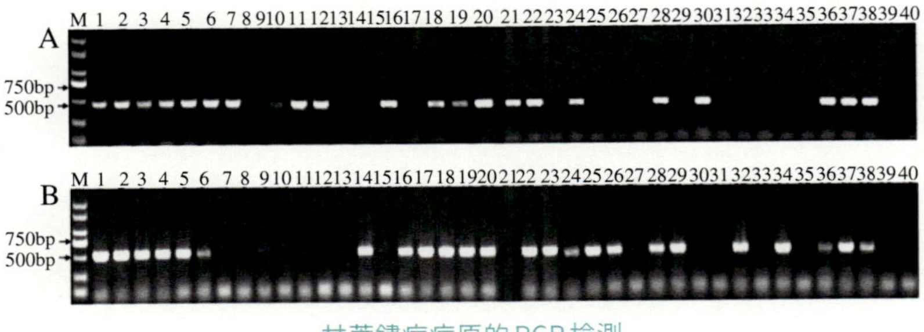

甘蔗鏽病病原的PCR檢測

A. 甘蔗褐鏽病病原PCR電泳檢測圖　B. 甘蔗黃鏽病病原PCR電泳檢測圖

（陳俊呂，2020）

發掘和利用現有甘蔗種質資源的抗性，培育優良抗病品種是目前甘蔗鏽病防控最有效的方法。李文鳳等（2019）對中國近年選育的50個新品種及2個主栽品種進行自然抗性評價，發現雲蔗05-51、雲蔗05-49、柳城05-136、柳城07-500、福農38、福農0335、粵甘34號、粵糖40、新臺糖16以及新臺糖22等品種均對鏽病表現出抗性，這為選育穩定優質的抗鏽病新品種提供了參考依據。此外，還可以根據甘蔗鏽病發生的有利條件，通過嚴格的甘蔗田間種植管理制度等措施來控制該病害的發生和蔓延，這些方法主要包括以下幾種。①生長季節，及時去除老葉、病葉，清理雜草，確保蔗田通風透光，保持空氣的流通；②生長過程，防止蔗田積水，降低蔗田溼度，抑制病原增殖；合理施加有機肥、鉀肥、磷肥，促使甘蔗早生快發，有效增強甘蔗植株的抗病能力；③收獲季節，及時清除田間的病株，降低翌年的初侵染源；④加大引種力度和調種檢疫強度，禁止或盡量減少從發病地區選種和引種，減少病害的跨地區傳播；⑤加強藥劑防治，尤其在發病初期，採用藥劑噴施，減少病原數量，減輕病原危害。韋潔玲等（2022）對比了8種應用於甘蔗鏽病防治的化學藥劑，結果表明，10%吡唑醚菌酯·戊唑醇超低容量液劑和5%己唑醇·四黴素微乳劑對甘蔗鏽病的防控效果最佳。進一步的研究，我們應該從深入探討和解析甘蔗為什麼會發生鏽病及其發生和流行的規律入手，找到甘蔗鏽病防治的科學策略和有效方法。

若葉一片鏽，甘蔗要急救。長期以來，甘蔗鏽病給全球蔗糖業造成了巨大的經濟損失，嚴重制約了蔗糖產業的高品質發展。鐵塊之所以容易生鏽，除了其自身活潑的化學性質外，與外界環境條件密不可分。為此，前人已經發明了防止鐵生鏽的十種方法，即組成合金、塗保護層、電鍍、熱鍍、緻密氧化膜、保持表面潔淨、去除鐵鏽、保持環境乾燥、避免與催化劑接觸、塗抹凡士林或者氫氧化鈣。我們既然可以讓鐵塊不生鏽，又有什麼理由不能夠控制甘蔗不發生鏽病？為此，我們應加快甘蔗抗鏽病機制的解析和抗鏽病優良甘蔗品種選育的步伐，攜手助力甜蜜甘蔗事業的發展。

撰稿人：龐　超　臧守建　蘇亞春　吳期濱　李大妹　許莉萍　闕友雄

梢腐也是病　甘蔗真歹命

說起頭痛，想必大家都不會陌生，它是一種常見的頭部疾病。引起人頭部疾病的原因有很多，如由病毒、細菌、眞菌、寄生蟲引起的腦部感染性疾病、腦動脈硬化、腦部病變等，這些疾病不僅會影響我們的生活品質，嚴重時還會危及生命。其中，偏頭痛是一種非常常見的疾病，患者大多為女性，一旦發作很是痛苦，富含咖啡因的植物如球果紫堇、胡椒薄荷、短舌匹菊，能夠有效緩解甚至治療偏頭痛。

球果紫堇（左）、胡椒薄荷（中）和短舌匹菊（右）

植物可以治療人們頭痛，可是，你知道植物也會「頭痛」嗎？今天讓我們用甘蔗舉例說道說道。甘蔗「頭痛」也要命。甘蔗梢腐病（sugarcane pokkah boeng disease，PBD）可以對甘蔗梢頭造成危害，使得頂端嫩葉褪綠黃化、梢頭部葉片扭曲變形，隨著病情發展，葉片出現黑褐色病斑，葉鞘部位出現紅色的梯形病斑。不僅如此，當甘蔗感染梢腐病後，還會引起蔗莖一側腐爛，導致節間彎曲變形，嚴重時，梢部壞死，甘蔗整株死亡，給甘蔗生產造成極大損失。該病最早在1896年發現於印度尼西亞爪哇地區的栽培品種POJ2878上

甘蔗梢腐病的田間症狀
A. 患病甘蔗出現紅色條紋和褪綠　B. 患病莖部腐爛
C. 刀割期頂部變形
(Hilton et al., 2017)

（郭強等，2018）。近年來，該病逐漸席捲中國。嚴曉妮等（2022）研究發現，某些感病甘蔗品種的發生率高達80%以上，且呈現全年和全生育期發病的現象，給甘蔗生產造成巨大損失。由此可見，甘蔗梢腐病不容小覷，準確認識並有效防控迫在眉睫。

甘蔗梢腐病是一種真菌性病害，主要發生在幼嫩葉片和梢部，也侵染葉鞘和蔗莖，感病後引起植株腐爛，其症狀的發展可分為四個階段，即褪綠Ⅰ期、褪綠Ⅱ期、頂腐期和刀割期（Vishwakarma et al., 2013）。甘蔗梢腐病病原是鐮刀菌複合種（*Fusarium* spp.），中國主要有*F. verticillioides*、*F. sacchari*、*F. oxysporum*和*F. proliferatum*四種，其中*F. verticillioides*為優勢病原。無性階段為串珠鐮刀菌（*F. moniliforme*），有性階段為串珠赤黴菌（*Gibberella moniliforme*）。

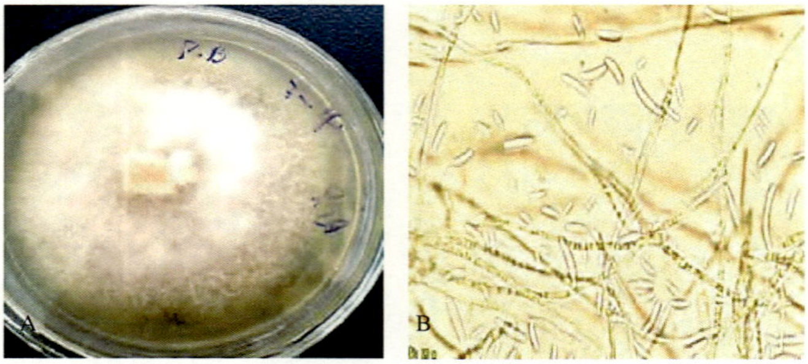

甘蔗梢腐病病原的菌落形態及分生孢子
A.病原菌落　B.分生孢子
（單紅麗等，2022）

甘蔗梢腐病病原分生孢子主要是靠氣流和雨水進行傳播。在雨季之前，分生孢子被氣流帶至甘蔗梢頭葉片上；雨季開始之後，氣流和雨水的作用引起病原分生孢子在甘蔗田間傳播擴散；在適宜的溫度和溼度條件下，落到甘蔗梢頭心葉組織上的分生孢子，順利侵入甘蔗幼嫩葉部，進而成功侵染蔗株的生長點，蔗株出現發病症狀。每年的7—9月是甘蔗生長最旺盛的時期，此時密集的葉片使得甘蔗植株之間的透光性和通風性變差，降水量的增加則引起田間的溫度和溼度升高，這種環境條件十分適合分生孢子萌芽，產生的菌絲逐漸蔓延擴散，使葉片緩慢壞死。讓人驚訝的是，從感染到最後發病，潛育期僅為一個月左右。

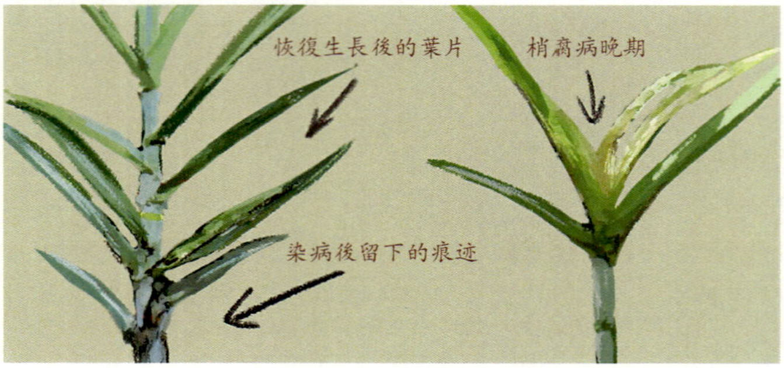

甘蔗梢腐病的典型症狀

甘蔗梢腐病不是單一因素造成的，其發病原因較為複雜，過多增施肥料或是誘因之一。通常認為，上一作物季蔗田裡遺留的病殘株是甘蔗梢腐病主要的初侵染源。病部所產生的分生孢子經傳播蔓延後又對蔗株造成再次侵染危害。一方面，高溫高溼的蔗田環境或久旱遇雨或灌水過多，都容易引起甘蔗梢腐病的發生和流行。另一方面，甘蔗植株生長瘦弱、生長過程中的氮肥供應不足或者偏施、重施氮肥，也會導致柔嫩甘蔗組織過快生長，梢腐病的發病症狀會較為嚴重。需要註意的是，氮肥作為目前應用最為廣泛的肥料，對甘蔗根部周圍土壤中微生物的生長具有顯著的影響。有研究表明，合理施用氮肥能夠提高稻田土壤中氨氧化細菌的豐富度，但是，氮肥的過量施用則會導致土壤中養分失衡、微生物菌群結構失衡，並促進根際土壤中病原微生物的累積，增加植物土傳病害的發生率，進而降低作物品質和產量。2015年，Lin等研究了植物中氮硫源［硫酸銨$(NH_4)_2SO_4$、尿素Urea、硝酸鈉$NaNO_3$］對甘蔗梢腐病及其病原體的影響，並在體外測定了真菌的生長和產孢量（Lin et al., 2015）。結果表明，銨態氮有利於真菌菌絲生長、細胞密度和產孢形成，增強了甘蔗的病害症狀。進一步，轉錄組分析發現了該過程中參與氮的代謝、運輸和同化的差異基因，這些基因也與致病性相關。據此，作者提出了在$(NH_4)_2SO_4$、Urea或$NaNO_3$培養基中生長的梢腐病菌的致病性和物質生產的氮調節模型。

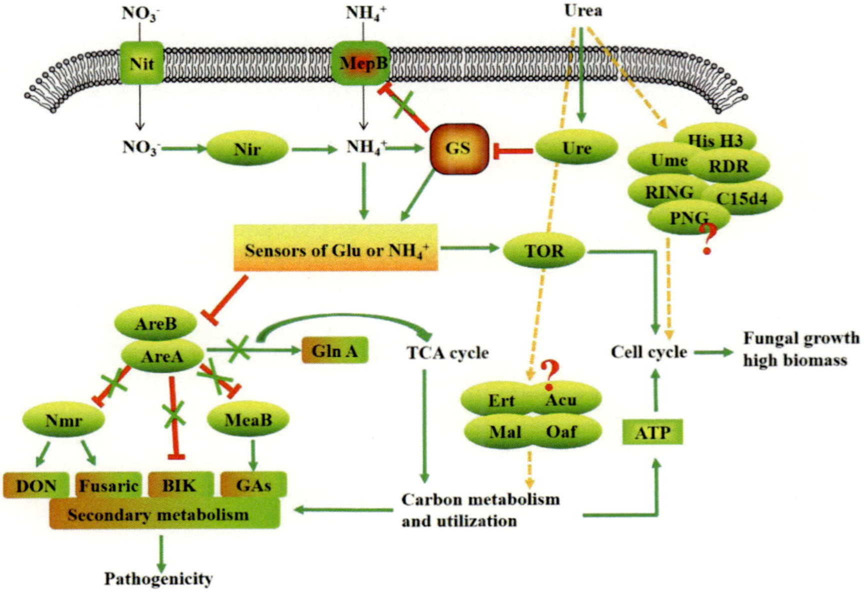

甘蔗梢腐病菌的致病性及其氮調節模型
（Lin et al., 2015）

絲裂原活化蛋白激酶（MAPK）信號通路是梢腐病發病的潛在機制之一。 Zhang等（2015）鑑定了編碼MAPK同源物的*FvBCK1*基因，並確定它不僅是生長、分生孢子的產生以及細胞壁完整性所必需的，而且響應滲透和氧化緊迫反應。進一步，他們將稻瘟病菌接入*FvBck1*缺失突變體，發現雖然某些表型得到了恢復，但補體菌株未能獲得完全的毒力。同時，他們的研究還表明，*FvBck1*在梢腐病菌中發揮著多種作用，下游信號通路的解析可能會有助於更好地了解該MAPK通路如何調控甘蔗梢腐病。

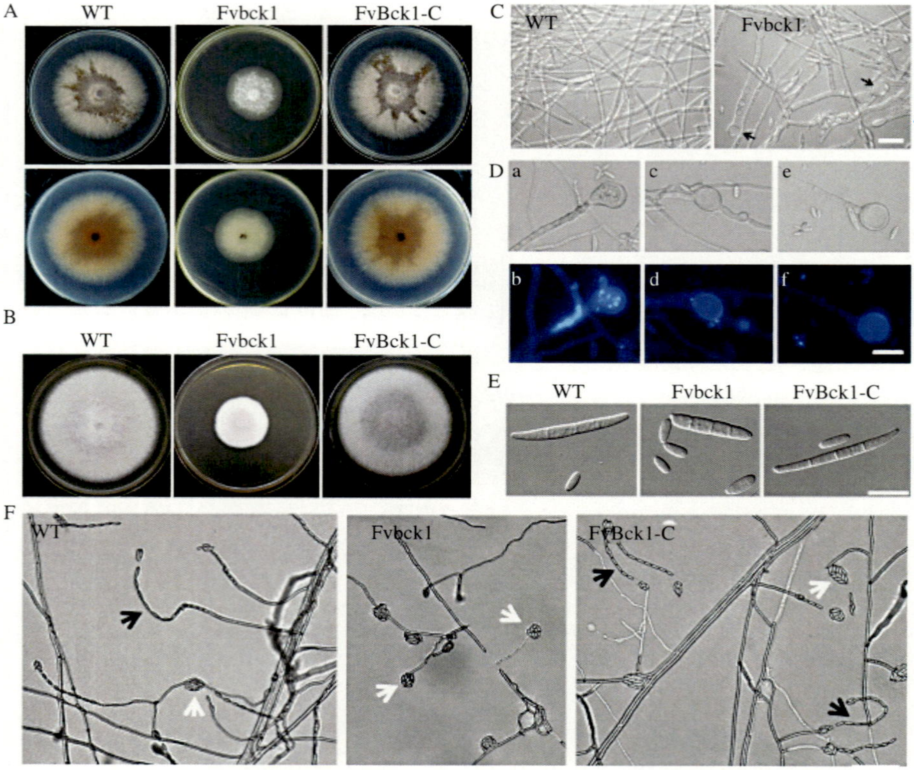

甘蔗梢腐病菌的菌絲生長和分生孢子表型

A.菌株在SJA平板上培養5天（上下圖分別為培養基俯視圖和底視圖） B.菌株在CM培養基上培養5天 C.WT和ΔFvbck1菌株在液體CM培養基中培養3天的菌絲形態（黑色箭頭表示ΔFvbck1菌株菌絲的膨脹結構） D.ΔFvbck1菌絲膨脹結構詳圖［用10微克/毫升的DAPI對菌絲進行染色，並在微分干涉差(a、c、e)顯微鏡(DIC)或紫外線(b、d、f)下觀察］ E.在白光和紫外線照射下，在MBJ培養基中培養7天 F.每個菌株的微孢子在改良固體培養基上培養5天（黑色和白色箭頭分別表示微分生孢子鏈和假頭）(Zhang et al., 2015)

目前，甘蔗梢腐病的防治主要包括新品種選育、田間管理和化學農藥的施用三種措施。第一，新品種選育和推廣是防治梢腐病最為經濟有效的策略。單紅麗等（2020）在陳萬權主編的《植物健康與病蟲害防控》中採用田間自然發生率調查方法鑑定了60個甘蔗新品種及31個甘蔗主栽品種對梢腐病的抗性，篩選出了抗梢腐病的35個甘蔗新品種和15個主栽品種，其中粵甘49、福農11-2907、閩糖11-610、閩糖12-1404、桂糖11-1076、粵甘46、粵甘47、福農09-2201、福農09-6201、福農09-7111、福農10-14405、閩糖06-1405、桂糖40號、桂糖06-1492、桂糖06-2081、桂糖08-1180、桂糖08-1589、雲蔗11-1074和德蔗07-36共19個優良新品種對梢腐病的抗病力強，在進一步選育抗梢腐病甘蔗品種方面很有利用潛力。王澤平等（2017）研究發現，選育抗性品種時，葉片狹窄直立、株型緊湊且易脫葉的甘蔗品種對梢腐病抗性較強；而葉片寬大、披散下垂型且不容易脫葉的甘蔗品種對梢腐病抗性較弱，因此可將甘蔗葉片形態特點作為篩選依據之一（王澤平等，2017）。然而，目前生產上尚未見高抗梢腐病的甘蔗品種。第二，科學合理的田間管理是防控甘蔗梢腐病最為直接的措施。在田間管理的過程中，甘蔗栽培模式可採取輪作方式，以減輕病害發生，避免甘蔗的過密種植。播種前，施足基肥，並及時中耕培土或配以追肥，保證早生快發和植株健壯，以提高抗病性。此外，應不定期給甘蔗剝葉，創造通風透光良好的田間環境，同時做好監測，掌握化學防治的合理時期確保及時噴藥。再有，在甘蔗生長發育過程中，及時拔除病株，以減少田間的侵染源，控制病害的擴展蔓延；收獲期後，則要及時清除蔗田的病株、病株殘餘，並集中燒毀，以減少下一個作物季的初侵染源。另外，重視蔗田的水肥管理，特別是控制氮肥的施用，對有效控制甘蔗梢腐病也是非常必要的。第三，如果在病害初期，可考慮化學防治。梢腐病的化學防治藥劑多為廣譜性殺菌劑。目前，多菌靈、苯菌靈和百菌清，具有內吸治療或保護的作用，其劑型相同、作用部位和機制互補，複配使用還能夠增加藥效，已經成為生產上使用最為廣泛的廣譜性殺菌劑。單紅麗等（2021）發現，多菌靈、苯菌靈、百菌清混合使用再複配磷酸二氫鉀和農用增效助劑，不僅可有效將甘蔗梢腐病病株率控制在10%以下，甚至還具有較為顯著的增產增糖效果（單紅麗等，2021）。

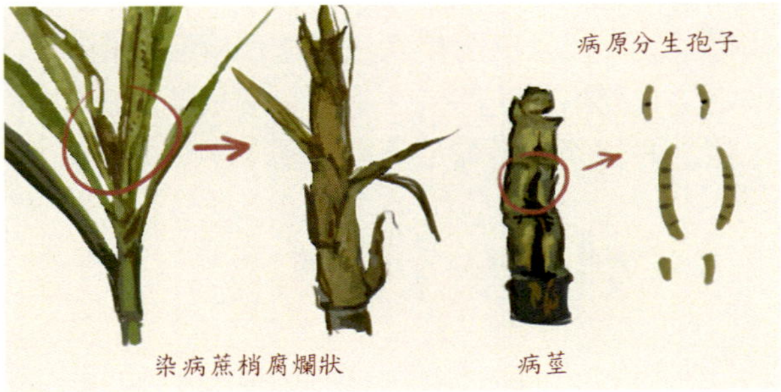

甘蔗梢腐病

甘蔗梢腐病嚴重威脅中國甘蔗的種植以及健康種苗的生產，如何快速和準確地診斷病原和病症對甘蔗梢腐病的防控防治具有重要意義。2009年，張玉娟首先利用ITS-PCR、ATP-PCR和Effd-PCR三種技術，從不同的甘蔗品種中獲取梢腐病菌的目的基因片段；其次，通過多重序列比對並分析菌株的系統演化關係；根據ITS序列設計了PCR檢測特異性引物，最終構建了甘蔗梢腐病特異性的快速檢測體系（張玉娟，2009）。林鎮躍（2015）基於FSC的ITS序列變異區和RT-qPCR技術，研發了一種基於TaqMan PCR的病原快速診斷方法，該方法的靈敏性是常規PCR的1 000倍以上。由於TaqMan PCR具高靈敏性及高特異性，可應用於低濃度（10皮克/微升）樣本DNA的檢測及鑑定，這也使得該方法能成功運用於田間甘蔗病害檢測（李銀煳等，2022）。使用*F. verticillioides*和*F. proliferarum*的特異性引物對15份甘蔗梢腐病樣品進行PCR分子檢測，兩種病原檢出率分別為100%和93.33%，同時也證明了*F. verticillioides*和*F. oxysporum*兩種病原引起的梢腐病混合侵染現象比較普遍。

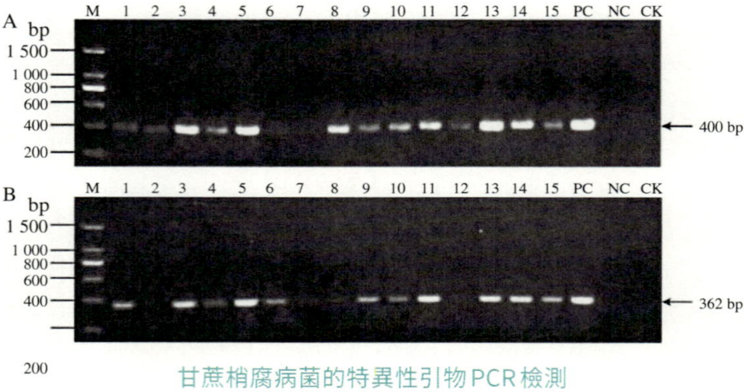

甘蔗梢腐病菌的特異性引物PCR檢測

A.*F. verticillioides*的檢測結果　B.*F. proliferarum*的檢測結果　M.DNA分子標記

1～15.甘蔗梢腐病樣品　PC.陽性對照　NC.陰性對照　CK.空白對照

（李銀煳等，2022）

梢腐也是病，甘蔗真歹命。隨著基因工程技術的日益成熟，利用分子生物學手段，以甘蔗對梢腐病的抗病機制和梢腐病病原的致病機制為切入點，精準定位甘蔗梢腐病的抗性基因，解析梢腐病菌的致病機制，有望為培育抗性持久穩定的甘蔗品種奠定堅實的基礎。

撰稿人：龐　超　蘇亞春　吳期濱　高世武　郭晉隆　李大妹　許莉萍　闕友雄

褐條常發病 甘蔗不認命

「千里之堤，潰於蟻穴。」大病往往都是由一些小毛病引起的。小病早治，大病早防，無論動物還是植物都會得病，「治未病」即採取相應的措施，防止或者抑制疾病的進程。「治未病」包含四個方面，即未病先防、欲病早治、既病防變、癒後防復，該理念源遠流長，早在《黃帝內經》中就已經明確提出。一代名醫扁鵲四次拜見齊桓公，發現其皮膚上有小病症狀，勸誡齊桓公及時治療，齊桓公並不相信，置之不理，最終病入膏肓，無藥可救。

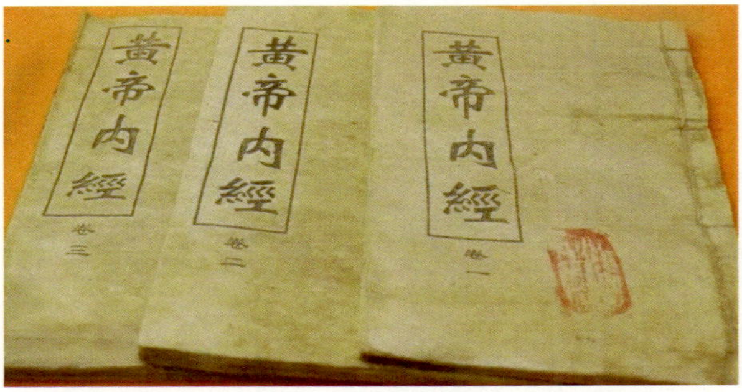

未病先防，欲病早治，既病防變，癒後防復。

《黃帝內經》

甘蔗病害防治亦需充分發揮「治未病」作用。甘蔗廣泛種植於熱帶和副熱帶地區，是最主要的糖料作物，也是重要的生物能源作物。在中國，以甘蔗為原料的食糖占比約為85%，其餘15%左右來自甜菜。現代甘蔗栽培品種為種間雜交種，遺傳背景複雜，且基因組尚未破譯，育種嚴重依賴性狀分離的大群體和表型選擇。甘蔗病蟲害致使甘蔗抗性及產量降低，嚴重限制了糖業的發展。一旦甘蔗患病，如果不採取經濟有效的治理措施，隨著病程加重，甘蔗必將減產甚至絕收，最終造成巨大的經濟損失，褐條病就是如此。

甘蔗褐條病（sugarcane brown stripe，SBS）是一種極具危害性的甘蔗葉部真菌性病害，常導致甘蔗抗性喪失和生活力降低，亦是限制甘蔗產量和糖分的主要因素。該病於1924年在古巴首次被發現，之後在全球各產蔗國均有發生，發病嚴重時田間甘蔗葉片似「火燒狀」，其爆發造成的產量損失一般在18%～35%，最高可達40%。近年來，高溼高溫的氣候加上多年連作尤其是感病品種的種植，導致部分蔗區褐條病爆發成災，嚴重影響甘蔗的產量和品質。目前，在中國的廣東、廣西、雲南、福建、海南等地，均有褐條病爆發記載。迄今，該病害的研究還局限在病害發生特點、病原的分離鑑定以及防控措施上。甘蔗生長週期長達一年，培育和種植抗病品種是針對褐條病最環保和最經濟有效的防控策略。

甘蔗褐條病葉片病症
A. 健康葉片（無病症） B. 病原侵染前期葉片病症
C. 病原侵染中期葉片病症 D. 病原侵染後期葉片病症

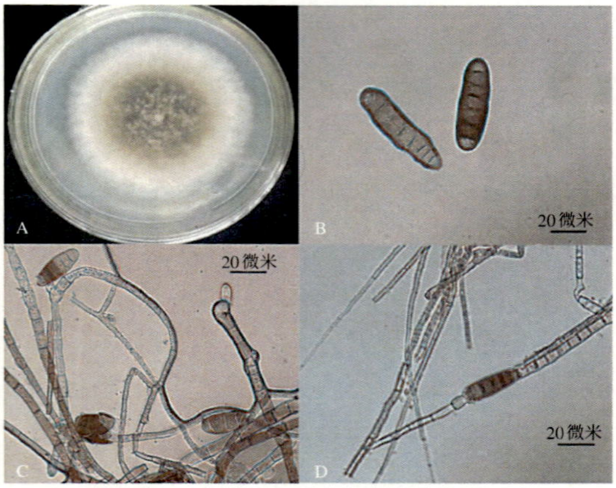

甘蔗褐條病病原的形態
A. 菌落形態 B. 分生孢子
C. 分生孢子梗和分生孢子 D. 菌絲
（錢雙宏等，2015）

甘蔗褐條病病原無性階段為半知菌類離蠕孢屬甘蔗狹斑離蠕孢菌（*Helminthosporilum stenospilum*），有性階段則為子囊菌門旋孢腔菌屬狹斑旋孢腔菌（*Cochliobolus stenospilus*）。2015年，錢雙宏等分離並鑑定了海南甘蔗褐條病病原為*Bipolaris stenospila*（*H. stenospilum*）。王曉燕等（2022）研究也表明，雲南蔗區甘蔗褐條病病原為*Bipolaris setariae*。該病原的寄主主要有甘蔗、高粱、大看麥娘、玉米等。

患有褐條病的田間甘蔗病株殘葉作為初侵染源，條件適宜時，病斑大量產生分生孢子，藉助氣流、風、雨水和昆蟲等媒介在大田內或區域間傳播。病原分生孢子落在溼潤的甘蔗葉片上，萌芽後，通過氣孔侵入葉片組織，在適宜的環境條件下，最終導致甘蔗葉片出現病症。甘蔗發病後，被侵染的葉片其初期病症表現為細小的水漬狀形態，約0.5毫米大小，這正是由於病原侵入葉片後，其周圍組織細胞失水壞死導致。隨著侵染過程的加速，葉片病斑漸漸擴展成與主葉脈平行的條斑。分生孢子不斷在病斑上產生及萌芽，隨後藉助上述多種媒介傳播，使被侵染部位的病斑範圍蔓延擴大，侵染中後期葉片病斑轉變成紅褐色。成熟的完全型病斑長度在葉片表面一般表現為2～25毫米，寬度不會超過4毫米，病斑的末端或多或少表現為直且周圍伴有黃色暈圈狀。直至褐條病蔓延至整塊蔗田。

甘蔗主栽品種的更新換代，基本伴隨著其對所在蔗區主要病害抗性的下降或喪失，因此，甘蔗品種的改良進程中，抗病性的改良占據著重要地位。新臺糖22（ROC22）由於綜合性狀表現好、適應性強，長期在大陸甘蔗生產上占主導地位，也是中國甘蔗雜交育種中使用頻率最高的親本之一。但該品種的缺陷之一就是對眞菌性病害——甘蔗褐條病的抗性差。由於該品種長期作為主栽品種，在較大幅度提高中國甘蔗單產的同時，也使得原本在生產上僅以次要病害出現的甘蔗褐條病，逐步發展成為主產蔗區的主要病害。因此，甘蔗生產上，急需提高品種對該病害的抗性。利用農藝性狀具有差異的甘蔗基因型作為親本，通過創製F_1分離群體來鑑定目標性狀的QTL並挖掘性狀相關基因，是甘蔗遺傳改良的重要工作。在實踐中，儘管創製目標性狀分離的甘蔗F_1群體難度不大，但是，由於甘蔗遺傳背景複雜，甘蔗現代雜交種的基因組尚未破譯，加上其擁有高多倍體和非整倍體的染色體，導致甘蔗群體遺傳研究遠遠落後於禾本科作物玉米、小麥和水稻等。迄今，就甘蔗褐條病的研究而言，僅見前人關於該病害發生特點和防控措施以及病原分離與鑑定等基礎性研究，急需擴大研究面並進行相應深入研究。

發生嚴重時病株葉片表型

急需針對不同的甘蔗病害建立高效鑑定評價技術，同時對抗褐條病關聯標記和抗病基因的挖掘是甘蔗褐條病抗性育種的核心技術。種植和培育甘蔗抗病品種無疑是最環保和經濟有效的甘蔗眞菌性病害的防控策略，但現實是，育種進程中培育出一個適合大面積商業栽培的抗病品種至少需要10年以上的時間，而且還存在極大的不確定性，主要是由於在品種的選育過程中，可能存在未受病害脅迫的情況。當然，改進大田栽培管理措施，改善蔗田種植環境以及化學防治為輔的綜合防控措施，也能起到防控該病害的作用，但如果有抗病品種可以選用，對於蔗農來說，是最為簡便的，也是最為經濟且環保的上等策略。中國年種植甘蔗實生苗80萬～100萬苗，經8～10年區域鑑定選擇，育成品種機率極低（1/300 000～1/100 000）。面對如此巨大的分離群體，採用傳統評價方法必然很難全面顧及，而有實用價值的性狀關聯標記開發週期長、難度大且費用昂貴。當前，基因組定序技術飛快發展，成本大幅降低，但對上百個個體的全基因組定序，依然非常昂貴，為此，前人提出利用BSR-seq策略，進行目標性狀關聯標記候選區域的初定位並快速篩選性狀關聯的候選基因，這是一種成本低效益好的策略（Li et al., 2014）。通過對性狀極端的樣本混池進行RNA-seq定序，結合BSA分析，不僅能更準確地估算等位基因的頻率，而且所獲得的關聯標記直接與基因資訊關聯（Wu et al., 2022）。近些年，甘蔗在遺傳改良方面缺乏生物技術途徑改良的工具，提高育種水準與效率、開發性狀關聯標記尤顯重要。多倍體物種甘蔗的農藝性狀，基本上是由多個主效基因或眾多微效基因，或多個主效QTLs或眾多微效QTLs的控制，且每個位點之間的表型貢獻率存在較大差異。定位甘蔗上重要性狀關聯的QTLs和開發性狀關聯連鎖標記，是當下將分子標記輔助選擇技術直接應用到甘蔗遺傳改良和品種選育進程中的關鍵步驟（Wang et al., 2022a，2022b；You et al., 2021）。針對甘蔗目標性狀QTL定位獲得的關聯標記，海內外甘蔗科研工作者雖有一系列的研究報導，但只有與抗褐鏽病主要基因*Bru1*緊密連鎖的2個標記R12H16和9020-F4在甘蔗生產上得到實際應用。近年來，隨著定序技術、晶片分型技術和DNA分子標記的更新換代，RAPD、RFLP和AFLP等傳統的分子標記越來越被高通量的SNP和InDel分子標記所取代，這為甘蔗遺傳圖譜構建及農藝性狀QTL定位領域的研究提供了新的思路。不同群體中基因組多態性位點和不同等位基因頻率的資訊，是群體遺傳學研究的關鍵。甘蔗為大基因組的物種，遺傳背景高度複雜。普遍認為，研究與抗褐條病性狀遺傳關聯標記、基因定位，挖掘抗性穩定關聯基因，是甘蔗褐條病抗性育種的重要工作。

基於BSR-seq技術篩選甘蔗褐條病抗性關聯基因。筆者所在團隊利用甘蔗主栽品種兼精英親本YT93-159（母本，抗褐條病）和ROC22（父本，感褐條病）雜交創製F_1分離群體，在適宜褐條病流行的蔗區（雲南德宏），對該群體進行田間抗病性研究，構建極端抗/感褐條病混池，利用BSR-seq技術，對褐條病抗性關聯基因進行了初定位和篩選（Cheng et al., 2022）。研究結果顯示，在甘蔗野生種割手密4B和7C染色體上定位到6個與甘蔗褐條病抗性關聯的候選區域，總長度為8.72 Mb，關聯區域內註釋到非同義突變SNP位點65個。GO分析揭示，基因主要參與免疫系統進程、生物學調控以及對外界刺激的響應等生物學過程。KEGG分析表明，基因主要富集到植物與病原互作、植物激素信號傳導、苯丙烷生物合成等代謝通路。通過基因功能註釋共鑑定到39個抗性關聯基因。RT-qPCR驗證的20個基因中，

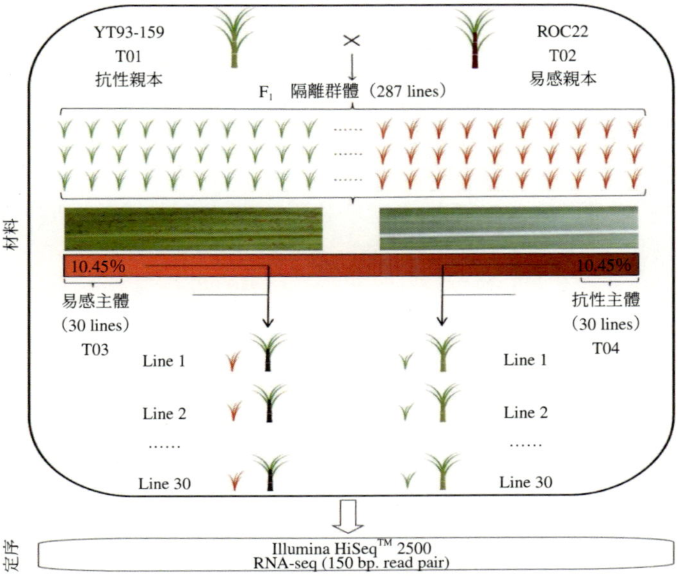

BSR-seq 示意（取樣位置：葉片中段）

T01. 抗病親本 YT93-159　T02. 感病親本 ROC22　T03. 感病混池　T04. 抗病混池　10.45%. 入選的混池子代數量在所有 287 個真子代中的占比

（Cheng et al., 2022）

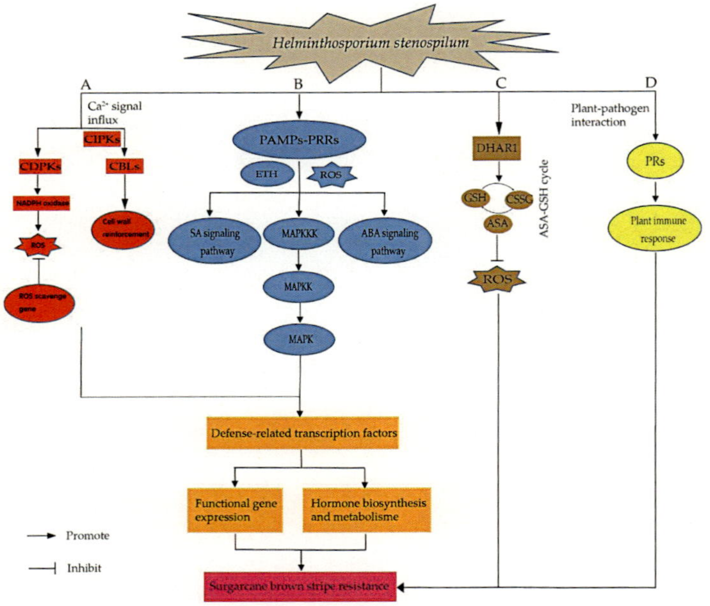

甘蔗與褐條病菌互作的潛在分子機制

（Cheng et al., 2022）

15個顯著差異表達：有8個（*LRR-RLK*、*DHAR1*、*WRKY7*、*RLK1*、*BLH4*、*AK3*、*CRK34*和*NDA2*）在YT93-159中，7個（*WRKY31*、*CIPK2*、*CKA1*、*CDPK6*、*PFK4*、*CBL2*和*PR2*）在ROC22中顯著上調表達。結果表明，不同抗性關聯基因可能通過不同防禦機制，參與甘蔗應答病原侵染。綜合以上資訊，作者研究繪製了一個甘蔗與褐條病互作的潛在分子機制圖，揭示了植物與病原互作、MAPK級聯、ROS、鈣離子等信號通路的活化和抗壞血酸－麩胱甘肽循環的啟動，共同促進了甘蔗對褐條病的抗性。

兩個甘蔗主導品種YT93-159和ROC22高密度遺傳圖譜的構建，為甘蔗褐條病抗性連鎖標記的篩選奠定了基礎。近些年，SNPs、InDels等高通量分子標記在各大物種中被大量開發，不僅提高了遺傳圖譜構建的精度和密度，還為後續基於遺傳圖譜的圖位複製、QTL定位和挖掘候選性狀關聯基因等研究奠定了良好的基礎（Wang et al., 2021, 2022a, 2022b）。筆者所在團隊利用創製的F_1

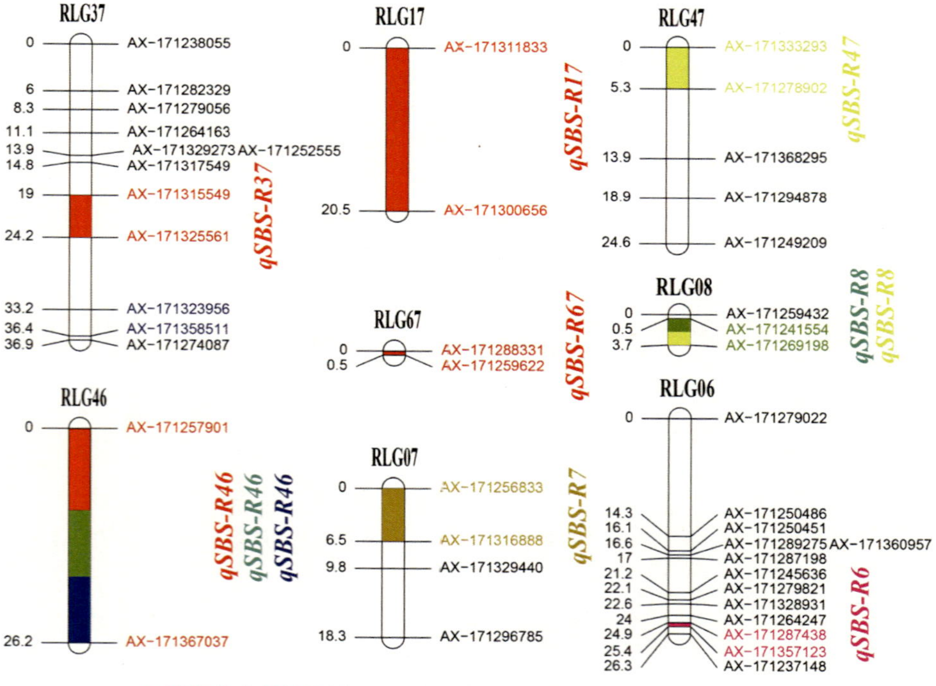

甘蔗褐條病抗性關聯QTLs在父本ROC22遺傳連鎖圖譜上的分佈

[R代表父本ROC22；LG代表連鎖群；圖中不同顏色代表不同生境。紅色名稱代表在2015年新植生境下定位到的關聯QTLs；綠色名稱代表在2016年第一年宿根生境下定位到的關聯QTLs；橙色名稱代表在2017年第二年宿根生境下定位到的關聯QTLs；黃色名稱代表在2018年新植生境下定位到的關聯QTLs；粉紅色名稱代表在2019年第一年宿根生境下定位到的關聯QTLs；藍色名稱代表在2020年新植蔗生境下定位到的QTLs]

分離群體作為實驗材料，採用甘蔗Axiom Sugarcane100K SNP晶片對該分離群體進行基因分型，獲取的高品質單劑量SNP標記則用來構建高密度遺傳圖譜。研究結果表明，母本YT93-159的圖譜總長度為3 069.45厘摩，包含87個連鎖群和1 211個單劑量標記，平均標記間距為2.53厘摩；父本ROC22的圖譜總長度為1 490.34厘摩，包含80個連鎖群和587個單劑量標記，平均標記間距為2.54厘摩。兩個親本遺傳圖譜的平均標記間距均小於3厘摩，達到了後續開展性狀關聯QTL定位的要求。

甘蔗褐條病抗性關聯QTLs定位與基因挖掘。遺傳連鎖圖譜是作物分子遺傳育種工作的重要技術基礎，構建甘蔗遺傳圖譜對發掘優異甘蔗基因資源和連鎖分子標記具有理論意義。基於F_1雜交分離群體6個作物季的田間抗病性表型數據，筆者所在團隊首次定位和篩選到了與甘蔗褐條病抗性關聯的QTLs及與該性狀關聯的抗性基因。在不同生境下，共檢測到32個褐條病抗性相關QTLs，其累計表型貢獻率（PVE）為186.53％，單個QTL的PVE為3.73 ％ ～ 11.64 ％， 主 效QTL *qSBS-Y38*和*qSBS-R46*（2020年生境）的PVE分別為11.47％和11.64％。在YT93-159圖譜上，兩個穩定QTLs在多生境下被檢測到，其中*qSBS-Y38-2*在2016年和2018年生境下被重複檢測到，*qSBS-Y38-1*在2018年和2020年生境下被重複檢測到。在ROC22圖譜上，兩個穩定QTL *qSBS-R8*和*qSBS-R46*分別在兩個（2016年和2018年）和三個（2015年、2016年和2020年）生境下被重複檢測到。在上述四個穩定檢測到的QTL區間鑑定到25個與抗性相關的候選基因，包括11個轉錄因子基因、11個病原模式辨識受體類受體激酶類基因和三個核心抗性基因（*Soffic.01G0010840-3C*, pathogenesis related protein 3, *PR3*; *Soffic.09G0017520-1P*, defense no death 2, *DND2*；*Soffic.01G0040620-1P*, enhanced disease resistance 2, *EDR2*）。RT-qPCR結果顯示，*PR3*和*DND2*在YT93-159中顯著上調表達，而*EDR2*在ROC22中顯著上調表達。上述結果表明，所構建的遺傳圖譜可以成功定位到褐條病抗性關聯位點，且獲得了四個在不同生境下重複檢出的穩定關聯QTL。

現代甘蔗栽培種具有高度雜合的遺傳背景，相對於二倍體作物，甘蔗的群體遺傳學研究明顯滯後。就定位性狀相關關聯標記所用群體看，甘蔗無雙單倍體(DH) 和重組自交系（RIL）等群體，只能採用自交群體或分離群體，且前人已針對該類群體進行了圖譜構建和性狀相關QTLs定位等方面的研究（Wang et al., 2022b; You et al., 2021; Lu et al., 2021）。甘蔗褐條病由多基因控制，準確的表型評估對於QTL定位至關重要。除此之外，海內外研究報導表明，分子標記密度或類型、QTL定位作圖方法、環境對性狀的影響、作圖群體類型和分離群體的大小，都會影響QTL定位的精確度和分辨率。一般來說，對

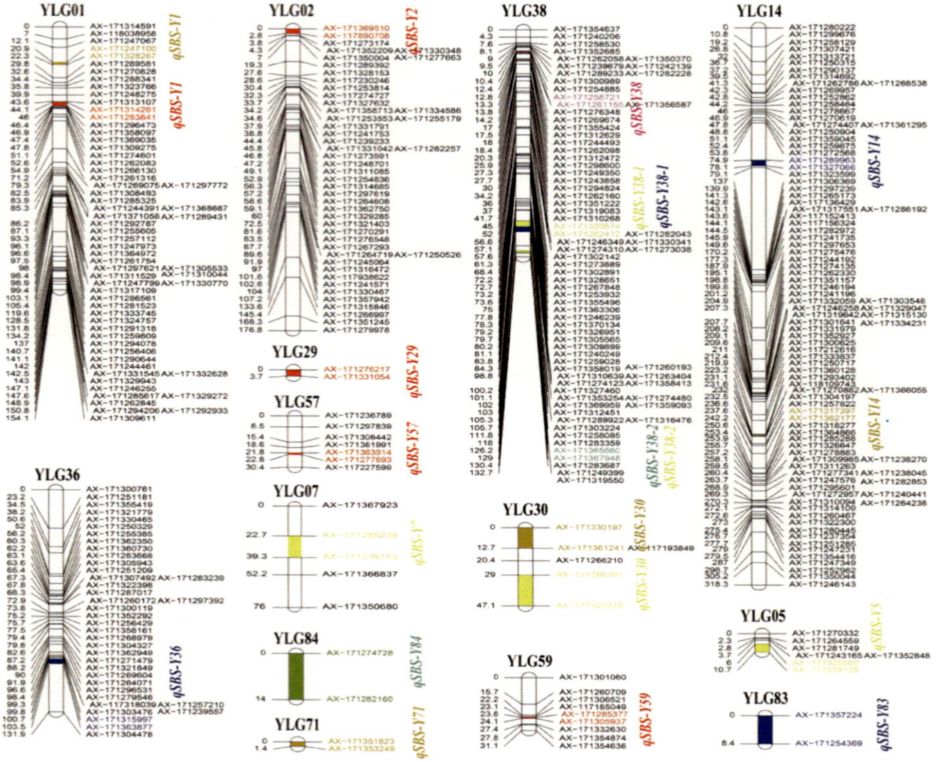

甘蔗褐條病抗性關聯QTLs在母本YT93-159遺傳連鎖圖譜上的分佈

[Y代表母本YT93-159；LG代表連鎖群；圖中不同顏色代表不同生境。紅色名稱代表在2015年新植蔗作物季中定位到的關聯QTLs；綠色名稱代表在2016年第一年宿根蔗作物季中定位到的關聯QTLs；橙色名稱代表在2017年第二年宿根蔗作物季中定位到的關聯QTLs；黃色名稱代表在2018年新植蔗作物季定位到的關聯QTLs；粉紅色名稱代表在2019年第一年宿根蔗作物季中定位到的關聯QTLs；藍色名稱代表在2020年新植蔗作物季中定位到的QTLs]

於絕大多數物種相關性狀的QTL定位，作圖群體大小要求在100～400個子代之間。目前，甘蔗抗病性狀QTL定位、標記開發和抗病基因挖掘已經開展了大量且廣泛的研究，但可用於生產上的抗病連鎖標記只有Daugrois等利用甘蔗栽培種R570自交衍生的658個子代群體，定位到的褐鏽病抗性主效基因*Bru1*（Daugrois et al., 1996）。Cunff等進一步通過與高粱和水稻基因組的比較作圖和染色體步移方法，定位到與*Bru1*基因緊密連鎖的標記R12H16和9020-F4，並廣泛應用在甘蔗生產上（Cunff et al., 2008）。然而，甘蔗褐條病的研究仍然較為匱乏，甘蔗抗病育種研究工作急需進一步持續推進，這也是筆者所在團隊分享甘蔗褐條病群體遺傳學研究進展的目的，拋磚引玉，以吸引更多的海內外團隊和科研人員投身到該病害的研究中，一同加快甘蔗抗褐條病育種進程，攜手助力甜蜜甘蔗事業的發展。

撰稿人：成　偉　龐　超　蘇亞春　吳期濱　李大妹　許莉萍　闕友雄

綠葉漸變黃 甘蔗高產黃

眾所周知，正常生長過程中的植物，葉片一般表現出綠色。這是因為葉片中含有大量的葉綠素，葉綠素吸收藍紫光，而把大量的綠光反射了出去，所以我們看到的葉片呈現綠色。當然，綠色植物的顏色也不是一成不變、波瀾不驚、毫無變化的，五顏六色的花和果實則是因為含量豐富的胡蘿蔔素、花青素和葉黃素等色素以不同的比例組合而著色。植物與複雜環境條件的相互影響，更是會讓綠色植物葉片本身呈現出不同的顏色。在晚秋初冬，葉綠素的合成受阻，葉片中的類胡蘿蔔素和花青素慢慢累積，植物的葉片開始逐漸變黃或變紅。因此，植物葉片的正常變黃是由於不同種類色素的含量變化導致的，那麼植物葉片的非正常變黃又是什麼原因呢？

五顏六色的葉片

植物葉片的非正常變黃現象稱為黃葉病，引起植物黃葉病的原因有很多，按照成因的不同，可以大致分為生理、氣象和病害三種因素。生理因素是由於植物各種生理活動需要不同營養元素的參與，植物在缺少鎂、氮、鐵等元素時，葉綠素的合成會受到阻礙，甚至無法合成葉綠素，從而導致了植物葉片的黃化和營養不良；氣象因素則與植物光照的充足與否、水分的多少和溫度的高低息息相關，不適宜的環境因素通過影響葉片葉綠素的光合效率從而造成葉片的黃化現象；而病害因素，則最為複雜，這是由於寄生於植物的細菌、眞菌、病毒、線蟲、蟎蟲等所侵染而引起葉片的病理性症狀。本文要說的主角是甘蔗黃葉病（sugarcane yellow leaf disease, SCYLD）。該病是由甘蔗黃葉病毒（*Sugarcane yellow leaf virus*, SCYLV）引起的一種病毒性病害。

甘蔗黃葉病發病症狀

甘蔗黃葉病是甘蔗上的重要病毒病害之一。病害症狀表現需要一定的潛伏期，生長前期沒有症狀，到了生長後期症狀表現為中下部葉片中脈黃化，緊接著葉脈直至葉尖失綠乾枯，然後壞死。1989年，在美國夏威夷島哈馬庫亞蔗區首次報導葉片黃化症狀，當時稱為甘蔗黃葉症候群。隨後，在南非、古巴、模里西斯以及印度發現另一種植原體病原也會引起類似甘蔗黃葉症候群的病害症狀。為了清楚區分這兩種病害，美國佛羅里達大學教授Philippe Charles Rott等將由甘蔗黃葉病毒引起的病害稱為甘蔗黃葉病，而由甘蔗黃化植原體(sugarcane yellows phytoplasma, SCYP)導致的病害稱為甘蔗葉片黃化病(sugarcane leaf yellows disease)。甘蔗黃葉病在全球30多個種植甘蔗的國家和地區均有發生，並不斷蔓延擴大，現已在中國南部廣大甘蔗種植區（廣西、廣東、雲南、海南、福建等蔗區）普遍存在，可引起甘蔗減產10%～40%。

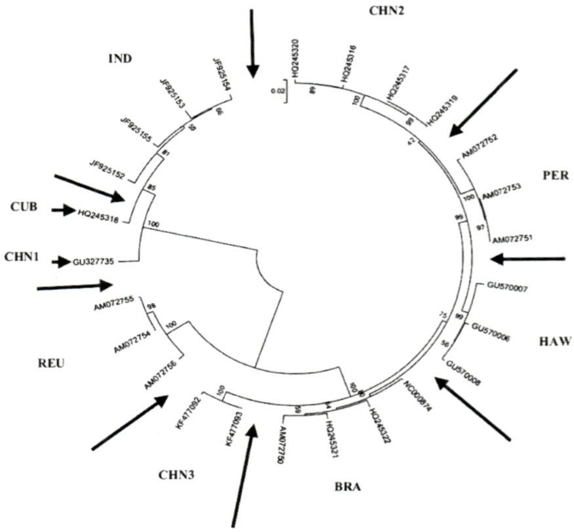

甘蔗黃葉病毒9種不同基因型的系統演化樹
(ElSayed et al., 2015)

研究者們已經對甘蔗黃葉病毒進行了分離和定序，其表現出顯著的遺傳多樣性。通過對部分/全長基因組序列的系統發育分析，甘蔗黃葉病毒至少存在9種不同基因型。分別是BRA（巴西），CUB（古巴），HAW（夏威夷），IND（印度），PER（秘魯），REU（法國），CHN1、CHN2和CHN3（中國）。其中，BRA在世界上占主導地位，在多個國家均有報導，而其他基因型僅限於有限數量的國家或地區。REU雖然在法國的留尼旺島被發現，但卻在巴西地區分佈很廣。另外，在中國也發現了HAW和PER類型。有趣的是，HAW和PER這兩種類型往往可以在同一個不同的分離物中出現，因此也將其命名為HAW-PER和BRA-PER。

甘蔗黃葉病毒的病毒粒子為二十面對稱體，球狀，直徑25～30奈米，浮力密度1.30克/公分[3]，由180個蛋白亞基按T＝3包裹著基因組RNA構成。從基因組結構看，甘蔗黃葉病毒基因型多樣，但都具有相似的基本結構。病毒基因組為正單鏈RNA(+ssRNA)，基因組全長5.6～5.8kb，含有6個開放閱讀框（ORF0～ORF5）以及3個非編碼區UTR。ORF0起始於一個AUG密碼子，負責編碼一個大小為30 200u、胺基酸序列保守性較低的蛋白質，為病毒的RNA沉默抑制子。ORF1負責編碼一個大小為72 500u的蛋白質，可能參與編碼絲胺酸蛋白酶（含有絲胺酸蛋白酶基序）。ORF2與複製酶蛋白的編碼有關。ORF3則負責編碼大小為21 800u的外殼蛋白。ORF4開放閱讀框編碼的運動蛋白，可以幫助病毒在植物韌皮部的運輸。ORF5不單獨表達，而是通常在核糖體通讀機制的幫助下，與ORF3開放閱讀框一起形成分子質量為52 000u的通讀蛋白。同源序列比對和系統演化分析表明，甘蔗黃葉病毒屬於黃症病毒科馬鈴薯捲葉病毒屬，該病毒是由黃症病毒科內成員基因重組演化而來的新成員。Grant R. Smith等曾對美國一種甘蔗黃葉病毒分離物核苷酸序列進行系統演化分析，認為甘蔗黃葉病毒基因組的ORF1和ORF2與馬鈴薯捲葉病毒屬親緣關係較高，ORF3和ORF4與黃症病毒屬親緣關係較高，ORF5與耳突花葉病毒屬親緣關係較高，為此，推斷甘蔗黃葉病毒起源於黃症病毒科的種間重組。

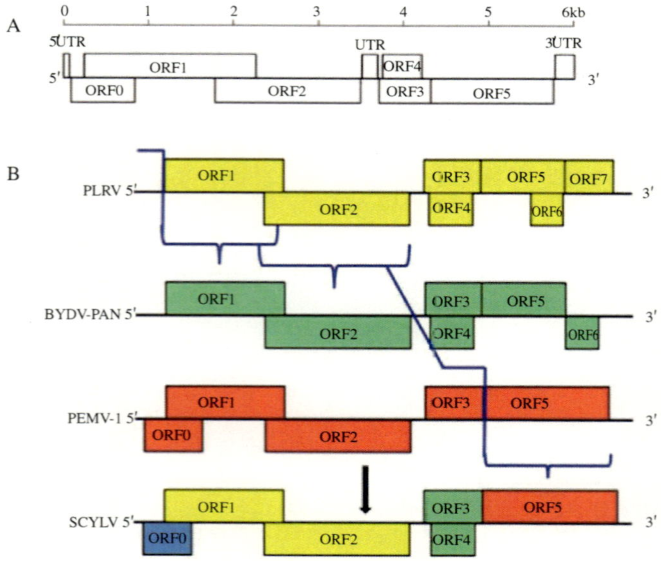

甘蔗黃葉病毒基因組結構示意及其演化過程
A.基因組結構（ORF：開放閱讀框　UTR：非編碼區）（高三基等，2012）　B.演化過程（PLRV：馬鈴薯捲葉病毒　BYDV：大麥黃矮病毒　PEMV：豌豆型花葉病毒　SCYLV：甘蔗黃葉病毒）（ElSayed et al., 2015）

甘蔗黃葉病的檢測和甘蔗黃葉病毒基因型的鑑定可以通過多種方法實現。對於甘蔗黃葉病的鑑定來說，除了可以使用傳統的田間症狀觀察，常規的逆轉錄聚合酶鏈式反應（reverse transcription-polymerase chain reaction，RT-PCR）和即時螢光定量PCR（RT-qPCR）的分子生物學檢測，也有研究人員通過原核表達純化蛋白方法製備甘蔗黃葉病毒抗血清，並實現了對甘蔗黃葉病的血清學檢測。而對於甘蔗黃葉病毒基因型的鑑定主要使用3種方法。①全基因組定序法，根據甘蔗黃葉病毒全基因組核苷酸序列差異進行分型鑑定。這種方法直接且可靠度最高，但煩瑣、費時、費用高，難以或者不適合廣泛開展。②逆轉錄聚合酶鏈式反應－限制性片段長度多態性分析（RT-PCR-restriction fragment length polymorphism，RT-PCR-RFLP），設計簡並引物RT-PCR擴增甘蔗黃葉病毒基因組某一區域，然後使用一組能區分甘蔗黃葉病毒基因型的限制性內切酶酶切擴增產物，進行凝膠電泳，根據酶切圖譜進行分型。該方法原理相對簡單，但步驟較繁雜，酶切位點易受基因遺傳變異的影響，導致分型錯誤，同時多基因型混合侵染時產生的酶切圖譜複雜，不易判斷。③特異性引物RT-PCR法，根據甘蔗黃葉病毒不同基因型序列的差異性，設計特異性引物進行RT-PCR擴增，從而確定不同的基因型。該方法操作較簡單、準確度高、快速高效，可用於甘蔗黃葉病毒的分子診斷和大樣本的快速檢測。

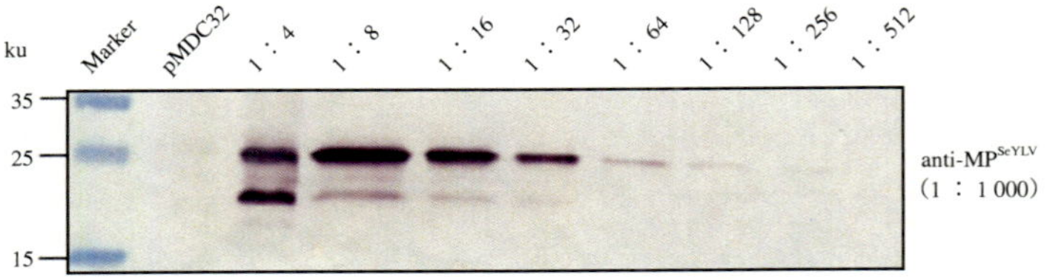

甘蔗黃葉病毒運動蛋白抗血清的靈敏度檢測

[將甘蔗黃葉病毒運動蛋白抗血清稀釋1 000倍時，最高能夠檢測到稀釋256倍的運動蛋白]

（劉玉姿等，2020）

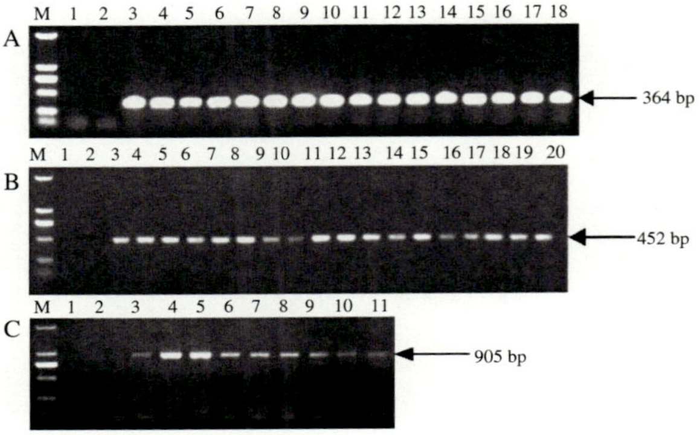

甘蔗黃葉病毒不同基因型的鑑定

A. BRA-PER基因型的鑑定

B. CUB基因型的鑑定

C. REU基因型的鑑定

（瀋林波等，2018）

高粱蚜

自然條件下，甘蔗黃葉病只能通過蚜蟲傳播。高粱蚜、玉米蚜、水稻根蚜、甘蔗綿蚜均可攜帶甘蔗黃葉病毒侵染寄主。機械或摩擦接種都無法或者不能傳播甘蔗黃葉病毒，遠距離的病毒擴散則隨著感病植株的無性繁殖材料傳播。在田間，甘蔗黃葉病毒並不能通過甘蔗感病植株傳染到鄰近的雜草和穀類作物，即使有些穀類作物是實驗寄主。

培育抗病品種和採用甘蔗去毒種苗是防治甘蔗黃葉病的有效措施。感染甘蔗黃葉病毒的種莖並不能通過溫湯浸種或化學試劑處理去除，但可通過頂端分生組織、心葉組織及腋芽組培去毒，其中通過癒傷組織培養途徑去除黃葉病毒的成功率最高。雖然對於甘蔗黃葉病的防治來說，並沒有太好的化學藥劑，但是由於甘蔗黃葉病只能通過蚜蟲傳播，因此通過對傳播病毒的蚜蟲的控制來降低黃葉病的危害就顯得尤為重要，比如可以在甘蔗生長的前中期使用吡蟲啉、吡蚜酮、啶蟲脒等藥劑對蚜蟲進行化學防治，可有效降低甘蔗黃葉病的發生。

甘蔗葉變黃，高產就要黃。甘蔗黃葉病的抗性遺傳研究仍處於起步階段。培育具有高效、廣譜、持久抗病毒能力的甘蔗新品系和新種質，是控制甘蔗黃葉病的重要途徑。因此，發掘和利用抗病種質資源並通過基因改造技術或抗病分子育種輔助手段培育抗病新種質材料，或是當務之急。此外，隨著植物病毒與其宿主相互作用機制研究的深入，利用RNA干擾技術標靶甘蔗病毒RNA編碼沉默抑制子，為甘蔗抗黃葉病分子育種提供了新的策略。

撰稿人：臧守建　王　婷　蘇亞春　吳期濱　李大妹　許莉萍　闕友雄

螟蟲鑽蔗心 蔗農空傷心

蟲害種類多、影響大、易發生，是農業的主要災害之一。蟲害往往又與病害相互作用，進一步加劇影響作物的生長和產量，給農業生產造成重大經濟損失。中國農作物常見的蟲害有玉米螟、棉鈴蟲、棉蚜、麥蚜、麥紅蜘蛛和蝗蟲等。中國甘蔗主要種植在山地和坡地，1980年代分田到戶（中國農村改革措施，將集體土地分給農戶承包經營，提高農業生產積極性）導致地塊小，工業經濟快速發展推高農業用工成本，甘蔗栽培管理越發粗放，甘蔗生長過程中病蟲害常得不到有效的控制，嚴重危害甘蔗的生產。

蟲害是影響甘蔗產量、品質和宿根年限的主要限制因素之一。中國蔗區主要集中在副熱帶的桂中南、滇西南、粵西和瓊北等地區，這些地區年平均溫度相對較高，冬季的溫度不足以對害蟲構成生存脅迫，甘蔗蟲害的發生尤其嚴重，其中二點螟、黃螟、條螟等鑽蛀性螟蟲危害最為嚴重，給甘蔗生產造成巨大的經濟損失。真可謂，螟蟲鑽的是「蔗」心，蟲害後的「空」莖蔗傷的是蔗農心。

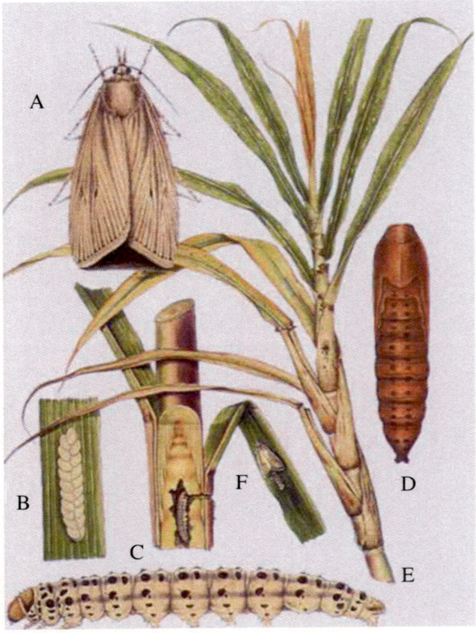

條螟生活史及危害甘蔗示意
A.成蟲　B.卵塊　C.幼蟲　D.蛹
E.甘蔗被害狀　F.成蟲產卵及幼蟲危害甘蔗部位
（周至宏等，1998）

世界上已知的甘蔗害蟲有1 300多種，危害中國蔗區的蟲害有300種之多，其中，廣西蔗區發現有246種（其中有47種危害地下部分，14種危害蔗莖，185種危害葉片），雲南蔗區發現有119種，海南蔗區發現有58種。危害甘蔗的蟲害主要有甘蔗螟蟲、甘蔗綿蚜、蔗莖紅粉蚧、象鼻蟲、白蟻、蔗蝗等。

螟蟲是甘蔗生產上危害最嚴重的害蟲，牠可以影響甘蔗整個生長季，可導致缺株、有效莖數減少、風折莖，並影響後續宿根。其中，二點螟、黃螟、條螟、大螟等鑽蛀性螟蟲危害最為嚴重，導致甘蔗產量及蔗糖分的損失巨大，可致甘蔗減產10%～31%。螟蟲種類多，常見的5種螟蟲分屬於3個科，即螟蛾科的二點螟、條螟和白螟，捲葉蛾科的黃螟和夜蛾科的大螟。甘蔗螟蟲一年可繁育3～7代且世代重疊，常混合發生，使甘蔗受損巨大。螟蟲危害留下的蛀口易導致赤霉病菌的侵染使甘蔗發生赤霉病。此外，螟蟲危害還會影響甘蔗宿根發株。中國甘蔗生產上通常採用「一新兩宿」(即第一年採用蔗莖種植，而接下來兩年利用甘蔗的宿根出苗發株進行生產收獲的種植方式)，在螟蟲的危害下反而導致甘蔗收獲物的減少。同時，螟蟲危害在導致甘蔗減產的同時，還會導致還原糖和酚複合物增加及蔗汁減少，直接影響出糖率。研究顯示，當螟害節率為20%時，每公頃甘蔗損失蔗糖高達約3噸；甘蔗產量損失嚴重的高達36%～70%。

螟蟲危害甘蔗症狀
A. 螟蟲危害導致枯心苗　B. 螟蟲危害的蔗節　C. 螟蟲危害的蔗株
D、E. 螟蟲危害的蔗莖　F. 收獲的受螟蟲危害的甘蔗
(李文鳳等，2016)

生產上防治甘蔗螟蟲的方法主要有化學農藥防治、物理防治、生物防治和農業防治，但以化學農藥防治為主，生物防治為輔。目前，中國蔗區基本上採用化學農藥進行螟蟲防治，如敵百蟲、殺蟲雙等；也有在蔗田安裝太陽能

頻振殺蟲燈的，但只能誘殺成蟲，推廣難；採用紅螞蟻、赤眼蜂等生物防治手段已有20年的歷史，如廣西蔗區2018年以來積極推廣赤眼蜂防治甘蔗螟蟲技術，有效降低了化學農藥使用量，取得了良好的經濟效益和社會效益，但總的來說，中國蔗區迄今仍未大面積應用生物防治，甘蔗種植者仍然普遍選擇化學農藥來控制螟蟲，甚至還在使用中國禁止使用的高毒有機磷農藥，即便如此，甘蔗螟蟲仍然沒有得到實際有效的控制。因此，培育和栽培抗蟲品種是減少經濟損失的最有效方式，也是廣大農戶最樂意採用的輕簡技術。特別需要強調的是，通過甘蔗有性雜交以及基因工程技術等手段培育抗螟蟲甘蔗優良品種，對減少甘蔗生產成本的投入、促進蔗農增收以及保護環境等具有重要的應用價值和現實意義，改良後的抗蟲品種具有廣闊的應用前景。

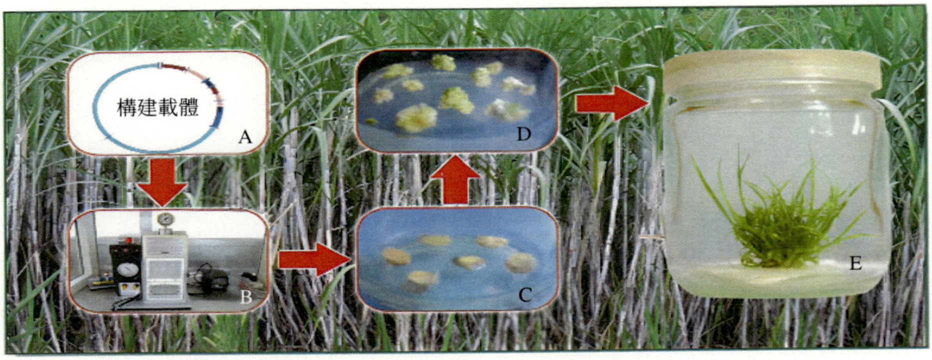

基因槍法獲得*Bt*基因工程甘蔗的簡要流程示意

A.構建含*Bt*基因的載體質粒　B.基因槍轟擊甘蔗生長點細胞　C.組織培養

D.誘導產生癒傷組織　E.癒傷組織成長為甘蔗幼苗後，進行篩選、鑑定

甘蔗是無性繁殖作物，基本不存在優良基因改造植株在繁殖過程中發生變異和性狀分離的情況。利用基因工程育種不僅是對雜交育種性狀缺陷的改良，還能夠縮短育種週期並減少育種費用。同時，由於甘蔗開花需要特殊的光、溫條件誘導花芽分化，世界各國甘蔗育種都是採用光週期誘導和集中雜交的策略，栽培品種在生產上一般不開花，或者即便開花也表現為花粉敗育，再加上甘蔗為工業原料作物，蔗糖在製備生產過程中要經過107 ℃的高溫煉煮，即使存在外源基因表達的蛋白，在加工過程也會完全裂解，從基因改造甘蔗煉製的蔗糖中，未能檢測到基因改造過程所導入的基因或基因所表達的蛋白。正由於上述原因，使得無論是在國際上還是在中國國內，甘蔗都被列為基因改造安全風險等級最低（I級）、安全等級最高的作物之一。因此，甘蔗界普遍認可基因工程技術不僅是一種有效的甘蔗品種改良途徑，也是大幅度提升甘蔗抗逆性的有效手段，更是一種聚合育種的手段。

轉 *cry1Ac* 甘蔗及其受體品種 FN15 的抗蟲表現
A. 受體甘蔗品種 FN15　B. 轉 *cry1Ac* 甘蔗　C. 受體甘蔗品種 FN15 剖面圖　D. 轉 *cry1Ac* 甘蔗剖面圖

甘蔗收獲物為營養體，與環境的互作效應很大。研究人員大多圍繞甘蔗與病害的互作開展研究，很少有人開展甘蔗與蟲害的互作研究。前人針對甘蔗螟蟲的研究，多數是圍繞如何培育抗螟蟲甘蔗新品種，然而，甘蔗遺傳背景複雜以及螟蟲的雜食性等，導致在甘蔗育種中無可用的螟蟲抗性親本。因此，通過傳統的雜交育種培育抗螟蟲甘蔗品種非常困難，抗螟蟲性狀育種相關研究僅國外有個別報導。通過基因工程技術培育抗螟蟲的甘蔗品種已獲得成功，外源抗蟲基因整合和內源螟蟲脅迫相關基因可能對甘蔗抗蟲性的提高具有協同效應（Zhou et al., 2018）。巴西已經批准了抗蟲基因改造甘蔗商業化應用，且種植面積也逐年直線上升，預計在2022/2023年度，巴西境內抗螟蟲基因改造甘蔗種植面積，將從上年度的37 000公頃增加至70 000公頃。甘蔗基因改造研究最早的報導可追溯到1987年，澳洲昆士蘭大學首次利用基因槍獲得基因改造甘蔗；之後在國際甘蔗技師協會的積極倡導下，國外先後通過基因槍法或農桿菌法，成功培育出轉 *cry*、*gna* 基因和蛋白抑制因子基因等一系列抗蟲基因改造甘蔗。中國基因改造甘蔗研究較國外晚，但也取得了一系列進展。福建農林大學是中國開展基因改造甘蔗研究最早的單位之一，並先後培育了轉 *cry* 基因、轉 *ScMV-CP* 基因、轉 *SrMV-P1* 基因、轉 *SrMV-CP* 基因的基因改造甘蔗並獲准進行中間試驗安全性評價。同時、廣西大學、中國熱帶農業科學院熱帶生物技術研究所、廣州甘蔗糖業研究所也有一系列抗蟲基因改造的報導。目前，有關甘蔗螟蟲危害機制的研究尚處於起步階段。多數結果顯示，在外源 *Bt* 基因導入受體組織後，由於整合的隨機性及插入位點的不確定性而導致抗蟲效果存在差異。此外，不同的轉化事件抗蟲性存在一定的差異，急需對其進行更深入的研究，明確不同株系間的抗蟲性差異機制以及甘蔗與螟蟲危害的互作機制。

甘蔗抗蟲育種研究
蟲害的形態特征研究
蟲害的發生規律
蟲害防治方法研究
傳統雜交育種
基因工程育種

甘蔗抗蟲育種研究

螟蟲危害長期以來給世界糖業造成了巨大的經濟損失。中國僅螟蟲防治成本每公頃投入人民幣375～600元，全國蔗區每年需要投入5.5億～8.8億元。未來，我們需要加快甘蔗蟲害防控、抗蟲基因挖掘和抗蟲育種的步伐，助力甘蔗產業發展。

撰稿人：周定港　高世武　蘇亞春　吳期濱　郭晉隆　李大妹　許莉萍　闕友雄

漫畫 9 有緣再見
甘蔗和糖的那些事
相信讀到這裡，你們已經對我有了足夠了解吧。
是啊，蔗寶！有你一路的陪伴，大家的知識肯定成長了不少呢。
多虧大家的幫助我才能在這裡和大家玩耍。
雖然創作路上很辛苦，一想到大家可以獲得知識，我們也不枉此行。
生活不易，蔗來陪伴。
——團隊 寄
祝各位：
生活如蔗莖般，甜頭甜尾。
人生如蔗芽般，漸入佳境。
——關友雄
Fin.
少年辛苦真食蓼，老景清閑如啖蔗。
——蘇東坡

參考文獻

陳如凱, 林彥銓, 張躍彬, 等, 2009. 甘蔗技術100問[M]. 北京：中國農業出版社.

陳如凱, 許莉萍, 林彥銓, 等, 2011. 現代甘蔗遺傳育種[M]. 北京：中國農業出版社.

陳俊呂, 2020. 甘蔗×斑茅遠緣雜交後代及其親本抗褐鏽病*Bru1*基因的分子檢測及抗病性鑑定[D]. 福州：福建農林大學.

陳萬全, 2020. 植物健康與病蟲害防控[C]. 中國農業科學技術出版社：中國植物保護學會.

單紅麗, 李銀煳, 李婕, 等, 2022. 甘蔗褐條病與梢腐病病原菌快速大量產孢的培養方法[J]. 中國糖料, 44(4): 55-58.

單紅麗, 王曉燕, 楊昆, 等, 2021. 甘蔗新品種及主栽品種對甘蔗梢腐病的自然抗性[J]. 植物保護學報, 48(4): 766-773.

淡明, 李松, 余坤興, 等, 2011. 甘蔗健康種苗宿根矮化病的螢光定量PCR檢測[J]. 中國農學通報, 27(5): 372-376.

鄧展雲, 劉海斌, 李鳴, 等, 2004. 廣西甘蔗宿根矮化病的PCR檢測[J]. 西南農業學報, 17(3): 324-327.

傅廷棟, 喻樹迅, 馮中朝, 等, 2017. 經濟作物可持續發展戰略研究[M]. 北京：科學出版社.

傅華英, 張婷, 彭文靜, 等, 2021. 甘蔗新品種(系)苗期白條病人工接種抗性鑑定與評價[J]. 作物學報, 47(8): 1531-1539.

高三基, 林藝華, 陳如凱, 2012. 甘蔗黃葉病及其病原分子生物學研究進展[J]. 植物保護學報, 39(2): 177-184.

郭強, 馬文清, 唐利球, 等, 2018. 甘蔗梢腐病研究現狀與展望[J]. 廣東農業科學, 45(6): 78-83.

黃應昆, 李文鳳, 2002. 甘蔗主要病蟲草害原色圖譜[M]. 昆明：雲南科技出版社.

黃應昆, 李文風, 盧文潔, 等, 2007. 雲南蔗區甘蔗花葉病流行原因及控制對策[J]. 雲南農業大學學報, 22(6): 935-938.

賈宏昉, 張洪映, 劉維智, 等, 2014. 高等植物硝酸鹽轉運蛋白的功能及其調控機制[J]. 生物技術通報, 6: 14-21.

羅俊, 闕友雄, 許莉萍, 等, 2014. 中國甘蔗新品種試驗[M]. 北京：中國農業出版社.

李文鳳, 盧文潔, 黃應昆, 等, 2011. 甘蔗宿根矮化病菌PCR檢測體系的優化與應用[J]. 雲南農業大學學報, 26(5): 598-601.
李文鳳, 尹炯, 黃應昆, 等, 2016. 甘蔗螟蟲為害損失研究[J]. 植物保護, 42(4): 205-210.
李銀煳, 李婕, 覃偉, 等, 2022. 示範甘蔗新品種梢腐病病原的檢測鑑定[J]. 中國植保導刊, 42(7): 16-20.
林鎮躍, 2016. 中國甘蔗梢腐病病原鐮刀菌的種類特異性鑑定及快速檢測[D]. 福州：福建農林大學.
劉婧, 2011. 甘蔗宿根矮化病菌（*Leifsonia xyli* subsp. *xyli*）檢測技術研究[D]. 福州：福建農林大學.
劉玉姿, 張紹康, 田暢, 等, 2020. 甘蔗黃葉病毒運動蛋白的原核表達和抗血清製備[J]. 植物病理學報, 50(6): 694-701.
孟建玉, 張慧麗, 林嶺虹, 等, 2019. 甘蔗白條病及其致病菌*Xanthomonas albilineans*研究進展[J]. 植物保護學報, 46(2): 257-265.
彭李順, 楊本鵬, 曹崢英, 等, 2016. 甘蔗鉀素吸收、累積和分配的動態變化特徵[J]. 熱帶作物學報, 37(10): 1872-1876.
錢雙宏, 潘林波, 熊國如, 等, 2015. 甘蔗褐條病病原菌分離鑑定及其室內毒力的測定[J]. 熱帶作物學報, 36(2): 353-357.
潘林波, 何美丹, 馮小艷, 等, 2018. 海南50個甘蔗品種黃葉病毒的分子鑑定[J]. 熱帶作物學報, 39(2): 343-348.
潘萬寬, 劉睿, 鄧海華, 2012. 甘蔗宿根矮化病菌巢式PCR檢測[J]. 植物保護學報, 39(6): 508-512.
潘萬寬, 周國輝, 鄧海華, 等, 2006. 甘蔗宿根矮化病菌PCR檢測及目的片段核苷酸序列分析[J]. 中國農學通報, 22(12): 413-416.
王助引, 2008. 甘蔗病蟲害防治圖譜[M]. 南寧：廣西科學技術出版社.
吳才文, 張躍彬, 2009. 甘蔗高產栽培與加工新技術[M]. 昆明：雲南科技出版社.
王曉燕, 李文鳳, 黃應昆, 等, 2009. 甘蔗花葉病研究進展[J]. 中國糖料(4): 61-64.
王澤平, 劉璐, 高軼靜, 等, 2017. 我國甘蔗梢腐病2種主要病原菌孢子萌發特性及品種(系)抗性評價[J]. 西南農業學報, 30(3): 595-601.
許東林, 周國輝, 潘萬寬, 等, 2008. 侵染甘蔗的高粱花葉病毒遺傳多樣性分析[J]. 作物學報, 34(11): 1916-1920.
許孚, 汪洲濤, 路貴龍, 等, 2022. 甘蔗遺傳改良中的基因工程：適用、成就、局限和展望[J]. 農業生物技術學報, 30(3): 580-593.
嚴曉妮, 蔣洪濤, 張木清, 2022. 甘蔗梢腐病及其防治進展[J]. 中國糖料, 44(3): 65-69.
張躍彬, 2011. 中國甘蔗產業發展技術[M]. 北京：中國農業出版社.
張躍彬, 王倫旺, 盧文祥, 等, 2022. 現代甘蔗育種理論與品種選育：異質複合抗逆高產高糖育種與實踐[M]. 北京：科學出版社.

張華, 羅俊, 闞友雄, 等, 2021. 甘蔗農機農藝融合[M]. 北京：中國農業出版社.

張小秋, 2017. 宿根矮化病病原菌特性及其侵染後的甘蔗生理和基因差異表達[D]. 南寧：廣西大學.

張玉娟, 2009. 甘蔗梢腐病病原分子檢測及甘蔗組合、品種的抗病性評價[D]. 福州：福建農林大學.

周丹, 謝曉娜, 陳明輝, 等, 2012. 甘蔗宿根矮化病PCR檢測技術優化分析[J]. 南方農業學報, 43(5): 616-620.

周定港, 2016. 轉*cry1Ac*基因甘蔗的分子特徵及生物學研究[D]. 福州：福建農林大學.

周可涌, 1959. 百年蔗[J]. 福建農學院學報(9-10): 59-70.

周淩雲, 周國輝, 2006. 甘蔗宿根矮化病菌PCR檢測技術研究[J]. 廣西農業生物科學(2): 172-174.

周至宏, 王助引, 陳可才, 1999. 甘蔗病蟲鼠草防治彩色圖誌[M]. 南寧：廣西科學技術出版社.

Achkar N P, Cambiagno D A, Manavella P A, 2016. miRNA biogenesis: a dynamic pathway[J]. Trends Plant Sci, 21(12): 1034-1044.

Aslam M M, Rashid M A R, Siddiqui M A, et al., 2022. Recent insights into signaling responses to cope drought stress in rice[J]. Rice Sci, 2: 29.

Ayuningtyas R A, Wijayanti C, Hapsari N R P, et al., 2020. Preliminary study: the use of sugarcane juice to replace white sugar in an effort to overcome diabetes mellitus[J]. IOP Conf Ser Earth Environ Sci, 475: 012001.

Belintani N G, Guerzoni J T S, Moreira R M P, et al., 2012. Improving low-temperature tolerance in sugarcane by expressing the *ipt* gene under a cold inducible promoter[J]. Biol Plantarum, 56(1): 71-77.

Carvalho G, Silva T G E R, Munhoz A T, et al., 2016. Development of a qPCR for *Leifsonia xyli* subsp. *xyli* and quantification of the effects of heat treatment of sugarcane cuttings on *Lxx*[J]. Crop Prot, 80: 51-55.

Chatenet M, Mazarin C, Girard J C, et al., 2005. Detection of sugarcane streak mosaic virus in sugarcane from several Asian countries[J]. Sugar Cane Int, 23(4): 12.

Chen J Y, Khan Q, Sun B, et al., 2021. Overexpression of sugarcane *SoTUA* gene enhances cold tolerance in transgenic sugarcane[J]. Agron J, 113(6): 4993-5005.

Chen R S, Chai Y H, Olugu E U, et al., 2021. Evaluation of mechanical performance and water absorption properties of modified sugarcane bagasse high-density polyethylene plastic bag green composites[J]. Polym Polym Compos, 29(9_suppl): S1134-S1143.

Cheng W, Wang Z, Xu F, et al., 2022. Screening of candidate genes associated with brown stripe resistance in sugarcane via BSR-seq analysis[J]. Int J Mol Sci, 23(24): 15500.

Daugrois J H, Grivet L, Roques D, et al., 1996. A putative major gene for rust resistance linked with a RFLP marker in sugarcane cultivar『R570』[J]. Theor Appl Genet, 92(8): 1059-1064.

Davis M J, Gillaspie A G, Vidaver A K, et al., 1984. Clavibacter: a new genus containing some phytopathogenic coryneform bacteria, including *Clavibacter xyli* subsp. *xyli* sp. nov., subsp.nov. and *Clavibacter xyli* subsp. *cynodontis* subsp. nov. pathogens that cause ratoon stunting disease of sugarcane and Bermudagrass stunting disease[J]. Int J Syst Bacteriol, 34(2): 107-117.

Davis M J, Rott P, Warmuth C J, et al., 1997. Intraspecific genomic variation within *Xanthomonas albilineans*, the sugarcane leaf scald pathogen[J]. Phytopath, 87(3): 316-324.

Duarte D V, Fernandez E, Cunha M G, et al., 2018. Comparison of loop-mediated isothermal amplification, polymerase chain reaction, and selective isolation assays for detection of *Xanthomonas albilineans* from sugarcane[J]. Trop Plant Pathol, 43: 351-359.

ElSayed A I, Komor E, Boulila M, et al., 2015. Biology and management of sugarcane yellow leaf virus: an historical overview[J]. Arch Virol, 160(12): 2921-2934.

Evtushenko L I, Dorofeeva L V, Subbotin S A, et al., 2000. *Leifsonia poae* gen. nov., sp. nov., isolated from nematode galls on *Poa annua*, and reclassification of「*Corynebacterium aquaticum*」Leifson 1962 as *Leifsonia aquatica* (ex Leifson 1962) gen. nov., nom. rev., comb. nov. and *Clavibacter xyli* Davis et al. 1984 with two subspecies as *Leifsonia xyli* (Davis et al. 1984) gen. nov., comb. Nov[J]. Int J Sys. Evol Microbiol, 50: 371-380.

Fageria N K, Baligar V C, 1993. Screening crop genotypes for mineral stresses[M]. INTSORMIL publication.

Falloon T, Henry E, Davis M J, et al., 2006. First report of *Leifsonia xyli* subsp. *xyli*, causal agent of ratoon stunting of sugarcane, in Jamaica[J]. Plant Dis, 90(2): 245.

Fegan M, Croft B J, Teakle D S, et al., 1998. Sensitive and specific detection of *Clavibacter xyli* subsp. *xyli*, causal agent of ratoon stunting disease of sugarcane, with a polymerase chain reaction-based assay[J]. Plant Pathol, 47(4): 495-504.

Feng M C, Yu Q, Chen Y, et al., 2022. *ScMT10*, a metallothionein-like gene from sugarcane, enhances freezing tolerance in *Nicotiana tabacum* transgenic plants[J]. Environ Exp Bot, 194: 104750.

Feng X, Wang Y, Zhang N, et al., 2020. Genome-wide systematic characterization of the HAK/KUP/KT gene family and its expression profile during plant growth and in response to low-K^+ stress in *Saccharum*[J]. BMC Plant Biol, 20(1): 20.

Ferreira T H S, Tsunada M S, Denis B, et al., 2017. Sugarcane water stress tolerance mechanisms and its implications on developing biotechnology solutions[J]. Front Plant Sci, 8: 1077.

Gao S W, Yang Y Y, Guo J L, et al., 2023. Ectopic expression of sugarcane *ScAMT1.1* has the potential to improve ammonium assimilation and grain yield in transgenic rice under low nitrogen stress[J]. Int J Mol Sci, 24: 1595.

Gao S W, Yang Y Y, Yang Y T, et al., 2022. Identification of low-nitrogen-related miRNAs and their target genes in sugarcane and the role of *miR156* in nitrogen assimilation[J]. Int J Mol Sci, 23: 13187.

Garces F F, Gutierrez A, Hoy J W, 2014. Detection and quantification of *Xanthomonas albilineans* by qPCR and potential characterization of sugarcane resistance to leaf scald[J]. Plant Dis, 98(1): 121-126.

Ghai M, Singh V, Martin L A, et al., 2014. A rapid and visual loop-mediated isothermal amplification assay to detect *Leifsonia xyli* subsp. *xyli* targeting a transposase gene[J]. Lett Appl Microbiol, 59(6): 648-657.

Grisham M P, 1991. Effect of ratoon stunting disease on yield of sugarcane grown in multiple three-year plantings[J]. Phytopath, 81: 337-340.

Grisham M P, Pan Y-B, Richard E P, 2007. Early detection of *Leifsonia xyli* subsp. *xyli* in sugarcane leaves by real-time polymerase chain reaction[J]. Plant Dis, 91(4): 430-434.

Gupta A, Andrés R M, Cao-Delgado A I, 2020. The physiology of plant responses to drought[J]. Science, 368(6488): 266-269.

Hilton A, Zhang H, Yu W, et al., 2017. Identification and characterization of pathogenic and endophytic fungal species associated with pokkah boeng disease of sugarcane[J]. Plant Pathol J, 33(3): 238-248.

Hsieh W H, 1979. The causal organism of sugarcane leaf blight[J]. Mycologia, 71(5): 892-898.

Huang X, Song X, Chen R, et al., 2020. Genome-wide analysis of the DREB subfamily in *Saccharum spontaneum* reveals their functional divergence during cold and drought stresses[J]. Front Genet, 10: 1326.

Imran M, Sun X C, Hussain S, et al., 2019. Molybdenum-induced effects on nitrogen metabolism enzymes and elemental profile of winter wheat (*Triticum aestivum* L.) under different nitrogen sources[J]. Int J Mol Sci, 20: 3009.

Inthapanya P, Sipaseuth, Sihavong P, et al., 2000. Genotype differences in nutrient uptake and utilisation for grain yield production of rainfed lowland rice under fertilised and non-fertilised conditions[J]. Field Crop Res, 65(1): 57-68.

Kao J, Damann K E, 1978. Microcolonies of the bacterium associated with ratoon stunting disease found in sugarcane xylem matrix[J]. Phytopath, 68: 545-551.

Kao J, Damann K E, 1980. In situ localization and morphology of the bacterium associated with ratoon stunting disease of sugarcane[J]. Can J Bot, 58: 310-315.

Kearns C E, Schmidt L A, Glantz S A, 2016. Sugar industry and coronary heart disease research: a historical analysis of internal industry documents[J]. JAMA Intern Med, 176(11): 1680-1685.

Le Cunff L, Garsmeur O, Raboin L M, et al., 2008. Diploid/polyploid syntenic shuttle mapping and haplotype-specific chromosome walking toward a rust resistance gene (*Bru1*) in highly polyploid sugarcane (2*n*~12*x*~115)[J]. Genetics,180(1): 649-660.

Li L, Li D L, Liu S Z, et al., 2013. The maize *glossy13* gene, cloned via BSR-Seq and Seq-Walking encodes a putative ABC transporter required for the normal accumulation of epicuticular waxes[J]. PLoS One, 8(12): e82333.

Li P, Chai Z, Lin P, et al., 2020. Genome-wide identification and expression analysis of AP2/ERF transcription factors in sugarcane (*Saccharum spontaneum* L.)[J]. BMC Genom, 21: 685.

Li W F, He Z, Li S F, et al., 2011. Molecular characterization of a new strain of sugarcane streak mosaic virus (*SCSMV*)[J]. Arch Virol, 156(11): 2101-2104.

Li Y R, Yang L T, 2015. Sugarcane agriculture and sugar industry in China[J]. Sugar Tech, 17(1): 1-8.

Li Y R, Song X P, Wu J M, et al., 2016. Sugar industry and improved sugarcane farming technologies in China[J]. Sugar Tech, 18(6): 603-611.

Lin L H, Zheng Y B, et al., 2015. Multiple plasmonic-photonic couplings in the Au nanobeaker arrays: enhanced robustness and wavelength tunability[J]. Opt Lett, 40(9): 2060-2063.

Lin L-H, Ntambo M S, Rott P C, et al., 2018. Molecular detection and prevalence of *Xanthomonas albilineans*, the causal agent of sugarcane leaf scald, in China[J]. Crop Prot, 109: 17-23.

Lin Z, Wang J, Bao Y, et al., 2016. Deciphering the transcriptomic response of *Fusarium verticillioides* in relation to nitrogen availability and the development of sugarcane pokkah boeng disease[J]. Sci Rep, 6(1): 2045-2322.

Ling H, Fu X, Huang N, et al., 2022. A sugarcane smut fungus effector simulates the host endogenous elicitor peptide to suppress plant immunity[J]. New Phytol, 233(2): 919-933.

Liu C, Luan P C, Li Q, et al., 2020. Biodegradable, hygienic, and compostable tableware from hybrid sugarcane and bamboo fibers as plastic alternative[J]. Matter, 3: 2066-2079.

Lu G, Wang Z T, Xu F, et al., 2021. Sugarcane mosaic disease: characteristics, identification and control[J]. Microorganisms, 9(9): 1984.

Luo J, Pan Y-B, Que Y, et al., 2015. Biplot evaluation of test environments and identification of mega-environment for sugarcane cultivars in China[J]. Sci Rep, 5: 15505.

Ma J F, Yamaji N, 2006. Silicon uptake and accumulation in higher plants[J]. Trends Plant Sci, 11(8): 392-397.

Martin L A, Lloyd Evans D, Castlebury L A, et al., 2017. *Macruropyxis fulva* sp. nov., a new rust (*Pucciniales*) infecting sugarcane in southern Africa[J]. Australas Plant Path, 46(1): 63-74.

Martinez-Feria R A, Castellano M J, Dietzel R N, et al., 2018. Linking crop- and soil-based approaches to evaluate system nitrogen-use efficiency and tradeoffs[J]. Agr Ecosyst Environ, 256: 131-143.

Matsumoto T, 1934. Three important leaf spot diseases of sugarcane in Taiwan (Formosa)[M]. Taihoku Teikoku Daigaku.

Naidoo N, Ghai M, Moodley K, et al., 2017. Modified RS-LAMP assay and use of lateral flow devices for rapid detection of *Leifsonia xyli* subsp. *xyli*[J]. Lett Appl Microbiol, 65(6): 496-503.

Nogueira F T, SchlÖgl P S, Camargo S R, et al., 2005. *SsNAC23*, a member of the NAC domain protein family, is associated with cold, herbivory and water stress in sugarcane[J]. Plant Sci, 169: 93-106.

Pan Y-B. Grisham M P, Burner D M, 1988. A polymerase chain reaction protocol for the detection of *Clavibacter xyli* subsp. *xyli*, the causal bacterium of sugarcane ratoon stunting disease[J]. Plant Dis, 82: 285-290.

Que Y X, Su Y C, Guo J L, et al., 2014a. A global view of transcriptome dynamics during *Sporisorium scitamineum* challenge in sugarcane by RNA-seq[J]. PLoS ONE, 9(8): e106476.

Que Y X, Xu L P, Lin J W, et al., 2012. Molecular variation of *Sporisorium scitamineum* in Mainland China revealed by RAPD and SRAP markers[J]. Plant Dis, 96 (10): 1519-1525.

Que Y X, Xu L P, Wu Q B, et al., 2014b. Genome sequencing of *Sporisorium scitamineum* provides insights into the pathogenic mechanisms of sugarcane smut[J]. BMC Genom, 15: 996.

Rajput M A, Rajput N A, Syed R N, et al., 2021. Sugarcane smut: current knowledge and the way forward for management[J]. J Fungi, 7(12): 1095.

Shukla D D, Frenkel M J, Mckern N M, et al., 1992. Present status of the sugarcane mosaic subgroup of potyviruses[M]. Springer.

Smith G R, Borg Z, Lockhart B E, et al., 2000. Sugarcane yellow leaf virus: a novel member of the *Luteoviridae* that probably arose by inter-species recombination[J]. J Gen Virol, 81(7): 1865-1869.

Snyman S J, Hajari E, Watt M P, et al., 2015. Improved nitrogen use efficiency in transgenic sugarcane: phenotypic assessment in a pot trial under low nitrogen conditions[J]. Plant Cell Rep, 34(5): 667-669.

Steindl D R L, Teakle D S, 1974. Recent developments in the identification of ratoon stunting disease[J]. Proc Qd Soc Sugar Cane Technol, 41st Conf: 101-104.

Su W, Ren Y, Wang D, et al., 2020. The alcohol dehydrogenase gene family in sugarcane and its involvement in cold stress regulation[J]. BMC Genom, 21: 521.

Su Y C, Xu L P, Wang Z Q, et al., 2016. Comparative proteomics reveals that central metabolism changes are associated with resistance against *Sporisorium scitamineum* in sugarcane[J]. BMC Genom, 17: 800.

Su Y C, Yang Y T, Peng Q, et al., 2016. Development and application of a rapid and visual loop-mediated isothermal amplification for the detection of *Sporisorium scitamineum* in sugarcane[J]. Sci Rep, 6: 23994.

Suez J, Cohen Y, Valdés-Mas R, et al., 2022. Personalized microbiome-driven effects of non-nutritive sweeteners on human glucose tolerance[J]. Cell, 185(18): 3307-3328.

Sun Y C, Sheng S, Fan T F, et al., 2018. Molecular identification and functional characterization of *GhAMT1.3* in ammonium transport with a high affinity from cotton (*Gossypium hirsutum* L.)[J]. Physiol Plant, 167(2): 217-231.

Surendran U, Ramesh V, Jayakumar M, et al., 2016. Improved sugarcane productivity with tillage and trash management practices in semiarid tropical agro ecosystem in India[J]. Soil Till Res, 158: 10-21.

Thiebaut F, Rojas C A, Almeida K L, et al., 2012. Regulation of *miR319* during cold stress in sugarcane[J]. Plant Cell Environ, 35(3): 502-512.

Vishwakarma S K, 2013. Pokkah boeng: an emerging disease of sugarcane[J]. J. Plant Pathol Microb, 4(3): 100-170.

Wang H B, Xiao N Y, Wang Y J, et al., 2020. Establishment of a qualitative PCR assay for the detection of *Xanthomonas albilineans* (Ashby) Dowson in sugarcane[J]. Crop Prot, 130: 105053.

Wang J G, Zheng H Y, Chen H R, et al., 2010. Molecular diversities of *Sugarcane mosaic virus* and *Sorghum mosaic virus* isolates from Yunnan province, China[J]. J. Phytopathol, 158(6): 427-432.

Wang M, Gao L M, Dong S Y, et al., 2017. Role of silicon on plant-pathogen interactions[J]. Front Plant Sci, 8: 701.

Wang X L, Cai X F, Xu CX, et al., 2018. Nitrate accumulation and expression patterns of genes involved in nitrate transport and assimilation in spinach[J]. Molecules, 23(9): 2231.

Wang Z T, Lu G L, Wu Q B, et al., 2022a. Isolating QTL controlling sugarcane leaf blight resistance using a two-way pseudo-testcross strategy[J]. Crop J, 10(4): 1131-1140.

Wang Z T, Ren H, Pang C, et al., 2022b. An autopolyploid-suitable polyBSA-seq strategy for screening candidate genetic markers linked to leaf blight resistance in sugarcane[J]. Theor Appl Genet, 135(2): 623-636.

Wang Z T, Ren H, Xu F, et al., 2021. Genome-wide characterization of lectin receptor kinases in *Saccharum spontaneum* L. and their responses to *Stagonospora tainanensis* infection[J]. Plants, 10: 322.

Wu L J, Zu X F, Wang S X, et al., 2012. Sugarcane mosaic virus–long history but still a threat to industry[J]. Crop Prot, 42: 74-78.

Wu Q B, Chen Y L, Zou WH, et al., 2023. Genome-wide characterization of sugarcane catalase gene family identifies a *ScCAT1* gene associated disease resistance[J]. Int J Biol Macromol, 232:123398.

Wu Q B, Pan Y-B, Zhou D G, et al., 2018. Comparative study of three detection techniques for *Leifsonia xyli* subsp. *xyli*, the causal pathogen of sugarcane ratoon stunting disease[J]. BioMed Res Int, 2018: 2786458.

Wu Q B, Su Y C, Pan Y-B, et al., 2022. Genetic identification of SNP markers and candidate genes associated with sugarcane smut resistance using BSR-Seq[J]. Front Plant Sci, 13:1035266.

Xu F, Li X X, Ren H, et al., 2022. The first telomere-to-telomere chromosome-level genome assembly of *Stagonospora tainanensis* causing sugarcane leaf blight[J]. J Fungi, 8: 1088.

Xu F, Wang Z T, Lu G L, et al., 2021. Sugarcane ratooning ability: research status, shortcomings, and prospects[J]. Biology, 10(10): 1052.

Xu G H, Fan X R, Miller A J, 2012. Plant nitrogen assimilation and use efficiency[J]. Annu Rev Plant Biol, 63(1): 153-182.

Yang Y T, Yu Q, Yang Y Y, et al., 2018. Identi cation of cold-related miRNAs in sugarcane by small RNA sequencing and functional analysis of a cold inducible *ScmiR393* to cold stress[J]. Environ Exp Bot, 155: 464-476.

Yang Y Y, Gao S W, Jiang Y, et al., 2019a. The physiological and agronomic responses to nitrogen dosage in different sugarcane varieties[J]. Front Plant Sci, 10: 406.

Yang Y Y, Gao S W, Su Y C, et al., 2019b. Transcripts and low nitrogen tolerance: regulatory and metabolic pathways in sugarcane under low nitrogen stress[J]. Environ Exp Bot, 163: 97-111.

Zhang C, Wang J, Tao H, et al., 2015. *FvBck1*, a component of cell wall integrity MAP kinase pathway, is required for virulence and oxidative stress response in sugarcane pokkah boeng pathogen[J]. Front Microbiol, 6(5): 1664-3020.

Zhang X Q, Chen M H, Liang Y J, et al., 2016. Morphological and physiological responses of sugarcane to *Leifsonia xyli* subsp. *xyli* infection[J]. Plant Dis, 100: 2499-2506.

Zhang Y, Huang Q X, Yin G H, et al., 2015. Genetic diversity of viruses associated with sugarcane mosaic disease of sugarcane inter-specific hybrids in China[J]. Eur J Plant Pathol, 143(2): 1-11.

Zhou D, Liu X, Gao S, et al., 2018. Foreign *cry1Ac* gene integration and endogenous borer stress-related genes synergistically improve insect resistance in sugarcane[J]. BMC Plant Biol, 18(1): 342.

甘蔗和糖的那些事 ....後記

後記

《甘蔗和糖的那些事》系列科普文章正式集結出版，我很高興有這個機會能給我們團隊的第一部科普書籍作後記。從闞友雄老師提出與《植物研究進展》官方帳號聯合打造甘蔗和糖的系列科普文章開始，我們團隊的每個人都鉚足了勁兒，在科普寫作這一新的領域孜孜探索，一如我們科研人該有的開拓創新精神，所有的汗水和鑽研最終都被凝成一滴滴新墨，編繪出這本別具一格的科普書籍。雖仍因文筆的稚嫩而忐忑，但本著熱忱、分享的心，誠摯地向您推薦！

「甜」——舌尖的信號，生命的燃料

甜味一直是人們快樂的追求，也是舌尖最愉快的信號回饋，而糖是產生該信號的源泉。《漢書》中寫道「榨汁曝數日成飴」，《楚辭》中記載「胹鱉炮羔，有柘漿些」。宋朝年間，王灼出版了他的第一本製糖祕籍《糖霜譜》，書中詳細記載了蔗糖工業煉製的一系列工藝，為行業立下了標杆。1190年和1191年，英國國王理查一世在西西里島停留時第一次發現了糖，品嘗過後，不亞於勝利的興奮使他不遠萬里地引進這種「奢侈品」，可見世界各地人們對糖的喜愛。然而，追溯糖的起源，還得來到南亞次大陸的中心地帶——印度。雖然科學家和史學家對甘蔗的起源尚有爭論，但印度對於糖的傳播和製作工藝的貢獻是不可否認的。得益於高溫多雨的氣候，甘蔗在此地熱情洋溢地生長，產出了源源不斷的「蜜水」，供養著這片土地上人們的快樂。從嚴謹的角度說，甘蔗並不是唯一的製糖作物，但占有63%以上糖料作物生產面積的它，一直維持著不容挑戰的霸權。時至今日，對一些農業國家，如巴西、古巴等而言，甘蔗都占據著舉足輕重的經濟地位。

除了製糖以外，甘蔗全身都是寶，不僅蔗汁可以製藥、釀酒，製作美食、藥膳，渣滓還可以用來造紙、生產工業乙醇，甚至還是環保清潔燃料、家畜的喜愛飼料，這麼全能的甘蔗難道不值得你我的喜歡嗎？

「苦」——耕作數十載，只為蔗蜜來

「苦」於甘蔗龐大且高度雜合的基因組，如何選育高產、穩產、高抗、適應機械化的優良品種，一直以來都是各國甘蔗育種家的頭等心事。目前，甘蔗栽培種都是走高貴種育種路線，也就是從熱帶種和割手密的雜交後代中選育優良品系，這也導致了甘蔗遺傳背景狹窄，且在一代代的篩選中，部分優良性狀容易丟失，這使得長久以來的甘蔗品種選育都沒有突破性的進展，甚至在分子技術非常發達的今天，基因改造和基因編輯技術在甘蔗上的運用也十分有限。同時，作為大面積栽培作物，甘蔗如何適應機械化也十分重要，畢竟這些身高「八尺」的大家伙，可不是那麼容易收獲的。所以，還需要更多有志之士一齊出謀劃策，共同畫好甘蔗甜蜜事業的偉大「藍圖」。

聽完甘蔗的這些身前身後事，您是否也對甘蔗提起興趣了呢？別著急，讓我們再多了解一下怎樣才能培養出這高大強壯又甜心的甘蔗吧！

甘蔗作為C_4植物，高光合效率的同時，也要吸收大量養分，其中關鍵的三要素是氮、磷、鉀。氮和磷作為細胞核酸、磷脂和蛋白質等物質的重要組成部分，在甘蔗的生長發育過程中有著不可替代的作用，鉀則涉及蔗葉中糖分的合成及轉運、儲存等過程，是甘蔗糖分品質的重要影響因素。除了這些需要大量吸收的營養元素外，對於甘蔗來說，還有一些重要的微量元素，它們雖然用量少，但在甘蔗的生長發育以及糖分的形成中也發揮著大作用，如硒、矽等。當然，有了充足的肥料和合理的施肥方式，我們也不能忘了緊跟大數據時代，制訂好科學的生產計劃，照顧好甘蔗的土壤生態，保持其良好的宿根性，並且好好呵護這喜愛陽光的「大男孩」不被突如其來的寒潮凍壞身子骨。

「累」——警惕偷蜜賊，積極抗病蟲

別看甘蔗又高又大，似乎很堅強，一旦有病害侵擾，甜蜜的甘蔗也會煩惱不堪。由於長期過度關註產量和糖分性狀，尤其又大面積地推廣個別感病品種，這使得一有容易流行的病害來襲，就會有甘蔗成片成片地「倒下」，不僅傷了蔗農的心，也白了育種家的發。甘蔗病害中有黑穗、花葉、葉枯「三天王」，以及梢腐、褐條、白條、鏽斑「四大將」，個個都不是好惹的主，除此之外，還有害蟲在啃咬和傳播病害，可以說近代甘蔗育種栽培史就是一部不斷與病蟲害鬥爭的血淚史。為了有效抵抗病蟲害的侵擾，不僅得靠蔗農在栽培過程中的悉心管理，更重要的還得靠育種家們為抗病育種做出的不懈努力。在抗病育種的道路上，育種家們已經將成熟的基因編輯技術和合理的育種路線無縫銜接，比如鎖定某種病害，挖掘和應用「特效基因」或者提高甘蔗自身的抗性水準，由此進一步改良了不少品種的抗病性狀，而這些進展，離不開一代又一代甘蔗科技工作者追求卓越、攻堅克難，主動服務食糖策略需求和蔗糖產業發展的努力和恆心。

「願」——科普已先行，你我來共航

「苦已品、累已嘗、甜已來、願已至」，甜蜜甘蔗事業的每一個進步，離不開眾多小小人物的付出。甘蔗與糖系列科普文章由闕友雄團隊組織撰寫。他們以生動的語言、豐富的知識，全方位科普了甘蔗文化、起源、育種、栽培、植保、收獲、加工以及生活上的妙用，旨在向社會大眾介紹甘蔗相關知識的同時，吸引更多能人志士加入與甘蔗相關的工作中。我們堅信，未來一定會有越來越多優秀的科研人員加入這艘開拓未來的船，也一定會有更多優異的甘蔗種質被發掘、更多新穎的蔗糖產品被開發。

黃廷辰

甘蔗和糖的那些事

作　　者：闕友雄 等
發 行 人：黃振庭
出 版 者：崧燁文化事業有限公司
發 行 者：崧燁文化事業有限公司
E-mail：sonbookservice@gmail.com
粉 絲 頁：https://www.facebook.com/sonbookss/
網　　址：https://sonbook.net/
地　　址：台北市中正區重慶南路一段 61 號 8 樓
8F., No.61, Sec. 1, Chongqing S. Rd., Zhongzheng Dist., Taipei City 100, Taiwan

電　　話：(02)2370-3310
傳　　真：(02)2388-1990
印　　刷：京峯數位服務有限公司
律師顧問：廣華律師事務所 張珮琦律師

定　　價：650 元
發行日期：2025 年 06 月第一版
◎本書以 POD 印製

國家圖書館出版品預行編目資料

甘蔗和糖的那些事 / 闕友雄 等 著 . -- 第一版 . -- 臺北市：崧燁文化事業有限公司 , 2025.06
面；　公分
POD 版
ISBN 978-626-416-622-5(平裝)
1.CST: 甘蔗 2.CST: 糖料作物
434.1711　　　114006604

電子書購買

爽讀 APP

臉書